线性代数及其应用

主　编　李星军　杜永光
副主编　孙　慧　梁嘉怡

北京理工大学出版社
BEIJING INSTITUTE OF TECHNOLOGY PRESS

内 容 简 介

本书共7章，包括行列式、矩阵、向量组、线性方程组、特征值与特征向量、二次型、线性空间与线性变换。本书内容的广度与深度达到高等教育本科线性代数课程教学的基本要求，同时涵盖了教育部制定的全国硕士研究生统一招生考试大纲中有关线性代数的内容，为学生进一步深造提供良好的线性代数基础。

本书可供普通高等院校各类专业作为教材使用，也可作为相关从业者的参考书。

图书在版编目（CIP）数据

线性代数及其应用 / 李星军，杜永光主编. -- 北京：北京理工大学出版社，2025. 1.

ISBN 978-7-5763-4860-6

Ⅰ. O151. 2

中国国家版本馆 CIP 数据核字第 2025VK3155 号

责任编辑：陈　玉　　**文案编辑**：李　硕

责任校对：刘亚男　　**责任印制**：李志强

出版发行 / 北京理工大学出版社有限责任公司

社　　址 / 北京市丰台区四合庄路 6 号

邮　　编 / 100070

电　　话 / （010）68914026（教材售后服务热线）

（010）63726648（课件资源服务热线）

网　　址 / http://www.bitpress.com.cn

版 印 次 / 2025 年 1 月第 1 版第 1 次印刷

印　　刷 / 涿州市京南印刷厂

开　　本 / 787 mm×1092 mm　1/16

印　　张 / 12. 25

字　　数 / 285 千字

定　　价 / 68. 00 元

前言

PREFACE

线性代数是普通高等院校理工类、经济管理类开设的数学基础课程之一，是后续专业课程的理论基础，它的理论与方法在科学研究和生产生活中都有着广泛的应用，并且对学生的数学能力和数学素养的培养起着关键作用。

本书全面介绍线性代数及其应用的相关知识，具有如下特色。

1. 内容全面

本书介绍了行列式、矩阵、向量组、线性方程组、特征值与特征向量、二次型、线性空间与线性变换等线性代数的主要知识点，内容广度与深度均达到高等教育本科线性代数课程教学的基本要求。

2. 兼顾考研

本书涵盖了教育部制定的全国硕士研究生入学统一考试大纲中有关线性代数的内容，为学生进一步深造提供了良好的基础。

3. 侧重应用

本书注重将理论知识与实际问题相结合，通过应用型案例的补充，使学生能够更好地理解线性代数的实际应用和价值。

4. 简化推导

本书在保持内容完整性的同时，减少理论推导，部分内容适当精简，助力学生高效学习。

5. 丰富习题

本书配置充实、丰富的习题，有助于学生巩固所学知识。

6. 重视实践

本书包含 MATLAB 实验内容，为学生提供将理论知识应用于实践的机会，旨在培养学生的实践能力和创新精神。

本书由李星军、杜永光任主编，孙慧、梁嘉怡任副主编。其中，梁嘉怡负责编写第 1 章、第 2 章；孙慧负责编写第 3 章、第 7 章；李星军负责编写第 4 章及各章 MATLAB 实验内容；杜永光负责编写第 5 章、第 6 章。全书由李星军和孙慧统一整理、修改定稿。

本书编写得到西安欧亚学院通识教育学院、数理与信息技术应用课程中心的大力支持和帮助。中国人民解放军空军工程大学马润年教授仔细审阅了全部书稿，并提出了许多宝贵的修改意见和建议。西安欧亚学院王艳教授对教材编写工作进行了指导，西北大学薛西锋教授对本教材给予了建设性的意见，刘睿老师精心校对课后习题并解答部分习题，在此一并致谢。

此外，北京理工大学出版社的编辑团队也为本书的出版付出了大量的辛勤劳动，他们专业的编辑能力和高效的工作态度使本书得以顺利出版，在此对他们表示衷心的感谢。

编写过程中参阅和借鉴了大量相关资料和教材，对这些资料和教材的作者表示感谢。由于编者水平有限，书中难免存在不当之处，恳请广大读者批评指正。

编　者

2024 年 12 月

目 录
CONTENTS

第1章 行列式

行列式是线性代数的基础，它的基本概念及相关理论是线性代数课程的主要内容，也是研究线性代数的重要工具.

本章将介绍行列式的概念、性质、计算及其应用，以及 MATLAB 的基本知识.

1.1 行列式的概念

1.1.1 二阶与三阶行列式

行列式的概念起源于求解线性方程组，因此本节首先讨论求解线性方程组的问题.

设有二元线性方程组

$$\begin{cases} a_{11}x_1 + a_{12}x_2 = b_1 \\ a_{21}x_1 + a_{22}x_2 = b_2 \end{cases} \tag{1-1}$$

用消元法解方程组(1-1)，当 $a_{11}a_{22} - a_{12}a_{21} \neq 0$ 时，方程组(1-1)有唯一解为

$$\begin{cases} x_1 = \dfrac{b_1a_{22} - b_2a_{12}}{a_{11}a_{22} - a_{12}a_{21}} \\ x_2 = \dfrac{b_2a_{11} - b_1a_{21}}{a_{11}a_{22} - a_{12}a_{21}} \end{cases} \tag{1-2}$$

式(1-2)不好记忆也不便于应用，为了方便起见，引入如下定义.

定义 1.1 由 2^2 个数 $a_{ij}(i, j=1, 2)$ 排成的 2 行 2 列的算式

$$\begin{vmatrix} a_{11} & a_{12} \\ a_{21} & a_{22} \end{vmatrix}$$

称为**二阶行列式**，它表示数 $a_{11}a_{22} - a_{12}a_{21}$，即

$$\begin{vmatrix} a_{11} & a_{12} \\ a_{21} & a_{22} \end{vmatrix} = a_{11}a_{22} - a_{12}a_{21}$$

其中，$a_{ij}(i, j=1, 2)$ 表示该行列式中第 i 行第 j 列的**元素**，i 称为**行标**，j 称为**列标**. 行列式一般记为 D 或 $\det(a_{ij})$.

由二阶行列式的定义可知，它的结果是两项的代数和. 从左上角到右下角的对角线称为行列式的**主对角线**，从右上角到左下角的对角线称为行列式的**副(次)对角线**. 显然，一项是

主对角线上元素的乘积，取正号；另一项是副对角线上元素的乘积，取负号．可以用图 1-1 所示的二阶行列式的对角线法则来记忆．

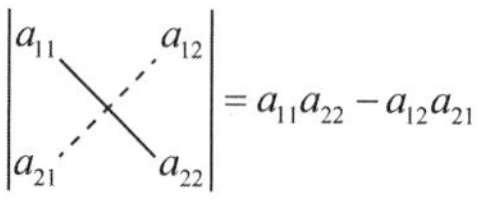
a_{11}
a_{12}
a_{21}
a_{22}
$= a_{11}a_{22} - a_{12}a_{21}$

图 1-1　二阶行列式的对角线法则

令 $D = \begin{vmatrix} a_{11} & a_{12} \\ a_{21} & a_{22} \end{vmatrix}$，称 D 为方程组(1-1)的**系数行列式**，记

$$D_1 = \begin{vmatrix} b_1 & a_{12} \\ b_2 & a_{22} \end{vmatrix},\ D_2 = \begin{vmatrix} a_{11} & b_1 \\ a_{21} & b_2 \end{vmatrix}$$

根据二阶行列式的定义，当 $D \neq 0$ 时，方程组(1-1)有唯一解，其解可表示为

$$x_1 = \frac{D_1}{D} = \frac{\begin{vmatrix} b_1 & a_{12} \\ b_2 & a_{22} \end{vmatrix}}{\begin{vmatrix} a_{11} & a_{12} \\ a_{21} & a_{22} \end{vmatrix}},\ x_2 = \frac{D_2}{D} = \frac{\begin{vmatrix} a_{11} & b_1 \\ a_{21} & b_2 \end{vmatrix}}{\begin{vmatrix} a_{11} & a_{12} \\ a_{21} & a_{22} \end{vmatrix}}$$

例 1.1　求解线性方程组

$$\begin{cases} x_1 + 2x_2 = 5 \\ 3x_1 + 4x_2 = 9 \end{cases}$$

解　方程组的系数行列式

$$D = \begin{vmatrix} 1 & 2 \\ 3 & 4 \end{vmatrix} = 1 \times 4 - 2 \times 3 = -2 \neq 0$$

因此该方程组有唯一解，又因为

$$D_1 = \begin{vmatrix} 5 & 2 \\ 9 & 4 \end{vmatrix} = 5 \times 4 - 2 \times 9 = 2,\ D_2 = \begin{vmatrix} 1 & 5 \\ 3 & 9 \end{vmatrix} = 1 \times 9 - 5 \times 3 = -6$$

故方程组的解为

$$x_1 = \frac{D_1}{D} = -1,\ x_2 = \frac{D_2}{D} = 3$$

受二阶行列式的启示，引入三阶行列式的定义．

定义 1.2　由 3^2 个数 $a_{ij}(i,\ j = 1,\ 2,\ 3)$ 排成的 3 行 3 列的算式

$$\begin{vmatrix} a_{11} & a_{12} & a_{13} \\ a_{21} & a_{22} & a_{23} \\ a_{31} & a_{32} & a_{33} \end{vmatrix}$$

称为**三阶行列式**，它表示数

$$a_{11}a_{22}a_{33} + a_{12}a_{23}a_{31} + a_{13}a_{21}a_{32} - a_{11}a_{23}a_{32} - a_{12}a_{21}a_{33} - a_{13}a_{22}a_{31}$$

即

$$\begin{vmatrix} a_{11} & a_{12} & a_{13} \\ a_{21} & a_{22} & a_{23} \\ a_{31} & a_{32} & a_{33} \end{vmatrix} = a_{11}a_{22}a_{33} + a_{12}a_{23}a_{31} + a_{13}a_{21}a_{32} - a_{11}a_{23}a_{32} - a_{12}a_{21}a_{33} - a_{13}a_{22}a_{31}$$

对于三阶行列式的结果，可以用图 1-2 所示的三阶行列式的对角线法则来记忆.

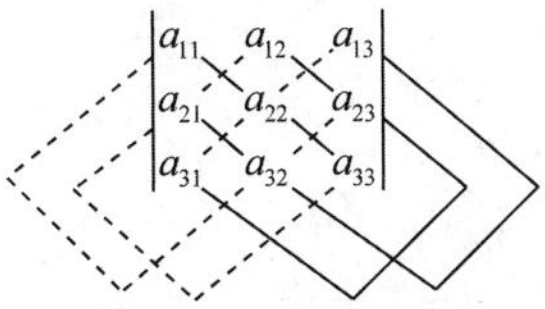

图 1-2 三阶行列式的对角线法则

其结果为$3!=6$项的代数和，从图 1-2 中可以看出，实线上的 3 个元素之积带正号，虚线上的 3 个元素之积带负号.

需要说明的是，对角线法则只适用于二阶和三阶行列式.

类似地，对于三元线性方程组

$$\begin{cases} a_{11}x_1 + a_{12}x_2 + a_{13}x_3 = b_1 \\ a_{21}x_1 + a_{22}x_2 + a_{23}x_3 = b_2 \\ a_{31}x_1 + a_{32}x_2 + a_{33}x_3 = b_3 \end{cases} \tag{1-3}$$

令 $D = \begin{vmatrix} a_{11} & a_{12} & a_{13} \\ a_{21} & a_{22} & a_{23} \\ a_{31} & a_{32} & a_{33} \end{vmatrix}$，称 D 为方程组(1-3)的系数行列式，记

$$D_1 = \begin{vmatrix} b_1 & a_{12} & a_{13} \\ b_2 & a_{22} & a_{23} \\ b_3 & a_{32} & a_{33} \end{vmatrix},\ D_2 = \begin{vmatrix} a_{11} & b_1 & a_{13} \\ a_{21} & b_2 & a_{23} \\ a_{31} & b_3 & a_{33} \end{vmatrix},\ D_3 = \begin{vmatrix} a_{11} & a_{12} & b_1 \\ a_{21} & a_{22} & b_2 \\ a_{31} & a_{32} & b_3 \end{vmatrix}$$

根据三阶行列式的定义，当 $D \neq 0$ 时，方程组(1-3)有唯一解，其解可表示为

$$x_1 = \frac{D_1}{D},\ x_2 = \frac{D_2}{D},\ x_3 = \frac{D_3}{D}$$

例 1.2 计算三阶行列式

$$D = \begin{vmatrix} 1 & -1 & -2 \\ 2 & 3 & -3 \\ -4 & 4 & 5 \end{vmatrix}$$

解 $D = 1 \times 3 \times 5 + (-1) \times (-3) \times (-4) + (-2) \times 2 \times 4 - (-2) \times 3 \times (-4) - (-1) \times 2 \times 5 - 1 \times (-3) \times 4 = -15$

例 1.3 已知三阶行列式

$$D = \begin{vmatrix} a & 3 & 4 \\ -1 & a & 0 \\ 0 & a & 1 \end{vmatrix} = 0$$

求 a 的值.

解 由 $D = \begin{vmatrix} a & 3 & 4 \\ -1 & a & 0 \\ 0 & a & 1 \end{vmatrix} = a^2 - 4a + 3 = (a-1)(a-3) = 0$，得 $a = 1$ 或 $a = 3$.

1.1.2 n 阶行列式

定义 1.3 由 n^2 个数 $a_{ij}(i, j=1, 2, \cdots, n)$ 所排成的 n 行 n 列的算式

$$\begin{vmatrix} a_{11} & a_{12} & \cdots & a_{1n} \\ a_{21} & a_{22} & \cdots & a_{2n} \\ \vdots & \vdots & & \vdots \\ a_{n1} & a_{n2} & \cdots & a_{nn} \end{vmatrix} \tag{1-4}$$

称为 n 阶行列式.

特别地，一阶行列式定义为 $|a_{11}|=a_{11}$，注意不要把一阶行列式与绝对值相混淆.

为了求得 $n(n \geqslant 2)$ 阶行列式的值，下面先给出余子式及代数余子式的概念.

定义 1.4 在 n 阶行列式(1-4)中，将元素 a_{ij} 所在的第 i 行和第 j 列的元素划掉后，剩下的元素按照原来的次序所构成的 $n-1$ 阶行列式

$$\begin{vmatrix} a_{11} & a_{12} & \cdots & a_{1, j-1} & a_{1, j+1} & \cdots & a_{1n} \\ a_{21} & a_{22} & \cdots & a_{2, j-1} & a_{2, j+1} & \cdots & a_{2n} \\ \vdots & \vdots & & \vdots & \vdots & & \vdots \\ a_{i-1, 1} & a_{i-1, 2} & \cdots & a_{i-1, j-1} & a_{i-1, j+1} & \cdots & a_{i-1, n} \\ a_{i+1, 1} & a_{i+1, 2} & \cdots & a_{i+1, j-1} & a_{i+1, j+1} & \cdots & a_{i+1, n} \\ \vdots & \vdots & & \vdots & \vdots & & \vdots \\ a_{n1} & a_{n2} & \cdots & a_{n, j-1} & a_{n, j+1} & \cdots & a_{nn} \end{vmatrix}$$

称为元素 a_{ij} 的**余子式**，记为 M_{ij}，并称 $(-1)^{i+j}M_{ij}$ 为元素 a_{ij} 的**代数余子式**，记为 A_{ij}，即 $A_{ij}=(-1)^{i+j}M_{ij}$.

例 1.4 已知三阶行列式

$$\begin{vmatrix} 7 & 4 & 0 \\ 1 & 5 & 2 \\ 8 & 5 & 0 \end{vmatrix}$$

求该行列式中元素 a_{23} 的余子式 M_{23} 及代数余子式 A_{23}.

解 由余子式及代数余子式的定义可知

$$M_{23}=\begin{vmatrix} 7 & 4 \\ 8 & 5 \end{vmatrix}=3, \ A_{23}=(-1)^{2+3}\begin{vmatrix} 7 & 4 \\ 8 & 5 \end{vmatrix}=-\begin{vmatrix} 7 & 4 \\ 8 & 5 \end{vmatrix}=-3$$

需要注意的是，行列式中某元素的余子式及代数余子式仅与该元素的位置有关，与该元素的值无关.

根据定义 1.4，对于二阶和三阶行列式，可以分别写成如下形式

$$\begin{vmatrix} a_{11} & a_{12} \\ a_{21} & a_{22} \end{vmatrix}=a_{11}A_{11}+a_{12}A_{12} \quad 或 \quad \begin{vmatrix} a_{11} & a_{12} \\ a_{21} & a_{22} \end{vmatrix}=a_{11}A_{11}+a_{21}A_{21}$$

$$\begin{vmatrix} a_{11} & a_{12} & a_{13} \\ a_{21} & a_{22} & a_{23} \\ a_{31} & a_{32} & a_{33} \end{vmatrix}=a_{11}A_{11}+a_{12}A_{12}+a_{13}A_{13} \quad 或 \quad \begin{vmatrix} a_{11} & a_{12} & a_{13} \\ a_{21} & a_{22} & a_{23} \\ a_{31} & a_{32} & a_{33} \end{vmatrix}=a_{11}A_{11}+a_{21}A_{21}+a_{31}A_{31}$$

即二阶行列式的值等于第 1 行(列)各元素与其代数余子式乘积之和，三阶行列式也是这样

的结果.

于是，n 阶行列式可以归纳定义为

$$\begin{vmatrix} a_{11} & a_{12} & \cdots & a_{1n} \\ a_{21} & a_{22} & \cdots & a_{2n} \\ \vdots & \vdots & & \vdots \\ a_{n1} & a_{n2} & \cdots & a_{nn} \end{vmatrix} = \begin{cases} a_{11} & (n=1) \\ a_{11}A_{11} + a_{12}A_{12} + \cdots + a_{1n}A_{1n} & (n \geqslant 2) \end{cases} \tag{1-5}$$

或

$$\begin{vmatrix} a_{11} & a_{12} & \cdots & a_{1n} \\ a_{21} & a_{22} & \cdots & a_{2n} \\ \vdots & \vdots & & \vdots \\ a_{n1} & a_{n2} & \cdots & a_{nn} \end{vmatrix} = \begin{cases} a_{11} & (n=1) \\ a_{11}A_{11} + a_{21}A_{21} + \cdots + a_{n1}A_{n1} & (n \geqslant 2) \end{cases} \tag{1-6}$$

式(1-5)、式(1-6)分别称为 **n 阶行列式按第 1 行(列)展开的展开式**.

既然可以按第 1 行(列)展开，那么是否可以按其他行或列展开呢？答案是肯定的，一般地，有下面的定理.

定理 1.1 n 阶行列式 D 等于它的任意一行(列)的各元素与其对应的代数余子式的乘积的和，即

$$D = a_{i1}A_{i1} + a_{i2}A_{i2} + \cdots + a_{in}A_{in} \quad (i = 1, 2, \cdots, n)$$
$$D = a_{1j}A_{1j} + a_{2j}A_{2j} + \cdots + a_{nj}A_{nj} \quad (j = 1, 2, \cdots, n)$$

证明略.

定理 1.2 n 阶行列式 D 的某一行(列)的元素与另一行(列)对应元素的代数余子式乘积的和等于零，即

$$a_{i1}A_{t1} + a_{i2}A_{t2} + \cdots + a_{in}A_{tn} = 0 \quad (i \neq t \text{ 且 } i, t = 1, 2, \cdots, n)$$
$$a_{1j}A_{1s} + a_{2j}A_{2s} + \cdots + a_{nj}A_{ns} = 0 \quad (j \neq s \text{ 且 } j, s = 1, 2, \cdots, n)$$

证明略.

定理 1.1 和定理 1.2 称为**行列式按行(列)展开定理**. 综合定理 1.1 和定理 1.2，可得

$$\sum_{j=1}^{n} a_{ij}A_{tj} = \begin{cases} D & (i = t) \\ 0 & (i \neq t) \end{cases}, \quad \sum_{i=1}^{n} a_{ij}A_{is} = \begin{cases} D & (j = s) \\ 0 & (j \neq s) \end{cases}$$

这样一来，就可以将求一个 n 阶行列式转化为求 n 个 $n-1$ 阶行列式. 若选取的行(列)中零元素较多，就可以简化行列式的计算.

例 1.5 计算行列式

$$D = \begin{vmatrix} 7 & 0 & 4 & 0 \\ 1 & 0 & 5 & 2 \\ 3 & -1 & -1 & 6 \\ 8 & 0 & 5 & 0 \end{vmatrix}$$

解 由于第 2 列中零元素较多，故按第 2 列展开，得

$$D = (-1) \times (-1)^{3+2} \begin{vmatrix} 7 & 4 & 0 \\ 1 & 5 & 2 \\ 8 & 5 & 0 \end{vmatrix} = 2 \times (-1)^{2+3} \begin{vmatrix} 7 & 4 \\ 8 & 5 \end{vmatrix} = (-2) \times (35 - 32) = -6$$

例 1.6 计算行列式

$$D=\begin{vmatrix} a_{11} & a_{12} & \cdots & a_{1n} \\ 0 & a_{22} & \cdots & a_{2n} \\ \vdots & \vdots & & \vdots \\ 0 & 0 & \cdots & a_{nn} \end{vmatrix}$$

解 按第 1 列展开，得

$$D=a_{11}\begin{vmatrix} a_{22} & a_{23} & \cdots & a_{2n} \\ 0 & a_{33} & \cdots & a_{3n} \\ \vdots & \vdots & & \vdots \\ 0 & 0 & \cdots & a_{nn} \end{vmatrix}$$

同理，对上式右端 $n-1$ 阶行列式按第 1 列展开，得

$$D=a_{11}a_{22}\begin{vmatrix} a_{33} & a_{34} & \cdots & a_{3n} \\ 0 & a_{44} & \cdots & a_{4n} \\ \vdots & \vdots & & \vdots \\ 0 & 0 & \cdots & a_{nn} \end{vmatrix}$$

以此类推，得

$$D=a_{11}a_{22}\cdots a_{nn} \tag{1-7}$$

上述行列式的特点为：主对角线下方的元素全为零，称为上三角形行列式. 类似称主对角线上方元素全为零的行列式为下三角形行列式，如下三角形行列式

$$D=\begin{vmatrix} a_{11} & 0 & \cdots & 0 \\ a_{21} & a_{22} & \cdots & 0 \\ \vdots & \vdots & & \vdots \\ a_{n1} & a_{n2} & \cdots & a_{nn} \end{vmatrix}=a_{11}a_{22}\cdots a_{nn} \tag{1-8}$$

下三角形行列式与上三角形行列式统称为**三角形行列式**.

特别地，除主对角线上的元素外，其他元素均为零的行列式称为对角行列式

$$D=\begin{vmatrix} a_{11} & 0 & \cdots & 0 \\ 0 & a_{22} & \cdots & 0 \\ \vdots & \vdots & & \vdots \\ 0 & 0 & \cdots & a_{nn} \end{vmatrix}=a_{11}a_{22}\cdots a_{nn} \tag{1-9}$$

例 1.7 证明行列式

$$D=\begin{vmatrix} 0 & 0 & \cdots & 0 & a_{1n} \\ 0 & 0 & \cdots & a_{2,\ n-1} & 0 \\ \vdots & \vdots & & \vdots & \vdots \\ 0 & a_{n-1,\ 2} & \cdots & 0 & 0 \\ a_{n1} & 0 & \cdots & 0 & 0 \end{vmatrix}=(-1)^{\frac{n(n-1)}{2}}a_{1n}a_{2,\ n-1}\cdots a_{n-1,\ 2}a_{n1} \tag{1-10}$$

证明 仿照例 1.6，按最后一行(列)展开，以此类推，可得

$$D=(-1)^{\frac{n(n-1)}{2}}a_{1n}a_{2,\ n-1}\cdots a_{n-1,\ 2}a_{n1}$$

1.1.3　全排列及其逆序数

定义 1.5　由 n 个自然数 1，2，…，n 组成的一个有序数组称为一个 n **元排列**. n 元排列一般可表示为 $i_1 i_2 \cdots i_n$，其中，$1 \leqslant i_k \leqslant n (k = 1, 2, \cdots, n)$，$i_k \neq i_l (k \neq l)$.

显然，n 元排列共有 $n!$ 个. 例如，由 1、2、3 这 3 个数组成的 123、132、213、231、312、321 都是 3 元排列，一共有 $3! = 6$ 个.

对于 n 个不同自然数，可以给它们规定一个次序，称这规定的次序为**标准次序**，例如 1，2，…，n 这 n 个自然数，一般规定由小到大的次序为标准次序，按标准次序排成的排列称为标准排列.

定义 1.6　在一个排列中，若两个数的次序与标准次序不同，则这两个数构成一个**逆序**（或**反序**）. 一个 n 元排列所有逆序的总和称为该排列的**逆序数**. 排列 $i_1 i_2 \cdots i_n$ 的逆序数记为 $\tau(i_1 i_2 \cdots i_n)$.

逆序数的计算可用以下方法：对于排列 $i_1 i_2 \cdots i_n$，从元素 i_1 开始，计算其前面比它大的数的个数（或计算其后面比它小的数的个数），即为该元素的逆序数，所有元素的逆序数加起来，即为该排列的逆序数.

例 1.8　计算 $\tau(45321)$.

解　因为 4 排在首位，故其逆序数为 0. 比 5 大且排在 5 前面的数有 0 个，故其逆序数为 0. 比 3 大且排在 3 前面的数有 2 个，故其逆序数为 2. 比 2 大且排在 2 前面的数有 3 个，故其逆序数为 3. 比 1 大且排在 1 前面的数有 4 个，故其逆序数为 4.

因此，所求排列的逆序数为 $\tau(45321) = 0 + 0 + 2 + 3 + 4 = 9$.

定义 1.7　逆序数为偶数的排列称为**偶排列**，逆序数为奇数的排列称为**奇排列**.

例如，$\tau(45321) = 9$，所以排列 45321 为奇排列. 容易看出，标准排列 $12\cdots n$ 的逆序数为 0，是偶排列.

定义 1.8　把一个排列中某两个数码 i 和 j 互换位置，其他数码不动，就得到一个新排列，对一个排列所实施的这样的变换叫作**对换**.

定理 1.3　对换改变排列的奇偶性.

推论 1.1　将奇排列变成标准排列的对换次数为奇数，将偶排列变成标准排列的对换次数为偶数.

定理 1.4　所有 $n!$ 个 n 元排列中，奇、偶排列的个数相等，各有 $\frac{n!}{2}$ 个.

从二阶行列式和三阶行列式的定义可以看出，二阶行列式和三阶行列式分别表示所有取自不同行、不同列的元素乘积的代数和. 事实上，这种规则可以推广到一般的 n 阶行列式.

定义 1.9　n 阶行列式

$$\begin{vmatrix} a_{11} & a_{12} & \cdots & a_{1n} \\ a_{21} & a_{22} & \cdots & a_{2n} \\ \vdots & \vdots & & \vdots \\ a_{n1} & a_{n2} & \cdots & a_{nn} \end{vmatrix} = \sum_{j_1 j_2 \cdots j_n} (-1)^{\tau(j_1 j_2 \cdots j_n)} a_{1j_1} a_{2j_2} \cdots a_{nj_n}$$

即 n 阶行列式的值为所有取自不同行、不同列的 n 个元素乘积的代数和，共有 $n!$ 项. 其中，

$j_1j_2\cdots j_n$ 是某个 n 元排列，每一项的符号由排列 $j_1j_2\cdots j_n$ 的逆序数的奇偶性决定．$\sum\limits_{j_1j_2\cdots j_n}$ 表示对所有 n 元排列 $j_1j_2\cdots j_n$ 求和．

也可以定义为

$$\begin{vmatrix} a_{11} & a_{12} & \cdots & a_{1n} \\ a_{21} & a_{22} & \cdots & a_{2n} \\ \vdots & \vdots & & \vdots \\ a_{n1} & a_{n2} & \cdots & a_{nn} \end{vmatrix} = \sum_{i_1i_2\cdots i_n} (-1)^{\tau(i_1i_2\cdots i_n)} a_{i_11}a_{i_22}\cdots a_{i_nn}$$

或

$$\begin{vmatrix} a_{11} & a_{12} & \cdots & a_{1n} \\ a_{21} & a_{22} & \cdots & a_{2n} \\ \vdots & \vdots & & \vdots \\ a_{n1} & a_{n2} & \cdots & a_{nn} \end{vmatrix} = \sum_{\substack{i_1i_2\cdots i_n \\ j_1j_2\cdots j_n}} (-1)^{\tau(i_1i_2\cdots i_n)+\tau(j_1j_2\cdots j_n)} a_{i_1j_1}a_{i_2j_2}\cdots a_{i_nj_n}$$

例 1.9 计算四阶行列式

$$D = \begin{vmatrix} a_{11} & a_{12} & 0 & 0 \\ a_{21} & 0 & a_{23} & 0 \\ 0 & a_{32} & a_{33} & 0 \\ 0 & 0 & 0 & a_{44} \end{vmatrix}$$

解 按行列式定义，每一项都是取自不同行不同列的 4 个元素的乘积，共 $4! = 24$ 项．此行列式中有很多零元素，因此有的项为零，故只需找出不含零元素的项．设各个字母表示的都是非零元素，于是在第 1 行中只有 2 个非零元素 a_{11} 和 a_{12}.

当第 1 行取 a_{11} 时，第 2 行只能取 a_{23}(a_{21} 与 a_{11} 同列，故不能取)，第 3 行只能取 a_{32}，第 4 行只能取 a_{44}，即 $a_{11}a_{23}a_{32}a_{44}$ 是其中的一项．

当第 1 行取 a_{12} 时，第 2 行可以取 a_{21} 和 a_{23}，但当第 2 行取 a_{23} 时，第 3 行只能取零元素，故第 2 行只可以取 a_{21}，第 3 行取 a_{33}，第 4 行取 a_{44}，即另一非零项为 $a_{12}a_{21}a_{33}a_{44}$. 故

$$D = (-1)^{\tau(1324)} a_{11}a_{23}a_{32}a_{44} + (-1)^{\tau(2134)} a_{12}a_{21}a_{33}a_{44} = -a_{11}a_{23}a_{32}a_{44} - a_{12}a_{21}a_{33}a_{44}$$

习题 1.1

习题 1.1 解答

1. 计算行列式：

(1) $\begin{vmatrix} 4 & -3 \\ 5 & 2 \end{vmatrix}$；　　(2) $\begin{vmatrix} \sin\alpha & -\cos\alpha \\ \cos\alpha & \sin\alpha \end{vmatrix}$；

(3) $\begin{vmatrix} 1 & 2 & 3 \\ 4 & 0 & -5 \\ -1 & 3 & 6 \end{vmatrix}$；　　(4) $\begin{vmatrix} 1 & 3 & 0 \\ -2 & -2 & 1 \\ 1 & 0 & -1 \end{vmatrix}$.

2. 设行列式

$$D = \begin{vmatrix} \lambda^2 & \lambda \\ 3 & 1 \end{vmatrix}$$

求：(1) λ 为何值时，$D = 0$；(2) λ 为何值时，$D \neq 0$.

3. 解方程

$$\begin{vmatrix} 1 & 1 & 1 \\ 2 & 3 & x \\ 4 & 9 & x^2 \end{vmatrix} = 0$$

4. 计算行列式：

(1) $\begin{vmatrix} a & b & 0 & 0 \\ 0 & a & b & 0 \\ 0 & 0 & a & b \\ b & 0 & 0 & a \end{vmatrix}$； (2) $\begin{vmatrix} 1 & 3 & 0 & 1 \\ 0 & 1 & 0 & 0 \\ 2 & 0 & 1 & 3 \\ 0 & 2 & 5 & 4 \end{vmatrix}$.

5. 设行列式

$$\begin{vmatrix} 1 & 5 & 7 & 8 \\ 1 & 1 & 1 & 1 \\ 2 & 0 & 3 & 6 \\ 1 & 2 & 3 & 4 \end{vmatrix}$$

中元素 $a_{ij}(i, j = 1, 2, 3, 4)$ 的余子式和代数余子式分别为 M_{ij} 与 A_{ij}.

求：(1) $M_{41} + M_{42} + M_{43} + M_{44}$； (2) $A_{41} + A_{42} + A_{43} + A_{44}$.

6. 设四阶行列式 D 中第 3 列元素依次为 -1、2、0、1，它们对应的余子式依次分别为 5、3、-7、4，试求 D 的值.

7. 求下列排列的逆序数：

(1) 32514； (2) 531642； (3) $135\cdots(2n+1)246\cdots(2n)$.

8. 计算行列式：

(1) $\begin{vmatrix} a_1 & a_2 & a_3 & a_4 & a_5 \\ b_1 & b_2 & b_3 & b_4 & b_5 \\ c_1 & c_2 & 0 & 0 & 0 \\ d_1 & d_2 & 0 & 0 & 0 \\ e_1 & e_2 & 0 & 0 & 0 \end{vmatrix}$； (2) $\begin{vmatrix} 0 & a_1 & 0 & \cdots & 0 \\ 0 & 0 & a_2 & \cdots & 0 \\ \vdots & \vdots & \vdots & & \vdots \\ 0 & 0 & 0 & \cdots & a_{n-1} \\ a_n & 0 & 0 & \cdots & 0 \end{vmatrix}$.

1.2 行列式的性质与计算

1.2.1 行列式的性质

设行列式

$$D = \begin{vmatrix} a_{11} & a_{12} & \cdots & a_{1n} \\ a_{21} & a_{22} & \cdots & a_{2n} \\ \vdots & \vdots & & \vdots \\ a_{n1} & a_{n2} & \cdots & a_{nn} \end{vmatrix}, \quad D^{\mathrm{T}} = \begin{vmatrix} a_{11} & a_{21} & \cdots & a_{n1} \\ a_{12} & a_{22} & \cdots & a_{n2} \\ \vdots & \vdots & & \vdots \\ a_{1n} & a_{2n} & \cdots & a_{nn} \end{vmatrix}$$

称 D^{T} 为 D 的转置行列式. 行列式具有以下性质.

(1)行列式转置，其值不变，即 $D^{\mathrm{T}} = D$.

(2)互换行列式的两行(列)，行列式变号.

为了表述方便，通常用 r_i 表示行列式的第 i 行，c_j 表示行列式的第 j 列. 交换行列式的第 i 行(列)与第 j 行(列)记为：$r_i \leftrightarrow r_j (c_i \leftrightarrow c_j)$.

推论 1.2 如果行列式有两行(列)完全相同，那么此行列式为零.

(3)行列式的某一行(列)中所有的元素都乘同一数 k，等于用数 k 乘此行列式，即

$$\begin{vmatrix} a_{11} & a_{12} & \cdots & a_{1n} \\ \vdots & \vdots & & \vdots \\ ka_{i1} & ka_{i2} & \cdots & ka_{in} \\ \vdots & \vdots & & \vdots \\ a_{n1} & a_{n2} & \cdots & a_{nn} \end{vmatrix} = k\begin{vmatrix} a_{11} & a_{12} & \cdots & a_{1n} \\ \vdots & \vdots & & \vdots \\ a_{i1} & a_{i2} & \cdots & a_{in} \\ \vdots & \vdots & & \vdots \\ a_{n1} & a_{n2} & \cdots & a_{nn} \end{vmatrix}$$

第 i 行(列)乘 k，记为 $kr_i(kc_i)$.

推论 1.3 行列式中某一行(列)所有元素的公因子可以提到行列式记号的外面.

由以上推论，可以得到行列式的以下性质.

(4)行列式中如果有两行(列)元素成比例，则此行列式为零.

(5)若行列式某一行(列)的元素都是两数之和，则可按此行(列)将行列式写成两个行列式之和，即

$$\begin{vmatrix} a_{11} & \cdots & a_{1n} \\ \vdots & & \vdots \\ b_{i1}+c_{i1} & \cdots & b_{in}+c_{in} \\ \vdots & & \vdots \\ a_{n1} & \cdots & a_{nn} \end{vmatrix} = \begin{vmatrix} a_{11} & \cdots & a_{1n} \\ \vdots & & \vdots \\ b_{i1} & \cdots & b_{in} \\ \vdots & & \vdots \\ a_{n1} & \cdots & a_{nn} \end{vmatrix} + \begin{vmatrix} a_{11} & \cdots & a_{1n} \\ \vdots & & \vdots \\ c_{i1} & \cdots & c_{in} \\ \vdots & & \vdots \\ a_{n1} & \cdots & a_{nn} \end{vmatrix}$$

该性质可以推广到某一行(列)为多个数相加的情形.

(6)把行列式的某一行(列)各元素乘同一数 k 后，加到另一行(列)对应元素上去，行列式的值不变，即

$$\begin{vmatrix} a_{11} & \cdots & a_{1n} \\ \vdots & & \vdots \\ a_{i1} & \cdots & a_{in} \\ \vdots & & \vdots \\ a_{j1} & \cdots & a_{jn} \\ \vdots & & \vdots \\ a_{n1} & \cdots & a_{nn} \end{vmatrix} = \begin{vmatrix} a_{11} & \cdots & a_{1n} \\ \vdots & & \vdots \\ a_{i1}+ka_{j1} & \cdots & a_{in}+ka_{jn} \\ \vdots & & \vdots \\ a_{j1} & \cdots & a_{jn} \\ \vdots & & \vdots \\ a_{n1} & \cdots & a_{nn} \end{vmatrix}$$

第 j 行(列)的 k 倍加到第 i 行(列)记为 $r_i+kr_j(c_i+kc_j)$.

1.2.2 利用行列式的性质计算行列式

例 1.10 计算行列式

$$D=\begin{vmatrix} 3 & 8 & 6 \\ 1 & 5 & -1 \\ 6 & 9 & 21 \end{vmatrix}$$

解 $D=\begin{vmatrix} 3 & 8 & 6 \\ 1 & 5 & -1 \\ 6 & 9 & 21 \end{vmatrix}=3\times\begin{vmatrix} 3 & 8 & 6 \\ 1 & 5 & -1 \\ 2 & 3 & 7 \end{vmatrix}\xlongequal{r_2+r_3}3\times\begin{vmatrix} 3 & 8 & 6 \\ 3 & 8 & 6 \\ 2 & 3 & 7 \end{vmatrix}=0$

例 1.11 计算行列式

$$D=\begin{vmatrix}3&1&-1&2\\-5&1&3&-4\\2&0&1&-1\\1&-5&5&-3\end{vmatrix}$$

解 $D=\begin{vmatrix}3&1&-1&2\\-5&1&3&-4\\2&0&1&-1\\1&-5&5&-3\end{vmatrix}\xlongequal{c_1\leftrightarrow c_2}-\begin{vmatrix}1&3&-1&2\\1&-5&3&-4\\0&2&1&-1\\-5&1&5&-3\end{vmatrix}\xlongequal[r_4+5r_1]{r_2-r_1}-\begin{vmatrix}1&3&-1&2\\0&-8&4&-6\\0&2&1&-1\\0&16&0&7\end{vmatrix}$

$\xlongequal{r_2\leftrightarrow r_3}\begin{vmatrix}1&3&-1&2\\0&2&1&-1\\0&-8&4&-6\\0&16&0&7\end{vmatrix}\xlongequal[r_4-8r_2]{r_3+4r_2}\begin{vmatrix}1&3&-1&2\\0&2&1&-1\\0&0&8&-10\\0&0&-8&15\end{vmatrix}\xlongequal{r_4+r_3}\begin{vmatrix}1&3&-1&2\\0&2&1&-1\\0&0&8&-10\\0&0&0&5\end{vmatrix}=80$

例 1.12 计算行列式

$$D=\begin{vmatrix}3&1&1&1\\1&3&1&1\\1&1&3&1\\1&1&1&3\end{vmatrix}$$

解 $D=\begin{vmatrix}3&1&1&1\\1&3&1&1\\1&1&3&1\\1&1&1&3\end{vmatrix}\xlongequal{c_1+c_2+c_3+c_4}\begin{vmatrix}6&1&1&1\\6&3&1&1\\6&1&3&1\\6&1&1&3\end{vmatrix}\xlongequal[r_4-r_1]{\substack{r_2-r_1\\r_3-r_1}}6\begin{vmatrix}1&1&1&1\\0&2&0&0\\0&0&2&0\\0&0&0&2\end{vmatrix}=48$

例 1.13 证明

$$D=\begin{vmatrix}a&b&c&d\\a&a+b&a+b+c&a+b+c+d\\a&2a+b&3a+2b+c&4a+3b+2c+d\\a&3a+b&6a+3b+c&10a+6b+3c+d\end{vmatrix}=a^4$$

证明 $D\xlongequal[r_2-r_1]{\substack{r_4-r_3\\r_3-r_2}}\begin{vmatrix}a&b&c&d\\0&a&a+b&a+b+c\\0&a&2a+b&3a+2b+c\\0&a&3a+b&6a+3b+c\end{vmatrix}\xlongequal[r_3-r_2]{r_4-r_3}\begin{vmatrix}a&b&c&d\\0&a&a+b&a+b+c\\0&0&a&2a+b\\0&0&a&3a+b\end{vmatrix}$

$\xlongequal{r_4-r_3}\begin{vmatrix}a&b&c&d\\0&a&a+b&a+b+c\\0&0&a&2a+b\\0&0&0&a\end{vmatrix}=a^4$

例 1.14 证明 $n(n\geqslant 2)$ 阶范德蒙德行列式

$$D_n=\begin{vmatrix}1&1&\cdots&1\\x_1&x_2&\cdots&x_n\\x_1^2&x_2^2&\cdots&x_n^2\\\vdots&\vdots&&\vdots\\x_1^{n-1}&x_2^{n-1}&\cdots&x_n^{n-1}\end{vmatrix}=\prod_{1\leqslant i<j\leqslant n}(x_j-x_i)$$

其中，$\prod\limits_{1\leqslant i<j\leqslant n}(x_j-x_i)=(x_2-x_1)(x_3-x_1)\cdots(x_n-x_1)(x_3-x_2)\cdots(x_n-x_2)\cdots(x_n-x_{n-1})$.

证明 用数学归纳法进行证明.

当 $n=2$ 时，

$$D_2=\begin{vmatrix}1 & 1\\ x_1 & x_2\end{vmatrix}=x_2-x_1$$

结论成立.

假设结论对 $n-1$ 阶范德蒙德行列式成立，即

$$D_{n-1}=\begin{vmatrix}1 & 1 & \cdots & 1\\ x_2 & x_3 & \cdots & x_n\\ x_2^2 & x_3^2 & \cdots & x_n^2\\ \vdots & \vdots & & \vdots\\ x_2^{n-2} & x_3^{n-2} & \cdots & x_n^{n-2}\end{vmatrix}=\prod_{2\leqslant i<j\leqslant n}(x_j-x_i)$$

下面考虑 n 阶范德蒙德行列式. 从第 n 行起，逐行减去前一行的 x_1 倍，有

$$D_n=\begin{vmatrix}1 & 1 & 1 & 1 & 1\\ 0 & x_2-x_1 & x_3-x_1 & \cdots & x_n-x_1\\ 0 & x_2(x_2-x_1) & x_3(x_3-x_1) & \cdots & x_n(x_n-x_1)\\ \vdots & \vdots & \vdots & & \vdots\\ 0 & x_2^{n-2}(x_2-x_1) & x_3^{n-2}(x_3-x_1) & \cdots & x_n^{n-2}(x_n-x_1)\end{vmatrix}$$

按第 1 列展开后，将每一列的公因子 $(x_i-x_1)(i=2,3,\cdots,n)$ 提出来，得

$$D_n=(x_2-x_1)(x_3-x_1)\cdots(x_n-x_1)\begin{vmatrix}1 & 1 & \cdots & 1\\ x_2 & x_3 & \cdots & x_n\\ x_2^2 & x_3^2 & \cdots & x_n^2\\ \vdots & \vdots & & \vdots\\ x_2^{n-2} & x_3^{n-2} & \cdots & x_n^{n-2}\end{vmatrix}$$

上式右端是一个 $n-1$ 阶范德蒙德行列式，由归纳假设得

$$D_n=(x_2-x_1)(x_3-x_1)\cdots(x_n-x_1)\prod_{2\leqslant i<j\leqslant n}(x_j-x_i)=\prod_{1\leqslant i<j\leqslant n}(x_j-x_i)$$

根据数学归纳法，结论成立.

显然，$D_n\neq 0$ 成立的充分必要(本书后文简称充要)条件是 $x_1,x_2,\cdots,x_n$ 互不相同.

1.2.3 拉普拉斯定理

定义 1.10 在 n 阶行列式 D 中，任取 k 行 k 列($1\leqslant k\leqslant n$)，则位于这 k 行 k 列相交处的 k^2 个元素按照原来的相对位置构成的 k 阶行列式 N，称为 D 的一个 **k 阶子式**. 划去 N 所在的 k 行 k 列，剩余的元素按照原来的相对位置得到的 $n-k$ 阶行列式 M，称为 N 的**余子式**. 设 N 的各行在 D 中分别位于第 $i_1,i_2,\cdots,i_k(i_1<i_2<\cdots<i_k)$ 行，N 的各列在 D 中分别位于第 $j_1,j_2,\cdots,j_k(j_1<j_2<\cdots<j_k)$ 列，则

$$A=(-1)^{(i_1+i_2+\cdots+i_k+j_1+j_2+\cdots+j_n)}M$$

称为 N 的**代数余子式**.

定理1.5(拉普拉斯定理) 在 n 阶行列式 D 中任取 $k(1 \leqslant k \leqslant n-1)$ 行(列)，则由这 k 行(列)所组成的所有 k 阶子式与各自所对应的代数余子式的乘积之和等于 D.

例1.15 计算行列式

$$D = \begin{vmatrix} a_{11} & 0 & 0 & a_{14} \\ 0 & a_{22} & a_{23} & 0 \\ 0 & a_{32} & a_{33} & 0 \\ a_{41} & 0 & 0 & a_{44} \end{vmatrix}$$

解 取 D 的第1行和第4行，由这两行构成的所有二阶子式共有 $C_4^2=6$ 个，但其中有5个二阶子式均为零，余下1个二阶子式

$$N_1 = \begin{vmatrix} a_{11} & a_{14} \\ a_{41} & a_{44} \end{vmatrix} = a_{11}a_{44} - a_{14}a_{41}$$

对应的代数余子式为

$$A_1 = (-1)^{(1+4+1+4)} \begin{vmatrix} a_{22} & a_{23} \\ a_{32} & a_{33} \end{vmatrix} = a_{22}a_{33} - a_{23}a_{32}$$

由拉普拉斯定理可知

$$D = N_1A_1 = (a_{11}a_{44} - a_{14}a_{41})(a_{22}a_{33} - a_{23}a_{32})$$

习题1.2

习题1.2解答

1. 计算行列式：

(1) $\begin{vmatrix} 0 & 1 & -1 & 1 \\ 1 & 3 & 0 & 4 \\ 2 & 11 & -3 & 16 \\ 0 & -7 & 3 & 1 \end{vmatrix}$；　(2) $\begin{vmatrix} a & 0 & 0 & 1 \\ 0 & b & 0 & 0 \\ 0 & 0 & c & 0 \\ 1 & 0 & 0 & d \end{vmatrix}$；

(3) $\begin{vmatrix} 2 & 1 & 4 & 1 \\ 3 & -1 & 2 & 1 \\ 1 & 2 & 3 & 2 \\ 5 & 0 & 6 & 2 \end{vmatrix}$；　(4) $\begin{vmatrix} -1 & -1 & -1 & 0 \\ -1 & -1 & 0 & -1 \\ -1 & 0 & -1 & -1 \\ 0 & -1 & -1 & -1 \end{vmatrix}$；

(5) $\begin{vmatrix} 2 & 1 & 0 & 0 \\ 1 & 2 & 1 & 0 \\ 0 & 1 & 2 & 1 \\ 0 & 0 & 1 & 2 \end{vmatrix}$；　(6) $\begin{vmatrix} 1 & 1 & 1 & 1 \\ 1 & 2 & 3 & 4 \\ 1 & 4 & 9 & 16 \\ 1 & 8 & 27 & 64 \end{vmatrix}$.

2. 计算 n 阶行列式：

(1) $D_n = \begin{vmatrix} x & a & \cdots & a \\ a & x & \cdots & a \\ \vdots & \vdots & & \vdots \\ a & a & \cdots & x \end{vmatrix}$；

(2) $D_n = \begin{vmatrix} 1+a_1 & 1 & \cdots & 1 \\ 1 & 1+a_2 & \cdots & 1 \\ \vdots & \vdots & & \vdots \\ 1 & 1 & \cdots & 1+a_n \end{vmatrix} \left(\prod_{i=1}^{n} a_i \neq 0\right)$.

3. 解方程：

$$\begin{vmatrix} \lambda - 5 & 1 & -3 \\ 1 & \lambda - 5 & 3 \\ -3 & 3 & \lambda - 3 \end{vmatrix} = 0$$

4. 设 x、y、z 是互异的实数，证明

$$\begin{vmatrix} 1 & 1 & 1 \\ x & y & z \\ x^3 & y^3 & z^3 \end{vmatrix} = 0$$

成立的充要条件是 $x + y + z = 0$.

5. 证明

$$\begin{vmatrix} x & 0 & 0 & \cdots & 0 & a_0 \\ -1 & x & 0 & \cdots & 0 & a_1 \\ 0 & -1 & x & \cdots & 0 & a_2 \\ \vdots & \vdots & \vdots & & \vdots & \vdots \\ 0 & 0 & 0 & \cdots & x & a_{n-2} \\ 0 & 0 & 0 & \cdots & -1 & x + a_{n-1} \end{vmatrix} = x^n \div a_{n-1}x^{n-1} + a_{n-2}x^{n-2} + \cdots + a_1 x + a_0$$

6. 利用拉普拉斯定理计算以下行列式

$$D = \begin{vmatrix} a_{11} & \cdots & a_{1r} & 0 & \cdots & 0 \\ \vdots & & \vdots & \vdots & & \vdots \\ a_{r1} & \cdots & a_{rr} & 0 & \cdots & 0 \\ c_{11} & \cdots & c_{1r} & b_{11} & \cdots & b_{1t} \\ \vdots & & \vdots & \vdots & & \vdots \\ c_{t1} & \cdots & c_{tr} & b_{t1} & \cdots & b_{tt} \end{vmatrix}$$

1.3 行列式的应用

1.3.1 克拉默法则

设包含 n 个方程 n 个未知数的线性方程组的一般形式为

$$\begin{cases} a_{11}x_1 + a_{12}x_2 + \cdots + a_{1n}x_n = b_1 \\ a_{21}x_1 + a_{22}x_2 + \cdots + a_{2n}x_n = b_2 \\ \qquad \vdots \\ a_{n1}x_1 + a_{n2}x_2 + \cdots + a_{nn}x_n = b_n \end{cases} \tag{1-11}$$

由系数 $a_{ij}(i, j = 1, 2, \cdots, n)$ 组成的 n 阶行列式

$$D = \begin{vmatrix} a_{11} & a_{12} & \cdots & a_{1n} \\ a_{21} & a_{22} & \cdots & a_{2n} \\ \vdots & \vdots & & \vdots \\ a_{n1} & a_{n2} & \cdots & a_{nn} \end{vmatrix}$$

称为线性方程组(1-11)的**系数行列式**. 若 $b_1 = b_2 = \cdots = b_n = 0$，则式(1-11)称为**齐次线性方程组**；若 b_1，b_2，…，b_n 不全为零，则式(1-11)称为**非齐次线性方程组**.

定理 1.6(克拉默法则)　若线性方程组(1-11)的系数行列式 $D \neq 0$，则线性方程组(1-11)有唯一解，即

$$x_j = \frac{D_j}{D} \tag{1-12}$$

其中，行列式 $D_j(j = 1, 2, \cdots, n)$ 是把行列式 D 的第 j 列元素依次换成线性方程组(1-11)中的常数项 b_1，b_2，…，b_n，其他各列不变而得到的 n 阶行列式.

克拉默法则包含 3 个结论：方程组有解；解是唯一的；解由式(1-12)给出. 需要指出的是，克拉默法则适用的条件有两个：方程组中方程的个数必须等于未知量的个数；方程组的系数行列式不等于零. 至于不满足这两个条件的线性方程组的求解问题，将在第 4 章进行讨论.

对于克拉默法则，有如下推论.

推论 1.4　若齐次线性方程组的系数行列式不等于零，则该齐次线性方程组只有零解.

推论 1.5　若齐次线性方程组有非零解，则该齐次线性方程的系数行列式等于零.

例 1.16　利用克拉默法则求解线性方程组

$$\begin{cases} x_1 - x_2 + x_3 - 2x_4 = 2 \\ -x_1 + 2x_2 - x_3 + 2x_4 = -4 \\ 3x_1 + 2x_2 + x_3 = -1 \\ 2x_1 - x_3 + 4x_4 = 4 \end{cases}$$

解　线性方程组的系数行列式

$$D = \begin{vmatrix} 1 & -1 & 1 & -2 \\ -1 & 2 & -1 & 2 \\ 3 & 2 & 1 & 0 \\ 2 & 0 & -1 & 4 \end{vmatrix} = 2 \neq 0$$

所以此方程组有唯一解. 又因为

$$D_1 = \begin{vmatrix} 2 & -1 & 1 & -2 \\ -4 & 2 & -1 & 2 \\ -1 & 2 & 1 & 0 \\ 4 & 0 & -1 & 4 \end{vmatrix} = 2, \quad D_2 = \begin{vmatrix} 1 & 2 & 1 & -2 \\ -1 & -4 & -1 & 2 \\ 3 & -1 & 1 & 0 \\ 2 & 4 & -1 & 4 \end{vmatrix} = -4$$

$$D_3 = \begin{vmatrix} 1 & -1 & 2 & -2 \\ -1 & 2 & -4 & 2 \\ 3 & 2 & -1 & 0 \\ 2 & 0 & 4 & 4 \end{vmatrix} = 0, \quad D_4 = \begin{vmatrix} 1 & -1 & 1 & 2 \\ -1 & 2 & -1 & -4 \\ 3 & 2 & 1 & -1 \\ 2 & 0 & -1 & 4 \end{vmatrix} = 1$$

于是方程组的解为

$$x_1 = \frac{D_1}{D} = 1, \quad x_2 = \frac{D_2}{D} = -2, \quad x_3 = \frac{D_3}{D} = 0, \quad x_4 = \frac{D_4}{D} = \frac{1}{2}$$

例 1.17 若齐次线性方程组

$$\begin{cases} x_1 + x_2 + \lambda x_3 = 0 \\ x_1 + \lambda x_2 + x_3 = 0 \\ \lambda x_1 + x_2 + x_3 = 0 \end{cases}$$

有非零解，试求 λ 的值.

解 由推论 1.5 可知，若齐次线性方程组有非零解，则系数行列式

$$\begin{vmatrix} 1 & 1 & \lambda \\ 1 & \lambda & 1 \\ \lambda & 1 & 1 \end{vmatrix} = -(\lambda - 1)^2(\lambda + 2) = 0$$

解得 $\lambda_1 = -2$，$\lambda_2 = \lambda_3 = 1$.

于是，当 $\lambda = -2$ 或 1 时，此方程组有非零解.

1.3.2 多项式插值

插值法是数值逼近的重要方法，该方法在数值计算中起着重要作用. 用代数多项式作为插值函数的插值法称为多项式插值，相应的多项式称为插值多项式.

例 1.18 设二次多项式 $f(x) = a_0 + a_1x + a_2x^2$，且 $f(1) = -1$，$f(-1) = 9$，$f(2) = -3$，求 $f(x)$.

解 由题设条件得

$$\begin{cases} a_0 + a_1 + a_2 = -1 \\ a_0 - a_1 + a_2 = 9 \\ a_0 + 2a_1 + 4a_2 = -3 \end{cases}$$

上式是关于 a_0，a_1，a_2 的线性方程组，系数行列式为

$$\begin{vmatrix} 1 & 1 & 1 \\ 1 & -1 & 1 \\ 1 & 2 & 4 \end{vmatrix} = -6 \neq 0$$

根据克拉默法则，解得

$$a_0 = 3,\ a_1 = -5,\ a_2 = 1$$

于是所求二次多项式为

$$f(x) = 3 - 5x + x^2$$

1.3.3 几何应用

在平面直角坐标系中，设 $\overrightarrow{OA} = (x_1, y_1)$，$\overrightarrow{OB} = (x_2, y_2)$，如图 1-3 所示，则以 $\overrightarrow{OA}$、$\overrightarrow{OB}$ 为邻边的平行四边形的面积

$$S = \pm \begin{vmatrix} x_1 & y_1 \\ x_2 & y_2 \end{vmatrix}$$

当有向角 $\angle AOB$ 是由 $\overrightarrow{OA}$ 逆时针旋转到 $\overrightarrow{OB}$ 得到时，则取正号．反之，当有向角 $\angle AOB$ 是由 $\overrightarrow{OA}$ 顺时针旋转到 $\overrightarrow{OB}$ 得到时，则取负号．若 $S=0$，则 $\overrightarrow{OA}$ 与 $\overrightarrow{OB}$ 共线．

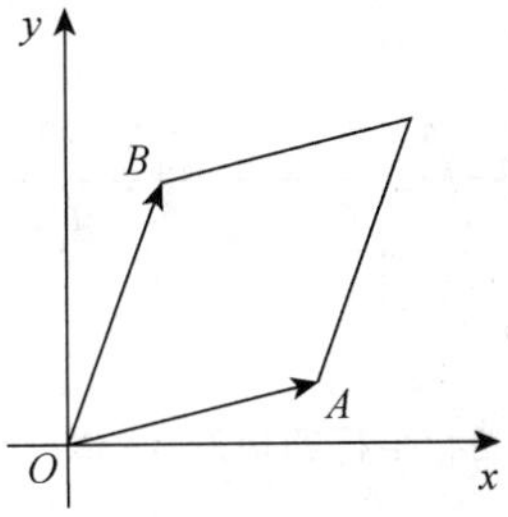

图 1–3　向量构成的平行四边形

在空间直角坐标系中，设 $\overrightarrow{OA}=(x_1,\ y_1,\ z_1)$，$\overrightarrow{OB}=(x_2,\ y_2,\ z_2)$，$\overrightarrow{OC}=(x_3,\ y_3,\ z_3)$，如图 1–4 所示，则以 $\overrightarrow{OA}$、$\overrightarrow{OB}$、$\overrightarrow{OC}$ 为邻边的平行六面体的体积

$$V=\pm\begin{vmatrix} x_1 & y_1 & z_1 \\ x_2 & y_2 & z_2 \\ x_3 & y_3 & z_3 \end{vmatrix}$$

当 $\overrightarrow{OA}$、$\overrightarrow{OB}$、$\overrightarrow{OC}$ 满足右手系时，取正号；反之，当 $\overrightarrow{OA}$、$\overrightarrow{OB}$、$\overrightarrow{OC}$ 满足左手系时，取负号．若 $V=0$，则 $\overrightarrow{OA}$、$\overrightarrow{OB}$、$\overrightarrow{OC}$ 共面．

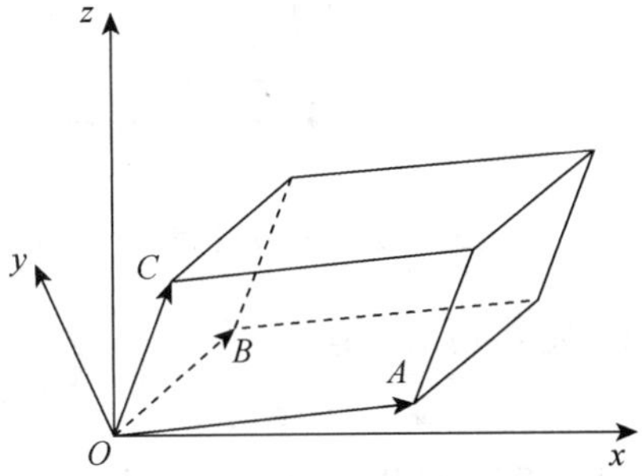

图 1–4　向量构成的平行六面体

左手系和右手系是两种规定三维空间中 x 轴、y 轴和 z 轴正方向的方法. 具体来说，左手系中 x 轴的正方向指向右，y 轴的正方向指向上，而 z 轴的正方向则指向里面(或称为“向后”). 右手系是另一种规定三维空间中 x 轴、y 轴和 z 轴正方向的方法，在这个坐标系中，x 轴的正方向通常指向右，y 轴的正方向指向上，而 z 轴的正方向则指向观察者(或称为“向前”).

例 1.19　试求由 $A(-2,\ -2)$、$B(4,\ -1)$、$C(6,\ 4)$、$D(0,\ 3)$ 确定的平行四边形 $ABCD$ 的面积．

解　平行四边形 $ABCD$ 如图 1–5 所示，$\overrightarrow{AB}=(6,\ 1)$，$\overrightarrow{AD}=(2,\ 5)$. 根据二阶行列式的几何意义得 $S=\begin{vmatrix} 6 & 1 \\ 2 & 5 \end{vmatrix}=28$，即所求平行四边形 $ABCD$ 的面积为 28.

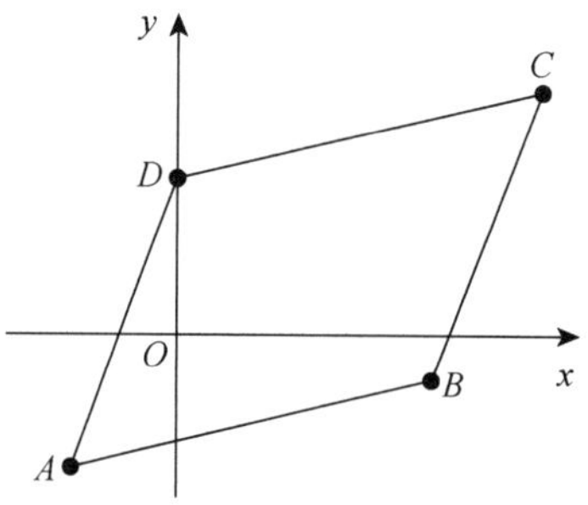

图 1-5　平行四边形 ***ABCD*** 示意图

1.3.4　电路分析应用

例 1.20　图 1-6 所示为一电路结构图，已知 $E_1=130$ V，$E_2=117$ V，$R_1=1\ \Omega$，$R_2=0.6\ \Omega$，$R_3=24\ \Omega$，电源内阻忽略不计，求支路电流 I_1、I_2、I_3.

解　假定各支路电流方向和回路方向如图 1-6 中箭头所示.

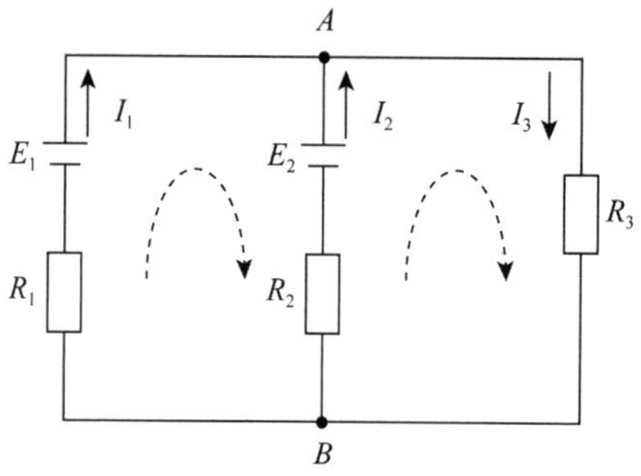

图 1-6　电路结构图

对结点 A，由基尔霍夫第一定律列出方程

$$I_1+I_2=I_3$$

对两个网孔，由基尔霍夫第二定律列出回路电压方程

$$E_1+I_2R_2=E_2+I_1R_1$$
$$E_2=I_2R_2+I_3R_3$$

代入数值，得

$$\begin{cases}I_1+I_2-I_3=0\\ I_1-0.6I_2=13\\ 0.6I_2+24I_3=117\end{cases}$$

解得

$$I_1=10\ \text{A},\ I_2=-5\ \text{A},\ I_3=5\ \text{A}$$

计算出 $I_2=-5$ A，负号说明实际方向与所选参考方向相反.

习题 1.3

习题 1.3 解答

1. 用克拉默法则求解线性方程组：

(1) $\begin{cases} x_1 + x_2 = -1 \\ x_1 - 2x_2 = 5 \end{cases}$；　(2) $\begin{cases} 2x_1 - x_2 = 3 \\ x_1 + 3x_2 = 5 \end{cases}$；

(3) $\begin{cases} 2x_1 + 3x_2 + 5x_3 = 2 \\ x_1 + 2x_2 = 5 \\ 3x_2 + 5x_3 = 4 \end{cases}$；　(4) $\begin{cases} x_1 + 2x_2 + 3x_3 = 1 \\ 2x_1 + 3x_2 + x_3 = 2 \\ 3x_1 + 3x_2 + 2x_3 = -3 \end{cases}$；

(5) $\begin{cases} 2x_1 + 2x_2 - x_3 + x_4 = 4 \\ 4x_1 + 3x_2 - x_3 + 2x_4 = 6 \\ 8x_1 + 5x_2 - 3x_3 + 4x_4 = 12 \\ 3x_1 + 3x_2 - 2x_3 + 2x_4 = 6 \end{cases}$；　(6) $\begin{cases} 2x_1 + x_2 - 2x_3 + 3x_4 = 7 \\ x_1 + 2x_2 - x_3 + 2x_4 = -2 \\ x_1 + x_2 + x_3 + 2x_4 = 0 \\ 3x_1 + 2x_2 + x_3 + x_4 = 1 \end{cases}$.

2. 求 λ 为何值时，齐次线性方程组

$$\begin{cases} \lambda x_1 + x_2 + x_3 = 0 \\ x_1 + \lambda x_2 + x_3 = 0 \\ 3x_1 - x_2 + x_3 = 0 \end{cases}$$

有非零解．

3. 求 λ、μ 为何值时，齐次线性方程组

$$\begin{cases} \lambda x_1 + x_2 + x_3 = 0 \\ x_1 + \mu x_2 + x_3 = 0 \\ x_1 + 2\mu x_2 + x_3 = 0 \end{cases}$$

有非零解．

4. 设曲线 $y = a_0 + a_1 x + a_2 x^2 + a_3 x^3$ 过点 (1，3)，(2，4)，(3，3)，(4，−3)，求曲线方程．

5. 已知在平面直角坐标系中不共线的 3 个点 $A(x_1, y_1)$，$B(x_2, y_2)$，$C(x_3, y_3)$，试证明这 3 个点围成的三角形面积

$$S = \left| \frac{1}{2} \begin{vmatrix} x_1 & y_1 & 1 \\ x_2 & y_2 & 1 \\ x_3 & y_3 & 1 \end{vmatrix} \right|$$

1.4　MATLAB 简介

1.4.1　MATLAB 是什么

MATLAB 是一款软件，其名称是 Matrix 和 Laboratory 两个词的组合，该软件主要应用于科学计算、可视化，以及交互式程序设计的高科技计算．

MATLAB 将数值分析、矩阵计算、科学数据可视化，以及非线性动态系统的建模和仿真

等诸多强大功能集成在一个易于使用的视窗环境中，支持线性代数、统计、傅里叶分析、滤波、优化、数值积分及常微分方程数值解等多种数学计算功能，广泛应用于信号处理、图形处理、通信系统设计、控制系统设计、财务建模等领域，为科学研究、工程设计及必须进行有效数值计算的场合提供了一种全面的解决方案．自 20 世纪 70 年代美国 MathWorks 公司推出 MATLAB 以来，它已经成为科学和工程计算方面不可或缺的工具.

1.4.2 MATLAB 的功能

1. 数值计算功能

MATLAB 以矩阵作为数据操作的基本单位，这使矩阵运算变得非常简洁、方便、高效．MATLAB 还提供了非常丰富的数值计算函数，而且采用的都是国际通用的数值计算方法．

2. 绘图功能

用 MATLAB 绘图十分方便，可以绘制各种图形，包括 2 维和 3 维图形，也可以对图形进行修饰控制，以增强图形的表现效果．MATLAB 提供两种层次的绘图操作：一种是对图形句柄进行的低层绘图操作；另一种是建立在低层绘图之上的高层绘图，这时用户不需要考虑过多的细节，只要给出一个剧本参数就能绘制出图形．

3. 汇编语言功能

MATLAB 具有程序结构控制、函数调用、数据结构控制、输出输入控制、面向对象等程序设计语言特征，不仅简单易学，而且操作简便．对数值计算、程序仿真、计算机辅助设计等领域的人来说，MATLAB 是一个理想的工具．

4. 扩展功能

MATLAB 除了基本功能外，还支持各种扩展工具箱，扩展工具箱大大加强了 MATLAB 的功能．

MATLAB 的扩展工具箱分为两大类：功能类工具箱和学科类工具箱．功能类工具箱主要用来扩充其符号计算、可视建模、仿真及文字处理功能. 学科类工具箱的专业性比较强，包括控制系统工具箱、神经网络工具箱、金融工具箱等．

1.4.3 MATLAB 的特点

1. 强大的数值计算及符号计算功能

MATLAB 提供了大量的内置函数，能够轻松处理各种复杂的数学问题，在矩阵运算方面表现尤其出色．

2. 完备的图形处理功能，科学数据可视化

MATLAB 内置了图形函数，能够生成高质量的图形，便于对数据进行可视化展示．

3. 交互式的工作环境

MATLAB 提供了一个集成开发环境，使用户能够在工作空间中直接操作变量，并快速查看计算结果和图形．

4. 友好的用户界面及直观的编程语言

MATLAB 的语言具有简洁的语法，类似书写数学公式的方式，用户易于学习和使用．此

外，它还支持面向对象编程，可以创建复杂的应用程序.

5. 功能丰富的扩展工具箱

MATLAB 拥有大量的扩展工具箱，这些扩展工具箱是针对特定领域(如信号处理、机器学习、统计学等领域)的函数集合，为用户提供了大量方便、实用的处理工具.

6. 跨学科的平台

MATLAB 可以用于解决跨学科的综合性问题，如物理模拟、人工智能研究等.

7. 广泛的应用范围

从学术研究到工业生产，从基础教育到高技术企业，MATLAB 的应用几乎遍及所有需要数学计算的领域.

8. 强大的可扩展性和互操作性

MATLAB 不仅可以通过 MEX 接口调用使用 C/C++语言编写的程序来提高执行效率，还可以通过 Java、. NET 等语言的接口与外部程序进行交互.

9. 丰富的教育与培训资源

MathWorks 公司提供了丰富的在线教程和示例，以及用户论坛，帮助初学者快速掌握 MATLAB 的使用方法.

MathWorks 公司定期发布 MATLAB 的新版本，每个版本都会引入一些新功能，并改进现有的特性. 近年来，随着大数据和机器学习的兴起，MATLAB 也增加了更多相关的扩展工具箱以适应市场的需求.

1.4.4 MATLAB 的操作界面

MATLAB 的操作界面如图 1-7 所示，包含选项卡、当前文件夹、命令行窗口、工作区、功能区和当前目录设置区.

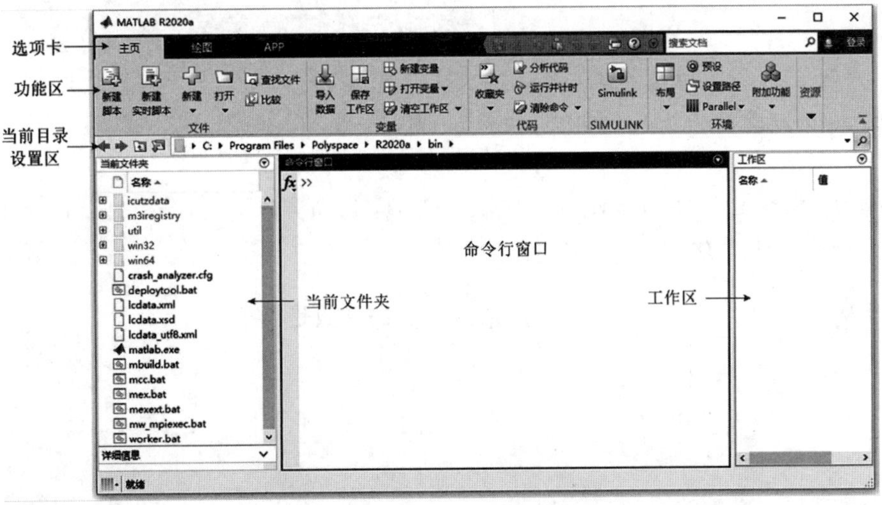

图 1-7 MATLAB 的操作界面

(1)选项卡：包含主页、绘图和 App(应用程序或工具箱).

(2)当前文件夹：用来快速查看并访问文件夹中的文件.

(3)命令行窗口：可以在命令行中输入命令(由提示符 >> 开始)，命令行窗口也可以从 MATLAB 的操作界面中分离出来，单独显示和操作.

(4)工作区：可以用来查看目前 MATLAB 内存中保存的所有变量或者对象.

MATLAB 的工作方式之一是：在命令行窗口中输入语句，然后由 MATLAB 逐句解释执行并在命令行窗口中给出结果. 命令行窗口可显示除图形以外的所有运算结果.

(5)功能区：提供了各种操作和功能的选项，以及一些常用的快捷按钮，这些按钮用于执行常见的操作，如新建、打开、保存等.

(6)当前目录设置区：用于显示和设置当前的工作目录，浏览文件和文件夹.

第 1 章习题

第 1 章习题解答

一、选择题

1. $\begin{vmatrix} 0 & 0 & 1 & 0 \\ 0 & 1 & 0 & 0 \\ 0 & 0 & 0 & 1 \\ 1 & 0 & 0 & 0 \end{vmatrix} =$ (　　).

A. 0　　B. -1　　C. 1　　D. 2

2. 已知 $\begin{vmatrix} a_{11} & a_{12} \\ a_{21} & a_{22} \end{vmatrix} = a$，$\begin{vmatrix} b_{11} & a_{12} \\ b_{21} & a_{22} \end{vmatrix} = b$，则 $\begin{vmatrix} a_{11}+b_{11} & 3a_{12} \\ a_{21}+b_{21} & 3a_{22} \end{vmatrix} =$ (　　).

A. $3a$　　B. $3b$　　C. $3(a-b)$　　D. $3(a+b)$

3. 设 $\begin{vmatrix} a_{11} & a_{12} & a_{13} \\ a_{21} & a_{22} & a_{23} \\ a_{31} & a_{32} & a_{33} \end{vmatrix} = 3$，则 $\begin{vmatrix} 3a_{11} & 3a_{12} & 3a_{13} \\ 3a_{21} & 3a_{22} & 3a_{23} \\ 3a_{31} & 3a_{32} & 3a_{33} \end{vmatrix} =$ (　　).

A. 3　　B. 3^2　　C. 3^3　　D. 3^4

4. 设 a、b 为实数，$\begin{vmatrix} a & b & 0 \\ -b & a & 0 \\ -1 & 0 & -1 \end{vmatrix} = 0$，则(　　).

A. $a=0$，$b=-1$　　B. $a=0$，$b=0$　　C. $a=1$，$b=0$　　D. $a=1$，$b=-1$

5. 若 $D = \begin{vmatrix} -1 & 0 & x & 1 \\ 1 & 1 & -1 & -1 \\ 1 & -1 & 1 & -1 \\ 1 & -1 & -1 & 1 \end{vmatrix}$，则 D 中 x 的系数是(　　).

A. 1　　B. -1　　C. 4　　D. -4

6. 若 $D = \begin{vmatrix} -8 & 7 & 4 & 3 \\ 6 & -2 & 3 & -1 \\ 1 & 1 & 1 & 1 \\ 4 & 3 & -7 & 5 \end{vmatrix}$，则 D 中第 1 行元素的代数余子式的和为(　　).

A. -1　　B. -2　　C. 1　　D. 0

7. 下列排列中是 5 元偶排列的是(　　).

A. 24315　　B. 14325　　C. 41523　　D. 24351

二、填空题

1. $2n$ 元排列 $24\cdots(2n)13\cdots(2n-1)$ 的逆序数是________.

2. 四阶行列式中包含 $a_{22}a_{43}$ 且带正号的项是________.

3. 行列式 $\begin{vmatrix} -3 & 0 & 4 \\ 5 & 0 & 3 \\ 2 & -2 & 1 \end{vmatrix}$ 中元素 3 的代数余子式是________.

4. 设 $D=\begin{vmatrix} 3 & -1 & -5 \\ -2 & -3 & 5 \\ 0 & 1 & -4 \end{vmatrix}$，则 $-A_{11}-3A_{21}+A_{31}=$________.

5. 行列式 $\begin{vmatrix} 0 & 1 & 0 & \cdots & 0 \\ 0 & 0 & 2 & \cdots & 0 \\ \vdots & \vdots & \vdots & & \vdots \\ 0 & 0 & 0 & \cdots & n-1 \\ n & 0 & 0 & \cdots & 0 \end{vmatrix}=$________.

三、计算或证明题

1. 计算行列式：

(1) $\begin{vmatrix} 1 & 2 & -1 & 1 \\ 3 & 0 & 1 & 2 \\ 1 & -1 & 2 & 1 \\ 1 & 0 & 3 & -2 \end{vmatrix}$；　　(2) $\begin{vmatrix} 4 & 0 & 7 & 0 \\ 5 & 0 & 1 & 2 \\ -1 & -1 & 3 & 6 \\ 5 & 0 & 8 & 0 \end{vmatrix}$.

2. 计算行列式：

(1) $\begin{vmatrix} x & y & x+y \\ y & x+y & x \\ x+y & x & y \end{vmatrix}$；　　(2) $\begin{vmatrix} a & b & c \\ a^2 & b^2 & c^2 \\ b+c & a+c & a+b \end{vmatrix}$.

3. 计算 n 阶行列式：

(1) $\begin{vmatrix} 2 & 1 & 0 & \cdots & 0 & 0 \\ 1 & 2 & 1 & \cdots & 0 & 0 \\ 0 & 1 & 2 & \cdots & 0 & 0 \\ \vdots & \vdots & \vdots & & \vdots & \vdots \\ 0 & 0 & 0 & \cdots & 2 & 1 \\ 0 & 0 & 0 & \cdots & 1 & 2 \end{vmatrix}$；　　(2) $\begin{vmatrix} 1+\lambda & 1 & \cdots & 1 \\ 1 & 1+\lambda & \cdots & 1 \\ \vdots & \vdots & & \vdots \\ 1 & 1 & \cdots & 1+\lambda \end{vmatrix}$.

4. 设方程组

$$\begin{cases} x+y+z=a+b+c \\ ax+by+cz=a^2+b^2+c^2 \\ bcx+cay+abz=3abc \end{cases}$$

试问 a、b、c 满足什么条件时，方程组有唯一解，并求出唯一解．

5. 证明

$$\begin{vmatrix} 1 & 1 & 1 & 1 \\ a & b & c & d \\ a^2 & b^2 & c^2 & d^2 \\ a^4 & b^4 & c^4 & d^4 \end{vmatrix} = (b-a)(c-a)(d-a)(c-b)(d-b)(d-c)(a+b+c+d)$$

6. 设 α、β、γ 是方程 $x^3+px+q=0$ 的根，证明

$$\begin{vmatrix} \alpha & \beta & \gamma \\ \gamma & \alpha & \beta \\ \beta & \gamma & \alpha \end{vmatrix} = 0$$

7. 设 a_1，a_2，…，a_n，a_{n+1} 是 $n+1$ 个各不相同的实数，b_1，b_2，…，b_n，b_{n+1} 是 $n+1$ 个任意实数，证明存在一个次数不超过 n 的多项式 $f(x)$，使 $f(a_i)=b_i(i=1, 2, \cdots, n+1)$．

第 2 章 矩 阵

矩阵是线性代数最基本的概念，也是处理许多实际问题的有力工具．矩阵理论在自然科学、工程技术、经济管理等领域中有广泛的应用．

本章主要介绍矩阵及其运算、逆矩阵、分块矩阵、矩阵的初等变换，以及矩阵的应用等内容.

2.1 矩阵及其运算

2.1.1 矩阵的概念

在许多实际问题中，我们会碰到由若干个数排成的矩形数表．在研究问题时，常常要把它当作一个整体来处理．

考查线性方程组

$$\begin{cases} x_1 - x_2 + x_3 - 2x_4 = 2 \\ -x_1 + 2x_2 - x_3 = -4 \\ 3x_1 + 2x_2 + x_3 - 2x_4 = -1 \end{cases} \tag{2-1}$$

如果把这些系数和常数项按原来的行列次序排成一张矩形数表

$$\begin{pmatrix} 1 & -1 & 1 & -2 & 2 \\ -1 & 2 & -1 & 0 & -4 \\ 3 & 2 & 1 & -2 & -1 \end{pmatrix}$$

则这张矩形数表完全确定了线性方程组(2-1)，通过对它的研究，可以判断线性方程组(2-1)的解的情况．

定义 2.1 由 $m \times n$ 个数 $a_{ij}(i=1,\ 2,\ \cdots,\ m;\ j=1,\ 2,\ \cdots,\ n)$ 排成的 m 行 n 列的矩形数表

$$\boldsymbol{A} = \begin{pmatrix} a_{11} & a_{12} & \cdots & a_{1n} \\ a_{21} & a_{22} & \cdots & a_{2n} \\ \vdots & \vdots & & \vdots \\ a_{m1} & a_{m2} & \cdots & a_{mn} \end{pmatrix}$$

称为 m 行 n 列**矩阵**. 其中，$a_{ij}(i=1,\ 2,\ \cdots,\ m;\ j=1,\ 2,\ \cdots,\ n)$ 称为矩阵 $\boldsymbol{A}$ 的第 i 行第 j 列的**元素**．矩阵常用英文大写字母 $\boldsymbol{A}$、$\boldsymbol{B}$、$\boldsymbol{C}$…… 表示，矩阵 $\boldsymbol{A}$ 也可记为 $\boldsymbol{A} = (a_{ij})$、$\boldsymbol{A} =$

$(a_{ij})_{m\times n}$ 或 $\boldsymbol{A}_{m\times n}$.

元素为实数的矩阵称为**实矩阵**，元素为复数的矩阵称为**复矩阵**. 本书如无特殊声明，所讨论的矩阵均指实矩阵 .

特别地，当矩阵 $\boldsymbol{A}$ 的行数与列数都等于 n 时，称 $\boldsymbol{A}$ 为 n 阶矩阵，也称为 n 阶**方阵**，记为 $\boldsymbol{A}_n$. 方阵 $\boldsymbol{A}_n$ 中元素 $a_{ii}(i=1, 2, \cdots, n)$ 称为**主对角元**.

定义 2.2 若两个矩阵的行数相等，列数也相等，则称这两个矩阵为**同型矩阵**. 设同型矩阵 $\boldsymbol{A}=(a_{ij})_{m\times n}$ 与 $\boldsymbol{B}=(b_{ij})_{m\times n}$，且

$$a_{ij}=b_{ij}(i=1, 2, \cdots, m; j=1, 2, \cdots, n)$$

则称矩阵 $\boldsymbol{A}$ 与 $\boldsymbol{B}$ 相等，记为 $\boldsymbol{A}=\boldsymbol{B}$.

2.1.2 几种特殊矩阵

1. 零矩阵

元素全是零的矩阵称为**零矩阵**，记为 $\boldsymbol{O}$ 或者 $\boldsymbol{O}_{m\times n}$. 不同型的零矩阵是不相等的，如

$$\boldsymbol{O}_{2\times 2}=\begin{pmatrix}0&0\\0&0\end{pmatrix}, \quad \boldsymbol{O}_{2\times 4}=\begin{pmatrix}0&0&0&0\\0&0&0&0\end{pmatrix}$$

2. 行矩阵

只有一行元素的矩阵称为**行矩阵**(或**行向量**)，如

$$\boldsymbol{A}=(a_1 \quad a_2 \quad \cdots \quad a_n) \quad 或 \quad \boldsymbol{A}=(a_1, a_2, \cdots, a_n)$$

3. 列矩阵

只有一列元素的矩阵称为**列矩阵**(或**列向量**)，如

$$\boldsymbol{A}=\begin{pmatrix}b_1\\b_2\\\vdots\\b_n\end{pmatrix}$$

4. 上(下)三角形矩阵

主对角元以下(上)元素全为零的方阵称为**上(下)三角形矩阵**，如

$$\begin{pmatrix}a_{11}&a_{12}&\cdots&a_{1n}\\0&a_{22}&\cdots&a_{2n}\\\vdots&\vdots&&\vdots\\0&0&\cdots&a_{nn}\end{pmatrix}, \quad \begin{pmatrix}a_{11}&0&\cdots&0\\a_{21}&a_{22}&\cdots&0\\\vdots&\vdots&&\vdots\\a_{n1}&a_{n2}&\cdots&a_{nn}\end{pmatrix}$$

5. 对角矩阵

除了主对角元，其他元素全为零的方阵 $\boldsymbol{\Lambda}$ 称为**对角矩阵**，即

$$\boldsymbol{\Lambda}=\begin{pmatrix}\lambda_1&&&\\&\lambda_2&&\\&&\ddots&\\&&&\lambda_n\end{pmatrix}$$

记为 $\boldsymbol{\Lambda}=\mathrm{diag}(\lambda_1, \lambda_2, \cdots, \lambda_n)$.

6. 单位矩阵

主对角元全为 1，其他元素全为零的 n 阶矩阵称为 n 阶**单位矩阵**，记为 $\boldsymbol{E}_n$ 或 $\boldsymbol{I}_n$，即

$$\boldsymbol{E}_n=\begin{pmatrix}1 & & & \\ & 1 & & \\ & & \ddots & \\ & & & 1\end{pmatrix}$$

7. 数量矩阵

主对角元全为非零数 k，其他元素全为零的对角矩阵称为**数量矩阵**，记为 $k\boldsymbol{E}_n$ 或 $k\boldsymbol{I}_n$，即

$$k\boldsymbol{E}_n=\begin{pmatrix}k & & & \\ & k & & \\ & & \ddots & \\ & & & k\end{pmatrix}(k\neq 0)$$

2.1.3 矩阵的线性运算

1. 矩阵加法

定义 2.3 设矩阵 $\boldsymbol{A}=(a_{ij})_{m\times n}$ 与 $\boldsymbol{B}=(b_{ij})_{m\times n}$，则

$$\boldsymbol{A}+\boldsymbol{B}=(a_{ij}+b_{ij})_{m\times n}$$

称为矩阵 $\boldsymbol{A}$ 与矩阵 $\boldsymbol{B}$ 的**和**.

对于矩阵 $\boldsymbol{A}=(a_{ij})_{m\times n}$，称 $(-a_{ij})_{m\times n}$ 为矩阵 $\boldsymbol{A}$ 的**负矩阵**，记为 $-\boldsymbol{A}$.

由此可定义矩阵 $\boldsymbol{A}=(a_{ij})_{m\times n}$ 与 $\boldsymbol{B}=(b_{ij})_{m\times n}$ 的减法为

$$\boldsymbol{A}+\boldsymbol{B}=\boldsymbol{A}+(-\boldsymbol{B})=(a_{ij}-b_{ij})_{m\times n}$$

2. 矩阵数乘

定义 2.4 已知数 k 和矩阵 $\boldsymbol{A}=(a_{ij})_{m\times n}$，则数 k 乘以矩阵 $\boldsymbol{A}$ 中的每一个元素所得到的新矩阵称为数 k 与矩阵 $\boldsymbol{A}$ 的**数乘**，记为 $k\boldsymbol{A}$，即 $k\boldsymbol{A}=(ka_{ij})_{m\times n}$.

矩阵的加法与数乘统称为矩阵的线性运算，矩阵的线性运算满足以下 8 条运算规律(设 $\boldsymbol{A}$、$\boldsymbol{B}$、$\boldsymbol{C}$、$\boldsymbol{O}$ 是同型矩阵，l、k 是常数)：

(1) $\boldsymbol{A}+\boldsymbol{B}=\boldsymbol{B}+\boldsymbol{A}$；

(2) $(\boldsymbol{A}+\boldsymbol{B})+\boldsymbol{C}=\boldsymbol{A}+(\boldsymbol{B}+\boldsymbol{C})$；

(3) $\boldsymbol{A}+\boldsymbol{O}=\boldsymbol{A}$；

(4) $\boldsymbol{A}+(-\boldsymbol{A})=\boldsymbol{O}$；

(5) $1\boldsymbol{A}=\boldsymbol{A}$；

(6) $k(\boldsymbol{A}+\boldsymbol{B})=k\boldsymbol{A}+k\boldsymbol{B}$；

(7) $(k+l)\boldsymbol{A}=k\boldsymbol{A}+l\boldsymbol{A}$；

(8) $(kl)\boldsymbol{A}=k(l\boldsymbol{A})$.

例 2.1 已知矩阵 $\boldsymbol{A}=\begin{pmatrix}1 & 3\\ 2 & 0\\ -1 & 0\end{pmatrix}$，$\boldsymbol{B}=\begin{pmatrix}-5 & 4\\ 3 & -1\\ 1 & 8\end{pmatrix}$，求 $\boldsymbol{A}+\boldsymbol{B}$，$3\boldsymbol{A}-2\boldsymbol{B}$.

解 $A+B=\begin{pmatrix}1&3\\2&0\\-1&0\end{pmatrix}+\begin{pmatrix}-5&4\\3&-1\\1&8\end{pmatrix}=\begin{pmatrix}-4&7\\5&-1\\0&8\end{pmatrix}$

$$3A-2B=3\begin{pmatrix}1&3\\2&0\\-1&0\end{pmatrix}-2\begin{pmatrix}-5&4\\3&-1\\1&8\end{pmatrix}=\begin{pmatrix}3&9\\6&0\\-3&0\end{pmatrix}-\begin{pmatrix}-10&8\\6&-2\\2&16\end{pmatrix}=\begin{pmatrix}13&1\\0&2\\-5&-16\end{pmatrix}$$

2.1.4 矩阵乘法

定义 2.5 已知矩阵 $A=(a_{ij})_{m\times s}$ 和矩阵 $B=(b_{ij})_{s\times n}$，称 $C=(c_{ij})_{m\times n}$ 为矩阵 A 和矩阵 B 的乘积，记为 $C_{m\times n}=A_{m\times s}B_{s\times n}$，其中

$$c_{ij}=a_{i1}b_{1j}+a_{i2}b_{2j}+\cdots+a_{is}b_{sj}=\sum_{k=1}^{s}a_{ik}b_{kj}(i=1,2,\cdots,m;\ j=1,2,\cdots,n)$$

需要注意的是，不是任意两个矩阵都可以相乘，只有左边矩阵的列数和右边矩阵的行数相等时，矩阵相乘才有意义.

例 2.2 已知 $A=\begin{pmatrix}1&-2\\2&1\\3&-3\end{pmatrix}$，$B=\begin{pmatrix}1&-4&2\\3&5&-1\end{pmatrix}$，求 AB.

解 $AB=\begin{pmatrix}1&-2\\2&1\\3&-3\end{pmatrix}\begin{pmatrix}1&-4&2\\3&5&-1\end{pmatrix}$

$$=\begin{pmatrix}1\times1+(-2)\times3&1\times(-4)+(-2)\times5&1\times2+(-2)\times(-1)\\2\times1+1\times3&2\times(-4)+1\times5&2\times2+1\times(-1)\\3\times1+(-3)\times3&3\times(-4)+(-3)\times5&3\times2+(-3)\times(-1)\end{pmatrix}$$

$$=\begin{pmatrix}-5&-14&4\\5&-3&3\\-6&-27&9\end{pmatrix}.$$

矩阵乘法满足以下运算规律：

(1)结合律：$(AB)C=A(BC)$；

(2)分配律：$(A+B)C=AC+BC$，$A(B+C)=AB+AC$；

(3) $k(AB)=(kA)B=A(kB)$(k 为常数).

例 2.3 已知 $A=\begin{pmatrix}1&-3\\-2&6\end{pmatrix}$，$B=\begin{pmatrix}3&-6\\1&-2\end{pmatrix}$，求 AB 和 BA.

解 $AB=\begin{pmatrix}1&-3\\-2&6\end{pmatrix}\begin{pmatrix}3&-6\\1&-2\end{pmatrix}=\begin{pmatrix}0&0\\0&0\end{pmatrix}$，$BA=\begin{pmatrix}3&-6\\1&-2\end{pmatrix}\begin{pmatrix}1&-3\\-2&6\end{pmatrix}=\begin{pmatrix}15&-45\\5&-15\end{pmatrix}$.

从例 2.3 可以看出，矩阵乘法不满足交换律，即 $AB\neq BA$. 因此，矩阵相乘时一定要注意顺序. 特别地，若 $AB=BA$，则称矩阵 A 和 B 可交换. 可交换的矩阵一定是同阶矩阵. 该例还表明，若 $AB=O$，未必有 $A=O$ 或 $B=O$.

例 2.4 设矩阵 $\boldsymbol{A}=\begin{pmatrix}1&1\\-1&-1\end{pmatrix}$，$\boldsymbol{B}=\begin{pmatrix}2&1\\4&1\end{pmatrix}$，$\boldsymbol{C}=\begin{pmatrix}6&2\\0&0\end{pmatrix}$，求 $\boldsymbol{AB}$ 和 $\boldsymbol{AC}$.

解 $\boldsymbol{AB}=\begin{pmatrix}1&1\\-1&-1\end{pmatrix}\begin{pmatrix}2&1\\4&1\end{pmatrix}=\begin{pmatrix}6&2\\-6&-2\end{pmatrix}$，$\boldsymbol{AC}=\begin{pmatrix}1&1\\-1&-1\end{pmatrix}\begin{pmatrix}6&2\\0&0\end{pmatrix}=\begin{pmatrix}6&2\\-6&-2\end{pmatrix}$.

从例 2.4 可知，矩阵的乘法不满足消去律，即从 $\boldsymbol{A}\neq\boldsymbol{O}$，$\boldsymbol{AB}=\boldsymbol{AC}$ 不能得到 $\boldsymbol{B}=\boldsymbol{C}$.

虽然矩阵乘法不满足交换律，但可以得到如下结果：

(1) $\boldsymbol{E}_m\boldsymbol{A}_{m\times n}=\boldsymbol{A}_{m\times n}\boldsymbol{E}_n=\boldsymbol{A}_{m\times n}$；

(2) $\boldsymbol{O}_{s\times m}\boldsymbol{A}_{m\times n}=\boldsymbol{O}_{s\times n}$，$\boldsymbol{A}_{m\times n}\boldsymbol{O}_{n\times t}=\boldsymbol{O}_{m\times t}$.

定义 2.6 设 $\boldsymbol{A}$ 为 n 阶矩阵，k 为正整数，则

$$\boldsymbol{A}^k=\underbrace{\boldsymbol{A}\cdot\boldsymbol{A}\cdot\boldsymbol{A}\cdot\cdots\cdot\boldsymbol{A}}_{k\text{个}}$$

称为 $\boldsymbol{A}$ 的 k 次幂.

设 $\boldsymbol{A}$、$\boldsymbol{B}$ 是方阵，m、n 是正整数，则

方阵的幂有下列性质：

(1) $\boldsymbol{A}^m\boldsymbol{A}^n=\boldsymbol{A}^{m+n}$；

(2) $(\boldsymbol{A}^m)^n=\boldsymbol{A}^{mn}$.

因为矩阵乘法不满足交换律，所以对于两个同阶矩阵 $\boldsymbol{A}$ 与 $\boldsymbol{B}$，一般情况下有

$$(\boldsymbol{AB})^k\neq\boldsymbol{A}^k\boldsymbol{B}^k(k\text{ 为正整数})$$

例 2.5 设 $\boldsymbol{A}=\begin{pmatrix}0&2\\3&1\end{pmatrix}$，$\boldsymbol{B}=\begin{pmatrix}1&1\\1&0\end{pmatrix}$，证明 $(\boldsymbol{AB})^2\neq\boldsymbol{A}^2\boldsymbol{B}^2$.

解 因为

$$\boldsymbol{AB}=\begin{pmatrix}0&2\\3&1\end{pmatrix}\begin{pmatrix}1&1\\1&0\end{pmatrix}=\begin{pmatrix}2&0\\4&3\end{pmatrix}$$

所以

$$(\boldsymbol{AB})^2=\begin{pmatrix}2&0\\4&3\end{pmatrix}\begin{pmatrix}2&0\\4&3\end{pmatrix}=\begin{pmatrix}4&0\\20&9\end{pmatrix}$$

又因为

$$\boldsymbol{A}^2=\boldsymbol{A}\cdot\boldsymbol{A}=\begin{pmatrix}0&2\\3&1\end{pmatrix}\begin{pmatrix}0&2\\3&1\end{pmatrix}=\begin{pmatrix}6&2\\3&7\end{pmatrix}$$

$$\boldsymbol{B}^2=\boldsymbol{B}\cdot\boldsymbol{B}=\begin{pmatrix}1&1\\1&0\end{pmatrix}\begin{pmatrix}1&1\\1&0\end{pmatrix}=\begin{pmatrix}2&1\\1&1\end{pmatrix}$$

所以

$$\boldsymbol{A}^2\boldsymbol{B}^2=\begin{pmatrix}6&2\\3&7\end{pmatrix}\begin{pmatrix}2&1\\1&1\end{pmatrix}=\begin{pmatrix}14&8\\13&10\end{pmatrix}$$

一般地，当 $\boldsymbol{AB}\neq\boldsymbol{BA}$ 时，有

$$(\boldsymbol{A}+\boldsymbol{B})^2=\boldsymbol{A}^2+\boldsymbol{AB}+\boldsymbol{BA}+\boldsymbol{B}^2\neq\boldsymbol{A}^2+2\boldsymbol{AB}+\boldsymbol{B}^2$$

$$(\boldsymbol{A}+\boldsymbol{B})(\boldsymbol{A}-\boldsymbol{B})=\boldsymbol{A}^2-\boldsymbol{AB}+\boldsymbol{BA}-\boldsymbol{B}^2\neq\boldsymbol{A}^2-\boldsymbol{B}^2$$

2.1.5 矩阵转置

定义 2.7 设矩阵

$$A=\begin{pmatrix} a_{11} & a_{12} & \cdots & a_{1n} \\ a_{21} & a_{22} & \cdots & a_{2n} \\ \vdots & \vdots & & \vdots \\ a_{m1} & a_{m2} & \cdots & a_{mn} \end{pmatrix}$$

将矩阵 $\boldsymbol{A}$ 的行列互换，所得矩阵称为 $\boldsymbol{A}$ 的**转置矩阵**，记为 $\boldsymbol{A}^{\mathrm{T}}$，即

$$A^{\mathrm{T}}=\begin{pmatrix} a_{11} & a_{21} & \cdots & a_{m1} \\ a_{12} & a_{22} & \cdots & a_{m2} \\ \vdots & \vdots & & \vdots \\ a_{1n} & a_{2n} & \cdots & a_{mn} \end{pmatrix}$$

可以证明，矩阵转置有如下性质：

(1) $(\boldsymbol{A}\pm\boldsymbol{B})^{\mathrm{T}}=\boldsymbol{A}^{\mathrm{T}}\pm\boldsymbol{B}^{\mathrm{T}}$；

(2) $(\boldsymbol{A}^{\mathrm{T}})^{\mathrm{T}}=\boldsymbol{A}$；

(3) $(k\boldsymbol{A})^{\mathrm{T}}=k\boldsymbol{A}^{\mathrm{T}}$($k$ 为常数)；

(4) $(\boldsymbol{AB})^{\mathrm{T}}=\boldsymbol{B}^{\mathrm{T}}\boldsymbol{A}^{\mathrm{T}}$.

证明 (此处仅证明性质(4)，其他性质留给读者证明)设 $\boldsymbol{A}=(a_{ij})_{m\times l}$，$\boldsymbol{B}=(b_{ij})_{l\times n}$，则 $\boldsymbol{AB}$ 是 $m\times n$ 矩阵，$(\boldsymbol{AB})^{\mathrm{T}}$ 是 $n\times m$ 矩阵．又 $\boldsymbol{B}^{\mathrm{T}}$ 是 $n\times l$ 矩阵，$\boldsymbol{A}^{\mathrm{T}}$ 是 $l\times m$ 矩阵，则 $\boldsymbol{B}^{\mathrm{T}}\boldsymbol{A}^{\mathrm{T}}$ 是 $n\times m$ 矩阵，故 $(\boldsymbol{AB})^{\mathrm{T}}$ 与 $\boldsymbol{B}^{\mathrm{T}}\boldsymbol{A}^{\mathrm{T}}$ 是同型矩阵．

接下来比较它们的对应元素．设 $\boldsymbol{AB}=(c_{ij})_{m\times n}$，$\boldsymbol{B}^{\mathrm{T}}\boldsymbol{A}^{\mathrm{T}}=(d_{ij})_{n\times m}$，则 $(\boldsymbol{AB})^{\mathrm{T}}$ 的第 i 行第 j 列的元素是 $\boldsymbol{AB}$ 的第 j 行第 i 列的元素，即

$$c_{ji}=\sum_{k=1}^{l}a_{jk}b_{ki}=a_{j1}b_{1i}+a_{j2}b_{2i}+\cdots+a_{jl}b_{li}$$

而 $\boldsymbol{B}^{\mathrm{T}}\boldsymbol{A}^{\mathrm{T}}$ 的第 i 行第 j 列的元素为

$$d_{ij}=\sum_{k=1}^{l}b_{ki}a_{jk}=b_{1i}a_{j1}+b_{2i}a_{j2}+\cdots+b_{li}a_{jl}$$

从而 $(\boldsymbol{AB})^{\mathrm{T}}$ 与 $\boldsymbol{B}^{\mathrm{T}}\boldsymbol{A}^{\mathrm{T}}$ 对应元素是相同的，所以 $(\boldsymbol{AB})^{\mathrm{T}}=\boldsymbol{B}^{\mathrm{T}}\boldsymbol{A}^{\mathrm{T}}$.

对于性质(4)，可推广至有限个同阶矩阵相乘转置的情况，即

$$(\boldsymbol{A}_1\boldsymbol{A}_2\cdots\boldsymbol{A}_n)^{\mathrm{T}}=\boldsymbol{A}_n^{\mathrm{T}}\cdots\boldsymbol{A}_2^{\mathrm{T}}\boldsymbol{A}_1^{\mathrm{T}}$$

例 2.6 设矩阵

$$\boldsymbol{A}=\begin{pmatrix} 2 & 0 & -1 \\ 1 & 3 & 2 \end{pmatrix},\ \boldsymbol{B}=\begin{pmatrix} 1 & 7 & -1 \\ 4 & 2 & 3 \\ 2 & 0 & 1 \end{pmatrix}$$

求 $(\boldsymbol{AB})^{\mathrm{T}}$ 和 $\boldsymbol{B}^{\mathrm{T}}\boldsymbol{A}^{\mathrm{T}}$.

解 因为

$$\boldsymbol{AB}=\begin{pmatrix} 2 & 0 & -1 \\ 1 & 3 & 2 \end{pmatrix}\begin{pmatrix} 1 & 7 & -1 \\ 4 & 2 & 3 \\ 2 & 0 & 1 \end{pmatrix}=\begin{pmatrix} 0 & 14 & -3 \\ 17 & 13 & 10 \end{pmatrix}$$

所以

$$(\boldsymbol{AB})^{\mathrm{T}}=\begin{pmatrix}0&17\\14&13\\-3&10\end{pmatrix}$$

又因为

$$\boldsymbol{B}^{\mathrm{T}}=\begin{pmatrix}1&4&2\\7&2&0\\-1&3&1\end{pmatrix},\ \boldsymbol{A}^{\mathrm{T}}=\begin{pmatrix}2&1\\0&3\\-1&2\end{pmatrix}$$

所以

$$\boldsymbol{B}^{\mathrm{T}}\boldsymbol{A}^{\mathrm{T}}=\begin{pmatrix}1&4&2\\7&2&0\\-1&3&1\end{pmatrix}\begin{pmatrix}2&1\\0&3\\-1&2\end{pmatrix}=\begin{pmatrix}0&17\\14&13\\-3&10\end{pmatrix}$$

定义 2.8 如果 n 阶矩阵 $\boldsymbol{A}$ 满足 $\boldsymbol{A}^{\mathrm{T}}=\boldsymbol{A}$，则称矩阵 $\boldsymbol{A}$ 为**对称矩阵**；如果 n 阶矩阵 $\boldsymbol{A}$ 满足 $\boldsymbol{A}^{\mathrm{T}}=-\boldsymbol{A}$，则称矩阵 $\boldsymbol{A}$ 为**反对称矩阵**.

例 2.7 设 $\boldsymbol{A}$、$\boldsymbol{B}$ 皆为 n 阶对称矩阵，证明 $\boldsymbol{AB}$ 为对称矩阵的充要条件是 $\boldsymbol{A}$ 与 $\boldsymbol{B}$ 可交换.

证明 若 $\boldsymbol{A}$ 与 $\boldsymbol{B}$ 可交换，即 $\boldsymbol{AB}=\boldsymbol{BA}$，则 $(\boldsymbol{AB})^{\mathrm{T}}=\boldsymbol{B}^{\mathrm{T}}\boldsymbol{A}^{\mathrm{T}}=\boldsymbol{BA}=\boldsymbol{AB}$，即 $\boldsymbol{AB}$ 为对称矩阵.

反之，若 $\boldsymbol{AB}$ 为对称矩阵，即 $(\boldsymbol{AB})^{\mathrm{T}}=\boldsymbol{AB}$，则 $\boldsymbol{AB}=(\boldsymbol{AB})^{\mathrm{T}}=\boldsymbol{B}^{\mathrm{T}}\boldsymbol{A}^{\mathrm{T}}=\boldsymbol{BA}$，即 $\boldsymbol{A}$ 与 $\boldsymbol{B}$ 可交换.

容易证明，设 $\boldsymbol{A}$ 为任意矩阵，则 $\boldsymbol{AA}^{\mathrm{T}}$ 和 $\boldsymbol{A}^{\mathrm{T}}\boldsymbol{A}$ 都是对称矩阵.

2.1.6 方阵的行列式

定义 2.9 设 n 阶矩阵

$$\boldsymbol{A}=\begin{pmatrix}a_{11}&a_{12}&\cdots&a_{1n}\\a_{21}&a_{22}&\cdots&a_{2n}\\\vdots&\vdots&&\vdots\\a_{n1}&a_{n2}&\cdots&a_{nn}\end{pmatrix}$$

则

$$\begin{vmatrix}a_{11}&a_{12}&\cdots&a_{1n}\\a_{21}&a_{22}&\cdots&a_{2n}\\\vdots&\vdots&&\vdots\\a_{n1}&a_{n2}&\cdots&a_{nn}\end{vmatrix}$$

称为 n 阶矩阵 $\boldsymbol{A}$ 的行列式，记为 $|\boldsymbol{A}|$ 或 $\det\boldsymbol{A}$，即

$$|\boldsymbol{A}|=\begin{vmatrix}a_{11}&a_{12}&\cdots&a_{1n}\\a_{21}&a_{22}&\cdots&a_{2n}\\\vdots&\vdots&&\vdots\\a_{n1}&a_{n2}&\cdots&a_{nn}\end{vmatrix}$$

可以证明，n 阶矩阵 $\boldsymbol{A}$ 的行列式具有下列性质：

(1) $|A^{\mathrm{T}}| = |A|$；

(2) $|kA| = k^n |A|$（k 为常数）；

(3)若 A、B 为同阶矩阵，则 $|AB| = |A| \cdot |B| = |B| \cdot |A| = |BA|$.

对于性质(3)，可推广至有限个同阶矩阵相乘的情况，即

$$|A_1 A_2 \cdots A_n| = |A_1||A_2|\cdots|A_n|$$

例 2.8 已知矩阵

$$A = \begin{pmatrix} 1 & 2 \\ 3 & 4 \end{pmatrix},\ B = \begin{pmatrix} 1 & 0 \\ 0 & 2 \end{pmatrix}$$

求 $|AB|$.

解 $|AB| = |A||B| = \begin{vmatrix} 1 & 2 \\ 3 & 4 \end{vmatrix}\begin{vmatrix} 1 & 0 \\ 0 & 2 \end{vmatrix} = (-2) \times 2 = -4.$

习题 2.1

习题 2.1 解答

1. 已知矩阵

$$A = \begin{pmatrix} 1 & -2 & 3 \\ 2 & 1 & 0 \end{pmatrix},\ B = \begin{pmatrix} -3 & 0 & 1 \\ 0 & -1 & 4 \end{pmatrix}$$

计算 $A - B$ 和 $3A + 2B$.

2. 求矩阵 X，使

$$3\begin{pmatrix} 1 & 3 \\ 0 & -1 \\ 1 & 2 \end{pmatrix} - 2X + \begin{pmatrix} 3 & 1 \\ 1 & 2 \\ -1 & 0 \end{pmatrix} = O$$

3. 计算：

(1) $(a_1, a_2, a_3)\begin{pmatrix} b_1 \\ b_2 \\ b_3 \end{pmatrix}$；(2) $\begin{pmatrix} b_1 \\ b_2 \\ b_3 \end{pmatrix}(a_1, a_2, a_3)$；(3) $\begin{pmatrix} 3 & 5 & 1 \\ 0 & -3 & 2 \end{pmatrix}\begin{pmatrix} 1 & 2 \\ -3 & 1 \\ 1 & 4 \end{pmatrix}$；

(4) $\begin{pmatrix} 1 & -1 \\ 1 & 2 \end{pmatrix}\begin{pmatrix} 2 & -1 & 1 \\ 3 & 0 & 4 \end{pmatrix}$；(5) $(x_1, x_2)\begin{pmatrix} 1 & -1 \\ -1 & 2 \end{pmatrix}\begin{pmatrix} x_1 \\ x_2 \end{pmatrix}$.

4. 计算（n 为正整数）：

(1) $\begin{pmatrix} 1 & \lambda \\ 0 & 1 \end{pmatrix}^n$；(2) $\begin{pmatrix} \cos\theta & -\sin\theta \\ \sin\theta & \cos\theta \end{pmatrix}^n$；(3) $\begin{pmatrix} 1 & 0 & 1 \\ 0 & 2 & 0 \\ 1 & 0 & 1 \end{pmatrix}^n$.

5. 设矩阵 $A = \begin{pmatrix} 1 \\ 1 \\ 1 \end{pmatrix}$，$B = (1, 2, 3)$，求 $(AB)^n$.

6. 设矩阵 $A = \begin{pmatrix} 1 & 2 \\ 3 & 4 \end{pmatrix}$，$B = \begin{pmatrix} -1 & 0 \\ 2 & 3 \end{pmatrix}$，求 $AB^{\mathrm{T}} - 2A$.

7. 设 A、B 均为三阶矩阵，且 $|A| = 3$，$|B| = -2$，求 $|2A^{\mathrm{T}}B|$.

2.2 逆矩阵

对于任意非零实数 a，必存在非零实数 b，使 $ab=ba=1$，此时 $b=a^{-1}$，称为 a 的逆或倒数．在矩阵的乘法运算中，单位矩阵 $\boldsymbol{E}$ 相当于数的乘法运算中的 1. 类似地，可以引入逆矩阵的概念．

2.2.1 逆矩阵的定义

定义 2.10 对于 n 阶矩阵 $\boldsymbol{A}$，若存在 n 阶矩阵 $\boldsymbol{B}$，使

$$\boldsymbol{AB}=\boldsymbol{BA}=\boldsymbol{E}$$

则称 $\boldsymbol{A}$ 是可逆矩阵，或称 $\boldsymbol{A}$ 可逆，并称 $\boldsymbol{B}$ 是 $\boldsymbol{A}$ 的逆矩阵．若 $\boldsymbol{A}$ 可逆，则 $\boldsymbol{A}$ 的逆矩阵存在，记为 $\boldsymbol{A}^{-1}$，即 $\boldsymbol{B}=\boldsymbol{A}^{-1}$.

显然，单位矩阵 $\boldsymbol{E}$ 是可逆的，逆矩阵就是其本身．由定义 2.10 可知，若 $\boldsymbol{B}$ 是 $\boldsymbol{A}$ 的逆矩阵，则 $\boldsymbol{A}$ 也是 $\boldsymbol{B}$ 的逆矩阵，它们互为逆矩阵．

定理 2.1 若 $\boldsymbol{A}$ 可逆，则 $\boldsymbol{A}$ 的逆矩阵是唯一的．

证明 设矩阵 $\boldsymbol{B}$、$\boldsymbol{C}$ 是 $\boldsymbol{A}$ 的两个逆矩阵，则

$$\boldsymbol{AB}=\boldsymbol{BA}=\boldsymbol{E},\ \boldsymbol{AC}=\boldsymbol{CA}=\boldsymbol{E}$$

于是

$$\boldsymbol{B}=\boldsymbol{BE}=\boldsymbol{B}(\boldsymbol{AC})=(\boldsymbol{BA})\boldsymbol{C}=\boldsymbol{EC}=\boldsymbol{C}$$

即可逆矩阵的逆矩阵是唯一的．

2.2.2 伴随矩阵

定义 2.11 设有 n 阶矩阵

$$\boldsymbol{A}=\begin{pmatrix} a_{11} & a_{12} & \cdots & a_{1n} \\ a_{21} & a_{22} & \cdots & a_{2n} \\ \vdots & \vdots & & \vdots \\ a_{n1} & a_{n2} & \cdots & a_{nn} \end{pmatrix}$$

则

$$\begin{pmatrix} A_{11} & A_{21} & \cdots & A_{n1} \\ A_{12} & A_{22} & \cdots & A_{n2} \\ \vdots & \vdots & & \vdots \\ A_{1n} & A_{2n} & \cdots & A_{nn} \end{pmatrix}$$

称为方阵 $\boldsymbol{A}$ 的**伴随矩阵**，记为 $\boldsymbol{A}^*$，其中，$\boldsymbol{A}_{ij}$ 为 $|\boldsymbol{A}|$ 中元素 a_{ij} 的代数余子式．

伴随矩阵 $\boldsymbol{A}^*$ 的第 i 行元素是 $|\boldsymbol{A}|$ 的第 i 列元素的代数余子式，在求伴随矩阵时，既要注意代数余子式的符号，又要注意放置顺序．

伴随矩阵具有性质：$\boldsymbol{AA}^*=\boldsymbol{A}^*\boldsymbol{A}=|\boldsymbol{A}|\boldsymbol{E}$.

证明 令 $\boldsymbol{AA}^*=\boldsymbol{B}=(b_{ij})$，则由行列式按行(列)展开定理(定理 1.1 和定理 1.2)得

$$b_{ij}=a_{i1}A_{j1}+a_{i2}A_{j2}+\cdots+a_{in}A_{jn}=\begin{cases} |\boldsymbol{A}| & (i=j) \\ 0 & (i\neq j) \end{cases}$$

于是

$$AA^* = \begin{pmatrix} a_{11} & a_{12} & \cdots & a_{1n} \\ a_{21} & a_{22} & \cdots & a_{2n} \\ \vdots & \vdots & & \vdots \\ a_{n1} & a_{n2} & \cdots & a_{nn} \end{pmatrix}\begin{pmatrix} A_{11} & A_{21} & \cdots & A_{n1} \\ A_{12} & A_{22} & \cdots & A_{n2} \\ \vdots & \vdots & & \vdots \\ A_{1n} & A_{2n} & \cdots & A_{nn} \end{pmatrix} = \begin{pmatrix} |A| & 0 & \cdots & 0 \\ 0 & |A| & \cdots & 0 \\ \vdots & \vdots & & \vdots \\ 0 & 0 & \cdots & |A| \end{pmatrix} = |A|E$$

同理可证 $A^*A = |A|E$.

2.2.3　方阵可逆的条件

定理 2.2　方阵 A 可逆的充要条件是 $|A| \neq 0$，且当 A 可逆时，有

$$A^{-1} = \frac{1}{|A|}A^*$$

证明　必要性　若方阵 A 可逆，则有 $AA^{-1} = E$. 两边取行列式，得

$$|A| \cdot |A^{-1}| = |AA^{-1}| = |E| = 1$$

所以 $|A| \neq 0$.

充分性　因为 $|A| \neq 0$，由 $AA^* = A^*A = |A|E$，得

$$A\left(\frac{1}{|A|}A^*\right) = \left(\frac{1}{|A|}A^*\right)A = E$$

由定义 2.10 可知 A 可逆，且 $A^{-1} = \dfrac{1}{|A|}A^*$.

定理 2.2 不仅指出了方阵可逆的条件，而且给出了求逆矩阵的具体方法 .

例 2.9　求二阶矩阵 $A = \begin{pmatrix} a & b \\ c & d \end{pmatrix}$ 的逆矩阵，其中，$ad - bc \neq 0$.

解　因为

$$|A| = \begin{vmatrix} a & b \\ c & d \end{vmatrix} = ad - bc \neq 0$$

所以矩阵 A 可逆 . 又

$$A_{11} = d,\ A_{21} = -b,\ A_{12} = -c,\ A_{22} = a$$

所以

$$A^{-1} = \frac{1}{ad - bc}\begin{pmatrix} d & -b \\ -c & a \end{pmatrix}$$

定义 2.12　设 A 为 n 阶矩阵，若 $|A| \neq 0$，则称 A 为**非奇异矩阵**；否则称 A 为**奇异矩阵**.

显然，非奇异矩阵为可逆矩阵，奇异矩阵为不可逆矩阵 .

2.2.4　可逆矩阵的性质

可逆矩阵具有如下性质：

(1) 若 A 可逆，则 A^{-1} 也可逆，且 $(A^{-1})^{-1} = A$；

(2) 若 A 可逆，则 A^T 也可逆，且 $(A^T)^{-1} = (A^{-1})^T$；

(3) 若 A 可逆，则 A^* 也可逆，且 $(A^*)^{-1} = (A^{-1})^* = \dfrac{A}{|A|}$；

(4)若 $\boldsymbol{A}$ 可逆，数 $k \neq 0$，则 $k\boldsymbol{A}$ 也可逆，且 $(k\boldsymbol{A})^{-1} = \frac{1}{k}\boldsymbol{A}^{-1}$；

(5)若 $\boldsymbol{A}$ 可逆，则 $|\boldsymbol{A}^{-1}| = |\boldsymbol{A}|^{-1}$；

(6)若 $\boldsymbol{A}$ 可逆，则 $|\boldsymbol{A}^*| = |\boldsymbol{A}|^{n-1}$；

(7)若 $\boldsymbol{A}$ 与 $\boldsymbol{B}$ 都是 n 阶可逆矩阵，则 $\boldsymbol{AB}$ 也可逆，且 $(\boldsymbol{AB})^{-1} = \boldsymbol{B}^{-1}\boldsymbol{A}^{-1}$.

这里只证明性质(6)和(7).

证明 因为 $\boldsymbol{A}$ 可逆，所以

$$|\boldsymbol{A}^*| = \left| |\boldsymbol{A}| \cdot \boldsymbol{A}^{-1} \right| = |\boldsymbol{A}|^n \cdot |\boldsymbol{A}^{-1}| = |\boldsymbol{A}|^n \cdot |\boldsymbol{A}|^{-1} = |\boldsymbol{A}|^{n-1}$$

因为 $\boldsymbol{A}$、$\boldsymbol{B}$ 都可逆，故 $\boldsymbol{A}^{-1}$、$\boldsymbol{B}^{-1}$ 都存在，又

$$(\boldsymbol{AB})(\boldsymbol{B}^{-1}\boldsymbol{A}^{-1}) = \boldsymbol{A}(\boldsymbol{BB}^{-1})\boldsymbol{A}^{-1} = \boldsymbol{AEA}^{-1} = \boldsymbol{AA}^{-1} = \boldsymbol{E}$$

$$(\boldsymbol{B}^{-1}\boldsymbol{A}^{-1})(\boldsymbol{AB}) = \boldsymbol{B}^{-1}(\boldsymbol{A}^{-1}\boldsymbol{A})\boldsymbol{B} = \boldsymbol{B}^{-1}\boldsymbol{EB} = \boldsymbol{B}^{-1}\boldsymbol{B} = \boldsymbol{E}$$

则 $\boldsymbol{AB}$ 可逆，且 $(\boldsymbol{AB})^{-1} = \boldsymbol{B}^{-1}\boldsymbol{A}^{-1}$.

例 2.10 设矩阵 $\boldsymbol{A}$ 满足 $\boldsymbol{A}^2 - 3\boldsymbol{A} - 10\boldsymbol{E} = \boldsymbol{O}$，试证明 $\boldsymbol{A}$、$\boldsymbol{A} - 4\boldsymbol{E}$ 都可逆，并求其逆矩阵.

解 由 $\boldsymbol{A}^2 - 3\boldsymbol{A} - 10\boldsymbol{E} = \boldsymbol{O}$ 得

$$\boldsymbol{A}(\boldsymbol{A} - 3\boldsymbol{E}) = 10\boldsymbol{E}$$

即

$$\boldsymbol{A}\left(\frac{1}{10}(\boldsymbol{A} - 3\boldsymbol{E})\right) = \boldsymbol{E}$$

由逆矩阵的定义可知 $\boldsymbol{A}$ 可逆，问题得证，且 $\boldsymbol{A}^{-1} = \frac{1}{10}(\boldsymbol{A} - 3\boldsymbol{E})$.

由 $\boldsymbol{A}^2 - 3\boldsymbol{A} - 10\boldsymbol{E} = \boldsymbol{O}$ 得

$$(\boldsymbol{A} + \boldsymbol{E})(\boldsymbol{A} - 4\boldsymbol{E}) = 6\boldsymbol{E}$$

即

$$(\boldsymbol{A} - 4\boldsymbol{E})\left(\frac{1}{6}(\boldsymbol{A} + \boldsymbol{E})\right) = \boldsymbol{E}$$

故 $\boldsymbol{A} - 4\boldsymbol{E}$ 可逆，问题得证，且 $(\boldsymbol{A} - 4\boldsymbol{E})^{-1} = \frac{1}{6}(\boldsymbol{A} + \boldsymbol{E})$.

例 2.11 设 $\boldsymbol{A}$ 是三阶矩阵，且 $|\boldsymbol{A}| = \frac{1}{3}$，求 $|(2\boldsymbol{A})^{-1} - 3\boldsymbol{A}^*|$.

解 $|(2\boldsymbol{A})^{-1} - 3\boldsymbol{A}^*| = \left|\frac{1}{2}\boldsymbol{A}^{-1} - 3|\boldsymbol{A}|\boldsymbol{A}^{-1}\right| = \left|-\frac{1}{2}\boldsymbol{A}^{-1}\right| = \left(-\frac{1}{2}\right)^3 |\boldsymbol{A}^{-1}| = -\frac{1}{8} \times 3 = -\frac{3}{8}$.

习题 2.2

习题 2.2 解答

1. 求下列矩阵的伴随矩阵：

(1) $\begin{pmatrix} 1 & -4 & -3 \\ 2 & -5 & -3 \\ -1 & 2 & 1 \end{pmatrix}$；　　(2) $\begin{pmatrix} 1 & 2 & -1 \\ 0 & 5 & -3 \\ -1 & -2 & 4 \end{pmatrix}$；

(3) $\begin{pmatrix} 3 & 7 & -3 \\ -2 & -5 & 2 \\ -4 & -10 & 3 \end{pmatrix}$.

2. 求下列矩阵的逆矩阵：

(1) $\begin{pmatrix} \cos\theta & -\sin\theta \\ \sin\theta & \cos\theta \end{pmatrix}$；　　(2) $\begin{pmatrix} 3 & -1 \\ 2 & 0 \end{pmatrix}$；

(3) $\begin{pmatrix} 2 & 2 & 3 \\ 1 & -1 & 0 \\ -1 & 2 & 1 \end{pmatrix}$；　　(4) $\begin{pmatrix} 2 & 5 & 1 \\ 10 & 3 & 0 \\ 1 & 2 & 1 \end{pmatrix}$；

(5) $\begin{pmatrix} 1 & 0 & 0 & 0 \\ 2 & 1 & 0 & 0 \\ 3 & 2 & 1 & 0 \\ 4 & 3 & 2 & 1 \end{pmatrix}$；　　(6) $\begin{pmatrix} 1 & 1 & 1 & 1 \\ 1 & 1 & -1 & -1 \\ 1 & -1 & 1 & -1 \\ 1 & -1 & -1 & 1 \end{pmatrix}$.

3. 设 n 阶矩阵 $\boldsymbol{A}$ 满足 $\boldsymbol{A}^2-\boldsymbol{A}+\boldsymbol{E}=\boldsymbol{O}$，证明 $\boldsymbol{A}$ 和 $\boldsymbol{A}-\boldsymbol{E}$ 可逆，并求其逆矩阵.

4. 若存在正整数 k，使 $\boldsymbol{A}^k=\boldsymbol{O}$，则称 n 阶矩阵 $\boldsymbol{A}$ 为**幂零矩阵**，试证明

$$(\boldsymbol{E}-\boldsymbol{A})^{-1}=\boldsymbol{E}+\boldsymbol{A}+\boldsymbol{A}^2+\cdots+\boldsymbol{A}^{k-1}$$

5. 设方阵 $\boldsymbol{A}$ 与 $\boldsymbol{B}$ 满足 $\boldsymbol{A}-\boldsymbol{B}=\boldsymbol{AB}$，试证明 $\boldsymbol{A}+\boldsymbol{E}$ 可逆，并求其逆矩阵.

6. 设 $\boldsymbol{A}$ 为三阶矩阵，且 $|\boldsymbol{A}|=3$，求 $\left|4\boldsymbol{A}^{-1}-\frac{1}{3}\boldsymbol{A}^*\right|$.

7. 设矩阵 $\boldsymbol{A}=\begin{pmatrix} 1 & 0 & 3 \\ 2 & -1 & 0 \\ 0 & 1 & 4 \end{pmatrix}$，求 $\left|\boldsymbol{A}^*\,|\boldsymbol{A}^*|\right|$.

2.3　分块矩阵

对于行数与列数较大的矩阵，为简化运算，可以采用分块法，把大矩阵化为形式上的小矩阵，把每一小块看作矩阵的一个元素，从而便于讨论和计算.

2.3.1　分块矩阵

定义 2.13　设矩阵 $\boldsymbol{A}=(a_{ij})_{m\times n}$，任取其 r 行 $(1\leqslant r\leqslant m)$，$s$ 列 $(1\leqslant s\leqslant n)$，位于交叉位置的元素按原来的相对位置构成 $r\times s$ 矩阵，称为矩阵 $\boldsymbol{A}$ 的子块.

例如，对于矩阵

$$\boldsymbol{A}=\begin{pmatrix} a_{11} & a_{12} & a_{13} & a_{14} & a_{15} \\ a_{21} & a_{22} & a_{23} & a_{24} & a_{25} \\ a_{31} & a_{32} & a_{33} & a_{34} & a_{35} \end{pmatrix}$$

其中

$$\boldsymbol{A}_1=\begin{pmatrix} a_{12} & a_{14} & a_{15} \\ a_{32} & a_{34} & a_{35} \end{pmatrix},\ \boldsymbol{A}_2=\begin{pmatrix} a_{11} & a_{12} & a_{14} \\ a_{21} & a_{22} & a_{24} \\ a_{31} & a_{32} & a_{34} \end{pmatrix}$$

都是矩阵 $\boldsymbol{A}$ 的子块.

定义 2.14 将矩阵 $\boldsymbol{A}$ 用一些纵线和横线分成若干个小矩阵，以子块为元素的矩阵称为**分块矩阵**.

一般来讲，一个矩阵有多种分块方法，具体怎么分要视情况来定. 例如，下面是对于矩阵 $\boldsymbol{A}$ 的几种分块方法

$$\boldsymbol{A}=\left(\begin{array}{cc:cc}2&1&0&0\\0&-1&0&0\\ \hdashline 1&0&3&1\\0&1&1&4\end{array}\right)=\begin{pmatrix}\boldsymbol{A}_1&\boldsymbol{O}\\\boldsymbol{E}&\boldsymbol{A}_2\end{pmatrix},\ \boldsymbol{A}=\left(\begin{array}{c:ccc}2&1&0&0\\ \hdashline 0&-1&0&0\\1&0&3&1\\0&1&1&4\end{array}\right)=\begin{pmatrix}\boldsymbol{A}_1&\boldsymbol{A}_2\\\boldsymbol{A}_3&\boldsymbol{A}_4\end{pmatrix}$$

$$\boldsymbol{A}=\left(\begin{array}{cccc}2&1&0&0\\ \hdashline 0&-1&0&0\\ \hdashline 1&0&3&1\\ \hdashline 0&1&1&4\end{array}\right)=\begin{pmatrix}\boldsymbol{\alpha}_1\\\boldsymbol{\alpha}_2\\\boldsymbol{\alpha}_3\\\boldsymbol{\alpha}_4\end{pmatrix},\ \boldsymbol{A}=\left(\begin{array}{c:c:c:c}2&1&0&0\\0&-1&0&0\\1&0&3&1\\0&1&1&4\end{array}\right)=(\boldsymbol{\beta}_1,\boldsymbol{\beta}_2,\boldsymbol{\beta}_3,\boldsymbol{\beta}_4)$$

2.3.2 分块矩阵的运算

1. 分块矩阵的加法

设 $\boldsymbol{A}$ 与 $\boldsymbol{B}$ 为同型矩阵，并且采用相同的分法，令

$$\boldsymbol{A}=\begin{pmatrix}\boldsymbol{A}_{11}&\boldsymbol{A}_{12}&\cdots&\boldsymbol{A}_{1s}\\\boldsymbol{A}_{21}&\boldsymbol{A}_{22}&\cdots&\boldsymbol{A}_{2s}\\\vdots&\vdots&&\vdots\\\boldsymbol{A}_{t1}&\boldsymbol{A}_{t2}&\cdots&\boldsymbol{A}_{ts}\end{pmatrix},\ \boldsymbol{B}=\begin{pmatrix}\boldsymbol{B}_{11}&\boldsymbol{B}_{12}&\cdots&\boldsymbol{B}_{1s}\\\boldsymbol{B}_{21}&\boldsymbol{B}_{22}&\cdots&\boldsymbol{B}_{2s}\\\vdots&\vdots&&\vdots\\\boldsymbol{B}_{t1}&\boldsymbol{B}_{t2}&\cdots&\boldsymbol{B}_{ts}\end{pmatrix}$$

其中，$\boldsymbol{A}_{ij}$ 和 $\boldsymbol{B}_{ij}(i=1,2,\cdots,t;\ j=1,2,\cdots,s)$ 的行数、列数对应相等，则

$$\boldsymbol{A}+\boldsymbol{B}=\begin{pmatrix}\boldsymbol{A}_{11}+\boldsymbol{B}_{11}&\boldsymbol{A}_{12}+\boldsymbol{B}_{12}&\cdots&\boldsymbol{A}_{1s}+\boldsymbol{B}_{1s}\\\boldsymbol{A}_{21}+\boldsymbol{B}_{21}&\boldsymbol{A}_{22}+\boldsymbol{B}_{22}&\cdots&\boldsymbol{A}_{2s}+\boldsymbol{B}_{2s}\\\vdots&\vdots&&\vdots\\\boldsymbol{A}_{t1}+\boldsymbol{B}_{t1}&\boldsymbol{A}_{t2}+\boldsymbol{B}_{t2}&\cdots&\boldsymbol{A}_{ts}+\boldsymbol{B}_{ts}\end{pmatrix}$$

2. 分块矩阵的数乘

设 k 是一个数，矩阵 $\boldsymbol{A}$ 分块为

$$\boldsymbol{A}=\begin{pmatrix}\boldsymbol{A}_{11}&\boldsymbol{A}_{12}&\cdots&\boldsymbol{A}_{1s}\\\boldsymbol{A}_{21}&\boldsymbol{A}_{22}&\cdots&\boldsymbol{A}_{2s}\\\vdots&\vdots&&\vdots\\\boldsymbol{A}_{t1}&\boldsymbol{A}_{t2}&\cdots&\boldsymbol{A}_{ts}\end{pmatrix}$$

则

$$k\boldsymbol{A}=\begin{pmatrix}k\boldsymbol{A}_{11}&k\boldsymbol{A}_{12}&\cdots&k\boldsymbol{A}_{1s}\\k\boldsymbol{A}_{21}&k\boldsymbol{A}_{22}&\cdots&k\boldsymbol{A}_{2s}\\\vdots&\vdots&&\vdots\\k\boldsymbol{A}_{t1}&k\boldsymbol{A}_{t2}&\cdots&k\boldsymbol{A}_{ts}\end{pmatrix}$$

3. 分块矩阵的乘法

设矩阵 $\boldsymbol{A}=(a_{ij})_{m\times p}$ 与 $\boldsymbol{B}=(b_{ij})_{p\times n}$ 可以相乘，且矩阵 $\boldsymbol{A}$ 与 $\boldsymbol{B}$ 分块为

$$\boldsymbol{A}=\begin{pmatrix}\boldsymbol{A}_{11} & \boldsymbol{A}_{12} & \cdots & \boldsymbol{A}_{1r}\\ \boldsymbol{A}_{21} & \boldsymbol{A}_{22} & \cdots & \boldsymbol{A}_{2r}\\ \vdots & \vdots & & \vdots\\ \boldsymbol{A}_{t1} & \boldsymbol{A}_{t2} & \cdots & \boldsymbol{A}_{tr}\end{pmatrix},\ \boldsymbol{B}=\begin{pmatrix}\boldsymbol{B}_{11} & \boldsymbol{B}_{12} & \cdots & \boldsymbol{B}_{1s}\\ \boldsymbol{B}_{21} & \boldsymbol{B}_{22} & \cdots & \boldsymbol{B}_{2s}\\ \vdots & \vdots & & \vdots\\ \boldsymbol{B}_{r1} & \boldsymbol{B}_{r2} & \cdots & \boldsymbol{B}_{rs}\end{pmatrix}$$

且矩阵 $\boldsymbol{A}$ 的列的分法和 $\boldsymbol{B}$ 的行的分法相同，则

$$\boldsymbol{AB}=\begin{pmatrix}\boldsymbol{A}_{11} & \boldsymbol{A}_{12} & \cdots & \boldsymbol{A}_{1r}\\ \boldsymbol{A}_{21} & \boldsymbol{A}_{22} & \cdots & \boldsymbol{A}_{2r}\\ \vdots & \vdots & & \vdots\\ \boldsymbol{A}_{t1} & \boldsymbol{A}_{t2} & \cdots & \boldsymbol{A}_{tr}\end{pmatrix}\begin{pmatrix}\boldsymbol{B}_{11} & \boldsymbol{B}_{12} & \cdots & \boldsymbol{B}_{1s}\\ \boldsymbol{B}_{21} & \boldsymbol{B}_{22} & \cdots & \boldsymbol{B}_{2s}\\ \vdots & \vdots & & \vdots\\ \boldsymbol{B}_{r1} & \boldsymbol{B}_{r2} & \cdots & \boldsymbol{B}_{rs}\end{pmatrix}=\boldsymbol{C}$$

其中，$\boldsymbol{C}$ 为 $t\times s$ 分块矩阵，且

$$\boldsymbol{C}_{kl}=\boldsymbol{A}_{k1}\boldsymbol{B}_{1l}+\boldsymbol{A}_{k2}\boldsymbol{B}_{2l}+\cdots+\boldsymbol{A}_{kr}\boldsymbol{B}_{rl}=\sum_{i=1}^{r}\boldsymbol{A}_{ki}\boldsymbol{B}_{il}(k=1,\ 2,\ \cdots,\ t;\ l=1,\ 2,\ \cdots,\ s)$$

4. 分块矩阵的转置

设矩阵

$$\boldsymbol{A}=\begin{pmatrix}\boldsymbol{A}_{11} & \boldsymbol{A}_{12} & \cdots & \boldsymbol{A}_{1s}\\ \boldsymbol{A}_{21} & \boldsymbol{A}_{22} & \cdots & \boldsymbol{A}_{2s}\\ \vdots & \vdots & & \vdots\\ \boldsymbol{A}_{t1} & \boldsymbol{A}_{t2} & \cdots & \boldsymbol{A}_{ts}\end{pmatrix}$$

则

$$\boldsymbol{A}^{\mathrm{T}}=\begin{pmatrix}\boldsymbol{A}_{11}^{\mathrm{T}} & \boldsymbol{A}_{21}^{\mathrm{T}} & \cdots & \boldsymbol{A}_{t1}^{\mathrm{T}}\\ \boldsymbol{A}_{12}^{\mathrm{T}} & \boldsymbol{A}_{22}^{\mathrm{T}} & \cdots & \boldsymbol{A}_{t2}^{\mathrm{T}}\\ \vdots & \vdots & & \vdots\\ \boldsymbol{A}_{1s}^{\mathrm{T}} & \boldsymbol{A}_{2s}^{\mathrm{T}} & \cdots & \boldsymbol{A}_{ts}^{\mathrm{T}}\end{pmatrix}$$

分块矩阵的转置除子块的行与列对换外，每个子块也要进行转置.

5. 分块矩阵的行列式

设 $\boldsymbol{A}$、$\boldsymbol{B}$ 分别为 m、n 阶矩阵，则根据定理 1.5(拉普拉斯定理)可知：

(1) $\begin{vmatrix}\boldsymbol{A} & \boldsymbol{O}\\ \boldsymbol{C} & \boldsymbol{B}\end{vmatrix}=\begin{vmatrix}\boldsymbol{A} & \boldsymbol{C}\\ \boldsymbol{O} & \boldsymbol{B}\end{vmatrix}=\begin{vmatrix}\boldsymbol{A} & \boldsymbol{O}\\ \boldsymbol{O} & \boldsymbol{B}\end{vmatrix}=|\boldsymbol{A}|\cdot|\boldsymbol{B}|$；

(2) $\begin{vmatrix}\boldsymbol{O} & \boldsymbol{A}\\ \boldsymbol{B} & \boldsymbol{C}\end{vmatrix}=\begin{vmatrix}\boldsymbol{C} & \boldsymbol{A}\\ \boldsymbol{B} & \boldsymbol{O}\end{vmatrix}=\begin{vmatrix}\boldsymbol{O} & \boldsymbol{A}\\ \boldsymbol{B} & \boldsymbol{O}\end{vmatrix}=(-1)^{mn}|\boldsymbol{A}|\cdot|\boldsymbol{B}|$.

2.3.3 分块对角矩阵及其运算

定义 2.15 对于 n 阶矩阵 $\boldsymbol{A}$，若主对角线以外的子块都是零矩阵，且主对角线上的子块都是方阵，则称矩阵 $\boldsymbol{A}$ 为**分块对角矩阵**(或称**准对角矩阵**)，即

$$A=\begin{pmatrix}A_1 & & & \\ & A_2 & & \\ & & \ddots & \\ & & & A_r\end{pmatrix}$$

其中，子块 $A_i(i=1, 2, \cdots, r)$ 都是方阵．简记为 $\mathrm{diag}(A_1, A_2, \cdots, A_r)$．

设分块对角矩阵

$$A=\begin{pmatrix}A_1 & & & \\ & A_2 & & \\ & & \ddots & \\ & & & A_r\end{pmatrix},\quad B=\begin{pmatrix}B_1 & & & \\ & B_2 & & \\ & & \ddots & \\ & & & B_r\end{pmatrix}$$

且 A_i 与 $B_i(i=1, 2, \cdots, r)$ 都是同阶矩阵，则：

(1) $A \pm B=\begin{pmatrix}A_1 \pm B_1 & & & \\ & A_2 \pm B_2 & & \\ & & \ddots & \\ & & & A_r \pm B_r\end{pmatrix}$；

(2) $kA=\begin{pmatrix}kA_1 & & & \\ & kA_2 & & \\ & & \ddots & \\ & & & kA_r\end{pmatrix}$；

(3) $AB=\begin{pmatrix}A_1B_1 & & & \\ & A_2B_2 & & \\ & & \ddots & \\ & & & A_rB_r\end{pmatrix}$；

(4) $A^{\mathrm{T}}=\begin{pmatrix}A_1^{\mathrm{T}} & & & \\ & A_2^{\mathrm{T}} & & \\ & & \ddots & \\ & & & A_r^{\mathrm{T}}\end{pmatrix}$；

(5) $A^k=\begin{pmatrix}A_1^k & & & \\ & A_2^k & & \\ & & \ddots & \\ & & & A_r^k\end{pmatrix}$；

(6) $A^{-1}=\begin{pmatrix}A_1^{-1} & & & \\ & A_2^{-1} & & \\ & & \ddots & \\ & & & A_r^{-1}\end{pmatrix}$（其中，$A_1, A_2, \cdots, A_r$ 均可逆）；

需要注意的是，若

$$\boldsymbol{A}=\begin{pmatrix} & & & \boldsymbol{A}_1 \\ & & \boldsymbol{A}_2 & \\ & \iddots & & \\ \boldsymbol{A}_r & & & \end{pmatrix}$$

且 $\boldsymbol{A}_1$，$\boldsymbol{A}_2$，…，$\boldsymbol{A}_r$ 均可逆，则

$$\boldsymbol{A}^{-1}=\begin{pmatrix} & & & \boldsymbol{A}_r^{-1} \\ & & \iddots & \\ & \boldsymbol{A}_2^{-1} & & \\ \boldsymbol{A}_1^{-1} & & & \end{pmatrix}$$

（7）$|\boldsymbol{A}|=|\boldsymbol{A}_1||\boldsymbol{A}_2|\cdots|\boldsymbol{A}_r|$.

例 2.12 已知矩阵

$$\boldsymbol{A}=\begin{pmatrix} 0 & 0 & 4 & 2 \\ 0 & 0 & 3 & 1 \\ 1 & -2 & 0 & 0 \\ 1 & 1 & 0 & 0 \end{pmatrix},\ \boldsymbol{B}=\begin{pmatrix} 1 & 1 & 0 & 0 \\ -1 & 2 & 0 & 0 \\ 1 & 0 & 2 & 3 \\ 0 & 1 & 1 & 2 \end{pmatrix}$$

求 $\boldsymbol{AB}$ 和 $\boldsymbol{A}^{-1}$.

解 将已知矩阵分块为

$$\boldsymbol{A}=\begin{pmatrix} \boldsymbol{O} & \boldsymbol{A}_1 \\ \boldsymbol{A}_2 & \boldsymbol{O} \end{pmatrix},\ \boldsymbol{B}=\begin{pmatrix} \boldsymbol{B}_1 & \boldsymbol{O} \\ \boldsymbol{E} & \boldsymbol{B}_2 \end{pmatrix}$$

其中

$$\boldsymbol{A}_1=\begin{pmatrix} 4 & 2 \\ 3 & 1 \end{pmatrix},\ \boldsymbol{A}_2=\begin{pmatrix} 1 & -2 \\ 1 & 1 \end{pmatrix},\ \boldsymbol{B}_1=\begin{pmatrix} 1 & 1 \\ -1 & 2 \end{pmatrix},\ \boldsymbol{B}_2=\begin{pmatrix} 2 & 3 \\ 1 & 2 \end{pmatrix}$$

因此

$$\boldsymbol{AB}=\begin{pmatrix} \boldsymbol{O} & \boldsymbol{A}_1 \\ \boldsymbol{A}_2 & \boldsymbol{O} \end{pmatrix}\begin{pmatrix} \boldsymbol{B}_1 & \boldsymbol{O} \\ \boldsymbol{E} & \boldsymbol{B}_2 \end{pmatrix}=\begin{pmatrix} \boldsymbol{A}_1 & \boldsymbol{A}_1\boldsymbol{B}_2 \\ \boldsymbol{A}_2\boldsymbol{B}_1 & \boldsymbol{O} \end{pmatrix}$$

而

$$\boldsymbol{A}_1\boldsymbol{B}_2=\begin{pmatrix} 4 & 2 \\ 3 & 1 \end{pmatrix}\begin{pmatrix} 2 & 3 \\ 1 & 2 \end{pmatrix}=\begin{pmatrix} 10 & 16 \\ 7 & 11 \end{pmatrix}$$

$$\boldsymbol{A}_2\boldsymbol{B}_1=\begin{pmatrix} 1 & -2 \\ 1 & 1 \end{pmatrix}\begin{pmatrix} 1 & 1 \\ -1 & 2 \end{pmatrix}=\begin{pmatrix} 3 & -3 \\ 0 & 3 \end{pmatrix}$$

所以

$$\boldsymbol{AB}=\begin{pmatrix} \boldsymbol{A}_1 & \boldsymbol{A}_1\boldsymbol{B}_2 \\ \boldsymbol{A}_2\boldsymbol{B}_1 & \boldsymbol{O} \end{pmatrix}=\begin{pmatrix} 4 & 2 & 10 & 16 \\ 3 & 1 & 7 & 11 \\ 3 & -3 & 0 & 0 \\ 0 & 3 & 0 & 0 \end{pmatrix}$$

因为 $|\boldsymbol{A}|=|\boldsymbol{A}_1||\boldsymbol{A}_2|=-6\neq 0$，所以 $\boldsymbol{A}_1$、$\boldsymbol{A}_2$、$\boldsymbol{A}$ 都可逆.

设 $A^{-1}=\begin{pmatrix} U & V \\ X & Y \end{pmatrix}$，则

$$AA^{-1}=\begin{pmatrix} O & A_1 \\ A_2 & O \end{pmatrix}\begin{pmatrix} U & V \\ X & Y \end{pmatrix}=\begin{pmatrix} A_1X & A_1Y \\ A_2U & A_2V \end{pmatrix}=\begin{pmatrix} E_2 & O \\ O & E_2 \end{pmatrix}$$

根据矩阵相等可知

$$\begin{cases} A_1X=E_2 \\ A_2V=E_2 \\ A_1Y=O \\ A_2U=O \end{cases} \Rightarrow \begin{cases} X=A_1^{-1} \\ V=A_2^{-1} \\ Y=O \\ U=O \end{cases}$$

又因为

$$A_1^{-1}=-\frac{1}{2}\begin{pmatrix} 1 & -2 \\ -3 & 4 \end{pmatrix}=\begin{pmatrix} -\frac{1}{2} & 1 \\ \frac{3}{2} & -2 \end{pmatrix},\ A_2^{-1}=\frac{1}{3}\begin{pmatrix} 1 & 2 \\ -1 & 1 \end{pmatrix}=\begin{pmatrix} \frac{1}{3} & \frac{2}{3} \\ -\frac{1}{3} & \frac{1}{3} \end{pmatrix}$$

所以

$$A^{-1}=\begin{pmatrix} O & A_2^{-1} \\ A_1^{-1} & O \end{pmatrix}=\begin{pmatrix} 0 & 0 & \frac{1}{3} & \frac{2}{3} \\ 0 & 0 & -\frac{1}{3} & \frac{1}{3} \\ -\frac{1}{2} & 1 & 0 & 0 \\ \frac{3}{2} & -2 & 0 & 0 \end{pmatrix}$$

例 2.13 设 $m\times n$ 矩阵 A 按列分块为 $A=(\alpha_1,\ \alpha_2,\ \cdots,\ \alpha_n)$，试计算 AA^{T} 和 $A^{\mathrm{T}}A$.

解 由题设对矩阵 A 的分法可知 $\alpha_i(i=1,\ 2,\ \cdots,\ n)$ 为 $m\times 1$ 矩阵，则

$$AA^{\mathrm{T}}=(\alpha_1,\ \alpha_2,\ \cdots,\ \alpha_n)\begin{pmatrix} \alpha_1^{\mathrm{T}} \\ \alpha_2^{\mathrm{T}} \\ \vdots \\ \alpha_n^{\mathrm{T}} \end{pmatrix}=\alpha_1\alpha_1^{\mathrm{T}}+\alpha_2\alpha_2^{\mathrm{T}}+\cdots+\alpha_n\alpha_n^{\mathrm{T}}$$

$$A^{\mathrm{T}}A=\begin{pmatrix} \alpha_1^{\mathrm{T}} \\ \alpha_2^{\mathrm{T}} \\ \vdots \\ \alpha_n^{\mathrm{T}} \end{pmatrix}(\alpha_1,\ \alpha_2,\ \cdots,\ \alpha_n)=\begin{pmatrix} \alpha_1^{\mathrm{T}}\alpha_1 & \alpha_1^{\mathrm{T}}\alpha_2 & \cdots & \alpha_1^{\mathrm{T}}\alpha_n \\ \alpha_2^{\mathrm{T}}\alpha_1 & \alpha_2^{\mathrm{T}}\alpha_2 & \cdots & \alpha_2^{\mathrm{T}}\alpha_n \\ \vdots & \vdots & & \vdots \\ \alpha_n^{\mathrm{T}}\alpha_1 & \alpha_n^{\mathrm{T}}\alpha_2 & \cdots & \alpha_n^{\mathrm{T}}\alpha_n \end{pmatrix}$$

习题 2.3

习题 2.3 解答

1. 将矩阵适当分块后计算下列各题：

(1) $\begin{pmatrix} 1 & 2 & 0 & 0 \\ 3 & 4 & 0 & 0 \\ 1 & 0 & 3 & 1 \\ 0 & 1 & 2 & 5 \end{pmatrix}\begin{pmatrix} 1 & 0 \\ 0 & 1 \\ 0 & 0 \\ 0 & 0 \end{pmatrix}$；

(2) $\begin{pmatrix} 3 & 2 & 0 & 0 \\ -1 & 1 & 0 & 0 \\ 0 & 1 & 0 & 0 \\ 0 & 0 & 1 & 4 \end{pmatrix}\begin{pmatrix} 1 & 0 & 0 \\ -2 & 0 & 0 \\ 0 & 2 & 3 \\ 0 & 3 & 4 \end{pmatrix}$； (3) $\begin{pmatrix} 1 & 0 & 0 & 0 \\ 0 & 1 & 0 & 0 \\ -1 & 2 & 1 & 0 \\ 1 & 1 & 0 & 1 \end{pmatrix}\begin{pmatrix} 0 & 0 & 1 & 0 \\ 0 & 0 & 0 & 1 \\ -1 & 0 & 4 & 1 \\ 0 & -1 & 2 & 0 \end{pmatrix}$.

2. 利用矩阵分块求下列矩阵的逆矩阵：

(1) $\boldsymbol{A}=\begin{pmatrix} 5 & 0 & 0 \\ 0 & 3 & 1 \\ 0 & 2 & 1 \end{pmatrix}$； (2) $\boldsymbol{A}=\begin{pmatrix} -2 & 3 & 0 & 0 \\ 1 & -2 & 0 & 0 \\ 0 & 0 & 1 & 2 \\ 0 & 0 & 2 & 5 \end{pmatrix}$；

(3) $\boldsymbol{A}=\begin{pmatrix} 0 & a_1 & 0 & 0 \\ 0 & 0 & a_2 & 0 \\ 0 & 0 & 0 & a_3 \\ a_4 & 0 & 0 & 0 \end{pmatrix}$，其中，$a_i \neq 0(i=1, 2, 3, 4)$.

3. 设 $\boldsymbol{A}$、$\boldsymbol{B}$ 分别为 m、n 阶可逆矩阵，试求分块矩阵 $\begin{pmatrix} \boldsymbol{A} & \boldsymbol{C} \\ \boldsymbol{O} & \boldsymbol{B} \end{pmatrix}$ 的逆矩阵.

4. 设 $\boldsymbol{A}=(\boldsymbol{\alpha}, \boldsymbol{\gamma}_1, \boldsymbol{\gamma}_2)$，$\boldsymbol{B}=(\boldsymbol{\beta}, \boldsymbol{\gamma}_1, \boldsymbol{\gamma}_2)$，其中，$\boldsymbol{\alpha}$、$\boldsymbol{\beta}$、$\boldsymbol{\gamma}_1$、$\boldsymbol{\gamma}_2$ 均为 3×1 矩阵，且 $|\boldsymbol{A}|=2$，$|\boldsymbol{B}|=3$，求 $|\boldsymbol{A}+\boldsymbol{B}|$.

2.4 矩阵的初等变换

2.4.1 初等变换

定义 2.16 矩阵的初等行(或列)变换是指对矩阵施行如下 3 种变换.

(1)对换变换：交换矩阵的第 i 行(或列)与第 j 行(或列)，记为 $r_i \leftrightarrow r_j$(或 $c_i \leftrightarrow c_j$)；

(2)倍乘变换：用非零数 k 乘以矩阵的第 i 行(或列)，记为 kr_i(或 kc_i)；

(3)倍加变换：把矩阵第 j 行(或列)的 k 倍加到第 i 行(或列)，记为 r_i+kr_j(或 c_i+kc_j).

矩阵的初等行变换和初等列变换统称为矩阵的**初等变换**. 可以证明，矩阵的初等变换是可逆的，且其逆变换为同类的初等变换. 初等变换与其逆变换对比如表 2-1 所示.

表 2-1 初等变换与其逆变换对比

变换类型	初等变换	逆变换
对换	$r_i \leftrightarrow r_j$ (或 $c_i \leftrightarrow c_j$)	$r_i \leftrightarrow r_j$(或 $c_i \leftrightarrow c_j$)
倍乘	kr_i(或 kc_i)($k \neq 0$)	$\frac{1}{k}r_i\left(或\frac{1}{k}c_i\right)$ ($k \neq 0$)
倍加	r_i+kr_j(或 c_i+kc_j)	r_i-kr_j(或 c_i-kc_j)

定义 2.17 满足以下条件的矩阵称为**行阶梯形矩阵**：

(1)若有**零行**(元素全为零的行)，所有零行全在**非零行**(元素不全为零的行)的下方；

(2)每一行**首非零元**(非零行的第一个非零元素)必在上一行首非零元的右下方.

定义 2.18　满足以下条件的行阶梯形矩阵称为**行最简形矩阵**：

(1)行阶梯形矩阵中非零行的首非零元都是 1；

(2)行阶梯形矩阵中非零行的首非零元 1 所在列的其他元素全为零.

例如

$$\boldsymbol{A}_1=\begin{pmatrix}1&3&2&-5\\0&4&-3&7\\0&0&0&3\end{pmatrix},\ \boldsymbol{A}_2=\begin{pmatrix}2&1&-2&3\\0&-3&1&4\\0&0&0&0\end{pmatrix}$$

均为行阶梯形矩阵.

又如

$$\boldsymbol{B}_1=\begin{pmatrix}1&0&2&0\\0&1&3&0\\0&0&0&1\end{pmatrix},\ \boldsymbol{B}_2=\begin{pmatrix}1&0&2&5\\0&1&0&3\\0&0&0&0\end{pmatrix}$$

均为行最简形矩阵.

定理 2.3　任何一个 $m\times n$ 矩阵 $\boldsymbol{A}$ 经过有限次初等行变换，均可化成行阶梯形矩阵，并可进一步化成行最简形矩阵.

需要说明的是，任何矩阵经过初等行变换所得行阶梯形矩阵不是唯一的，而行最简形矩阵是唯一的，一个矩阵的行阶梯形矩阵中非零行的个数是唯一的.

例 2.14　用矩阵的初等行变换将矩阵

$$\boldsymbol{A}=\begin{pmatrix}1&2&-3&1\\-3&-5&7&0\\1&0&1&-4\end{pmatrix}$$

化成行阶梯形矩阵和行最简形矩阵.

解　$$\boldsymbol{A}\xrightarrow[r_3-r_1]{r_2+3r_1}\begin{pmatrix}1&2&-3&1\\0&1&-2&3\\0&-2&4&-5\end{pmatrix}\xrightarrow{r_3+2r_2}\begin{pmatrix}1&2&-3&1\\0&1&-2&3\\0&0&0&1\end{pmatrix}=\boldsymbol{B}$$

$\boldsymbol{B}$ 为行阶梯形矩阵.

$$\boldsymbol{B}\xrightarrow{r_1-2r_2}\begin{pmatrix}1&0&1&-5\\0&1&-2&3\\0&0&0&1\end{pmatrix}\xrightarrow[r_2-3r_3]{r_1+5r_3}\begin{pmatrix}1&0&1&0\\0&1&-2&0\\0&0&0&1\end{pmatrix}=\boldsymbol{C}$$

$\boldsymbol{C}$ 为行最简形矩阵.

对于行最简形矩阵，再实施初等列变换，可变成一种形状更简单的矩阵

$$\begin{pmatrix}\boldsymbol{E}_r&\boldsymbol{O}_{r\times(n-r)}\\\boldsymbol{O}_{(m-r)\times r}&\boldsymbol{O}_{(m-r)\times(n-r)}\end{pmatrix}$$

称之为 $m\times n$ 矩阵 $\boldsymbol{A}$ 的**标准形**. r 是行阶梯形矩阵中非零行的个数.

2.4.2　初等矩阵

定义 2.19　单位矩阵 $\boldsymbol{E}$ 经过一次初等变换所得到的矩阵称为**初等矩阵**.

对应于 3 种初等变换，得到如下 3 种类型初等矩阵.

(1) $\boldsymbol{E}(i,\ j)$ ：交换单位矩阵 $\boldsymbol{E}$ 的第 i 行(或列)和第 j 行(或列)，即

$$
\begin{array}{c} \\ \boldsymbol{E}(i,\ j)= \end{array}
\begin{array}{c}
\begin{array}{ccccccccccc} &&&\text{第 } i \text{ 列}&&&&\text{第 } j \text{ 列}&&& \end{array}\\
\left(\begin{array}{ccccccccccc}
1 &&&&&&&&&& \\
& \ddots &&&&&&&&& \\
&& 1 &&&&&&&& \\
&&& 0 && \cdots && 1 &&& \\
&&&& 1 &&&&&& \\
&&& \vdots && \ddots && \vdots &&& \\
&&&&&& 1 &&&& \\
&&& 1 && \cdots && 0 &&& \\
&&&&&&&& 1 && \\
&&&&&&&&& \ddots & \\
&&&&&&&&&& 1
\end{array}\right)
\begin{array}{l} \\ \\ \\ \text{第 } i \text{ 行} \\ \\ \\ \\ \text{第 } j \text{ 行} \\ \\ \\ \\ \end{array}
\end{array}
$$

(2) $\boldsymbol{E}(i(k))$ ：用非零数 k 乘以单位矩阵 $\boldsymbol{E}$ 的第 i 行(或列)，即

$$
\boldsymbol{E}(i(k))=
\begin{array}{c}
\begin{array}{ccccccc} &&&\text{第 } i \text{ 列}&&& \end{array}\\
\left(\begin{array}{ccccccc}
1 &&&&&& \\
& \ddots &&&&& \\
&& 1 &&&& \\
&&& k &&& \\
&&&& 1 && \\
&&&&& \ddots & \\
&&&&&& 1
\end{array}\right)
\begin{array}{l} \\ \\ \\ \text{第 } i \text{ 行} \\ \\ \\ \\ \end{array}
\end{array}
$$

(3) $\boldsymbol{E}(i,\ j(k))$ ：把单位矩阵 E 的第 j 行(或第 i 列)的 k 倍加到第 i 行(或第 j 列)，即

$$
\boldsymbol{E}(i,\ j(k))=
\begin{array}{c}
\begin{array}{ccccccc} &&\text{第 } i \text{ 列}&&\text{第 } j \text{ 列}&& \end{array}\\
\left(\begin{array}{ccccccc}
1 &&&&&& \\
& \ddots &&&&& \\
&& 1 & \cdots & k && \\
&&& \ddots & \vdots && \\
&&&& 1 && \\
&&&&& \ddots & \\
&&&&&& 1
\end{array}\right)
\begin{array}{l} \\ \\ \text{第 } i \text{ 行} \\ \\ \text{第 } j \text{ 行} \\ \\ \\ \end{array}
\end{array}
$$

对以上 3 类初等矩阵分别求行列式

$$|\boldsymbol{E}(i,\ j)|=-1,\quad |\boldsymbol{E}(i(k))|=k\neq 0,\quad |\boldsymbol{E}(i,\ j(k))|=1$$

所以 3 类初等矩阵都是可逆的，且

$$(\boldsymbol{E}(i,\ j))^{-1}=\boldsymbol{E}(i,\ j),\ \boldsymbol{E}^{-1}(i(k))=\boldsymbol{E}\left(i\left(\frac{1}{k}\right)\right),\ \boldsymbol{E}^{-1}(i,\ j(k))=\boldsymbol{E}(i,\ j(-k))$$

矩阵的初等变换和初等矩阵有着非常密切的关系，由矩阵乘法可得如下定理.

定理 2.4 设 $\boldsymbol{A}$ 是一个 $m\times n$ 矩阵，对 $\boldsymbol{A}$ 实施一次初等行变换相当于用同种类型的一个

m 阶初等矩阵左乘 $\boldsymbol{A}$；对 $\boldsymbol{A}$ 实施一次初等列变换相当于用同种类型的一个 n 阶初等矩阵右乘 $\boldsymbol{A}$.

定义 2.20 如果矩阵 $\boldsymbol{A}$ 经过有限次初等变换变成矩阵 $\boldsymbol{B}$，则称矩阵 $\boldsymbol{A}$ 与 $\boldsymbol{B}$ 等价，记为 $\boldsymbol{A} \cong \boldsymbol{B}$.

由等价定义可知，矩阵之间的等价关系满足以下性质：

(1)**反身性**：$\boldsymbol{A} \cong \boldsymbol{A}$；

(2)**对称性**：若 $\boldsymbol{A} \cong \boldsymbol{B}$，则 $\boldsymbol{B} \cong \boldsymbol{A}$；

(3)**传递性**：若 $\boldsymbol{A} \cong \boldsymbol{B}$，$\boldsymbol{B} \cong \boldsymbol{C}$，则 $\boldsymbol{A} \cong \boldsymbol{C}$.

等价关系是数学中一个非常重要的概念．例如，在初等几何中，直线平行是等价关系，三角形相似是等价关系．

定理 2.5 设 $\boldsymbol{A}$ 是一个 $m \times n$ 矩阵，则必然存在有限个 m 阶初等矩阵 $\boldsymbol{P}_1$，$\boldsymbol{P}_2$，…，$\boldsymbol{P}_s$ 和有限个 n 阶初等矩阵 $\boldsymbol{Q}_1$，$\boldsymbol{Q}_2$，…，$\boldsymbol{Q}_t$，使

$$\boldsymbol{P}_s \cdots \boldsymbol{P}_1 \boldsymbol{A} \boldsymbol{Q}_1 \cdots \boldsymbol{Q}_t = \begin{pmatrix} \boldsymbol{E}_r & \boldsymbol{O}_{r \times (n-r)} \\ \boldsymbol{O}_{(m-r) \times r} & \boldsymbol{O}_{(m-r) \times (n-r)} \end{pmatrix}$$

即任何矩阵都等价于其标准形．

根据定义 2.20 及定理 2.5，可得如下结论．

定理 2.6 设 $\boldsymbol{A}$、$\boldsymbol{B}$ 均为 $m \times n$ 矩阵，则 $\boldsymbol{A} \cong \boldsymbol{B}$ 的充要条件是 $\boldsymbol{A}$、$\boldsymbol{B}$ 有相同的标准形．

定理 2.7 设 $\boldsymbol{A}$、$\boldsymbol{B}$ 均为 $m \times n$ 矩阵，则 $\boldsymbol{A} \cong \boldsymbol{B}$ 的充要条件是存在 m 阶可逆矩阵 $\boldsymbol{P}$ 和 n 阶可逆矩阵 $\boldsymbol{Q}$，使 $\boldsymbol{PAQ} = \boldsymbol{B}$.

定理 2.5、定理 2.6、定理 2.7 的证明此处略去，有兴趣的读者可以自行证明．

2.4.3 用初等变换求逆矩阵

定理 2.8 设 $\boldsymbol{A}$ 为 n 阶矩阵，则下列命题等价：

(1) n 阶矩阵 $\boldsymbol{A}$ 可逆；

(2) $\boldsymbol{A}$ 与 n 阶单位矩阵 $\boldsymbol{E}$ 等价；

(3) $\boldsymbol{A}$ 可以表示成有限个初等矩阵的乘积．

证明 (1) ⇒ (2)：设 $\boldsymbol{A}$ 是 n 阶可逆矩阵，则由定理 2.5 可知，$\boldsymbol{A}$ 一定等价于其标准形 $\boldsymbol{D}$. 所以必存在初等矩阵 $\boldsymbol{P}_1$，$\boldsymbol{P}_2$，…，$\boldsymbol{P}_s$ 和 $\boldsymbol{Q}_1$，$\boldsymbol{Q}_2$，…，$\boldsymbol{Q}_t$，使

$$\boldsymbol{P}_s \cdots \boldsymbol{P}_1 \boldsymbol{A} \boldsymbol{Q}_1 \cdots \boldsymbol{Q}_t = \boldsymbol{D}$$

因为初等矩阵及 $\boldsymbol{A}$ 都可逆，所以 $\boldsymbol{D}$ 可逆，从而 $|\boldsymbol{D}| \neq 0$. 由此可知 $\boldsymbol{D}$ 中没有全零行(或列)，故 $\boldsymbol{D} = \boldsymbol{E}$，即 $\boldsymbol{A} \cong \boldsymbol{E}$.

(2) ⇒ (3)：因为 $\boldsymbol{A} \cong \boldsymbol{E}$，所以 $\boldsymbol{E} \cong \boldsymbol{A}$. 从而存在有限个初等矩阵 $\boldsymbol{P}_1$，$\boldsymbol{P}_2$，…，$\boldsymbol{P}_s$ 和 $\boldsymbol{Q}_1$，$\boldsymbol{Q}_2$，…，$\boldsymbol{Q}_t$，使 $\boldsymbol{P}_s \cdots \boldsymbol{P}_1 \boldsymbol{E} \boldsymbol{Q}_1 \cdots \boldsymbol{Q}_t = \boldsymbol{A}$，即

$$\boldsymbol{A} = \boldsymbol{P}_s \cdots \boldsymbol{P}_1 \boldsymbol{Q}_1 \cdots \boldsymbol{Q}_t$$

因此 $\boldsymbol{A}$ 可以表示成有限个初等矩阵的乘积．

(3) ⇒ (1)：设 $\boldsymbol{A} = \boldsymbol{P}_1 \boldsymbol{P}_2 \cdots \boldsymbol{P}_s$，其中，$\boldsymbol{P}_1$，$\boldsymbol{P}_2$，…，$\boldsymbol{P}_s$ 为初等矩阵，因为初等矩阵都可逆，故初等矩阵的乘积仍可逆，即 $\boldsymbol{A}$ 可逆．

若 $\boldsymbol{A}$ 可逆，则 $\boldsymbol{A}^{-1}$ 也可逆，根据定理 2.8，存在有限个初等矩阵 $\boldsymbol{P}_1$，$\boldsymbol{P}_2$，…，$\boldsymbol{P}_s$，使

$$A^{-1}=P_1P_2\cdots P_s=P_1P_2\cdots P_sE \tag{2-2}$$

两边同时右乘 A 可变成

$$E=P_1P_2\cdots P_sA \tag{2-3}$$

式(2-2)和式(2-3)表明：若对 A 实施一系列初等行变换把 A 化为 E，则用同样的初等行变换就把 E 化成了 A^{-1}.

这就给求 A^{-1} 提供了一个十分有效的方法：构造一个 $n\times 2n$ 矩阵 $(A \mid E)$，对其仅作初等行变换，当把矩阵 A 变为 E 时，E 就变为 A^{-1}，即

$$(A \mid E)\xrightarrow{\text{初等行变换}}(E \mid A^{-1})$$

例 2.15 用初等行变换求矩阵

$$A=\begin{pmatrix}3&1&2\\2&-1&0\\1&0&1\end{pmatrix}$$

的逆 A^{-1}.

解 $$(A \mid E)=\left(\begin{array}{ccc|ccc}3&1&2&1&0&0\\2&-1&0&0&1&0\\1&0&1&0&0&1\end{array}\right)\xrightarrow{r_1\leftrightarrow r_3}\left(\begin{array}{ccc|ccc}1&0&1&0&0&1\\2&-1&0&0&1&0\\3&1&2&1&0&0\end{array}\right)$$

$$\xrightarrow[r_3-3r_1]{r_2-2r_1}\left(\begin{array}{ccc|ccc}1&0&1&0&0&1\\0&-1&-2&0&1&-2\\0&1&-1&1&0&-3\end{array}\right)\xrightarrow[-r_2]{r_3+r_2}\left(\begin{array}{ccc|ccc}1&0&1&0&0&1\\0&1&2&0&-1&2\\0&0&-3&1&1&-5\end{array}\right)$$

$$\xrightarrow{-\frac{1}{3}r_3}\left(\begin{array}{ccc|ccc}1&0&1&0&0&1\\0&1&2&0&-1&2\\0&0&1&-\frac{1}{3}&-\frac{1}{3}&\frac{5}{3}\end{array}\right)$$

$$\xrightarrow[r_2-2r_3]{r_1-r_3}\left(\begin{array}{ccc|ccc}1&0&0&\frac{1}{3}&\frac{1}{3}&-\frac{2}{3}\\0&1&0&\frac{2}{3}&-\frac{1}{3}&-\frac{4}{3}\\0&0&1&-\frac{1}{3}&-\frac{1}{3}&\frac{5}{3}\end{array}\right)$$

所以 $A^{-1}=\dfrac{1}{3}\begin{pmatrix}1&1&-2\\2&-1&-4\\-1&-1&5\end{pmatrix}$.

值得注意的是，用初等行变换求逆矩阵时，必须始终用初等行变换，其间不得用任何初等列变换．若通过初等行变换能把 A 化为 E，则 A 可逆，否则 A 不可逆．

类似地，可以构造一个 $2n\times n$ 矩阵 $\left(\begin{array}{c}A\\\hline E\end{array}\right)$，对其仅作初等列变换，当把矩阵 A 变为 E 时，E 就变为 A^{-1}，即

$$\left(\begin{array}{c}A\\\hline E\end{array}\right)\xrightarrow{\text{初等列变换}}\left(\begin{array}{c}E\\\hline A^{-1}\end{array}\right)$$

2.4.4　用初等变换解矩阵方程

在矩阵的运算中，有时会遇到矩阵方程，如 $\boldsymbol{AX}=\boldsymbol{B}$. 若矩阵 $\boldsymbol{A}$ 可逆，则

$$\boldsymbol{AX}=\boldsymbol{B}\Rightarrow\boldsymbol{A}^{-1}\boldsymbol{AX}=\boldsymbol{A}^{-1}\boldsymbol{B}\Rightarrow\boldsymbol{X}=\boldsymbol{A}^{-1}\boldsymbol{B}$$

构造分块矩阵 $(\boldsymbol{A}\,\vdots\,\boldsymbol{B})$，并对其进行初等行变换，当矩阵 $\boldsymbol{A}$ 化为 $\boldsymbol{E}$ 时，则 $\boldsymbol{B}$ 就化为 $\boldsymbol{A}^{-1}\boldsymbol{B}$. 即

$$(\boldsymbol{A}\,\vdots\,\boldsymbol{B})\xrightarrow{\text{初等行变换}}(\boldsymbol{E}\,\vdots\,\boldsymbol{A}^{-1}\boldsymbol{B})$$

例 2.16　求解矩阵方程

$$\begin{pmatrix}-2&1&1\\0&2&-1\\1&-1&0\end{pmatrix}\boldsymbol{X}=\begin{pmatrix}0&1\\2&-1\\-1&0\end{pmatrix}$$

解　记 $\boldsymbol{A}=\begin{pmatrix}-2&1&1\\0&2&-1\\1&-1&0\end{pmatrix}$，$\boldsymbol{B}=\begin{pmatrix}0&1\\2&-1\\-1&0\end{pmatrix}$. 因为 $|\boldsymbol{A}|\neq0$，所以 $\boldsymbol{A}$ 可逆，从而 $\boldsymbol{X}=\boldsymbol{A}^{-1}\boldsymbol{B}$.

$$(\boldsymbol{A}\,\vdots\,\boldsymbol{B})=\left(\begin{array}{ccc:cc}-2&1&1&0&1\\0&2&-1&2&-1\\1&-1&0&-1&0\end{array}\right)\xrightarrow{r_1\leftrightarrow r_3}\left(\begin{array}{ccc:cc}1&-1&0&-1&0\\0&2&-1&2&-1\\-2&1&1&0&1\end{array}\right)$$

$$\xrightarrow{r_3+2r_1}\left(\begin{array}{ccc:cc}1&-1&0&-1&0\\0&2&-1&2&-1\\0&-1&1&-2&1\end{array}\right)\xrightarrow{r_2+r_3}\left(\begin{array}{ccc:cc}1&-1&0&-1&0\\0&1&0&0&0\\0&-1&1&-2&1\end{array}\right)$$

$$\xrightarrow[r_3+r_2]{r_1+r_2}\left(\begin{array}{ccc:cc}1&0&0&-1&0\\0&1&0&0&0\\0&0&1&-2&1\end{array}\right)$$

所以 $\boldsymbol{X}=\boldsymbol{A}^{-1}\boldsymbol{B}=\begin{pmatrix}-1&0\\0&0\\-2&1\end{pmatrix}$.

对于矩阵方程 $\boldsymbol{XA}=\boldsymbol{B}$，若矩阵 $\boldsymbol{A}$ 可逆，则

$$\boldsymbol{XA}=\boldsymbol{B}\Rightarrow\boldsymbol{XAA}^{-1}=\boldsymbol{BA}^{-1}\Rightarrow\boldsymbol{X}=\boldsymbol{BA}^{-1}$$

构造分块矩阵 $\begin{pmatrix}\boldsymbol{A}\\\hdashline\boldsymbol{B}\end{pmatrix}$，并对其进行初等列变换，当矩阵 $\boldsymbol{A}$ 化为 $\boldsymbol{E}$ 时，则 $\boldsymbol{B}$ 就化为 $\boldsymbol{BA}^{-1}$. 即

$$\begin{pmatrix}\boldsymbol{A}\\\hdashline\boldsymbol{B}\end{pmatrix}\xrightarrow{\text{初等列变换}}\begin{pmatrix}\boldsymbol{E}\\\hdashline\boldsymbol{BA}^{-1}\end{pmatrix}$$

习题 2.4

习题 2.4 解答

1. 用初等变换求下列矩阵的逆矩阵：

(1) $\begin{pmatrix}0&2&1\\3&3&2\\1&2&1\end{pmatrix}$；　　(2) $\begin{pmatrix}2&-1&4\\-1&3&-4\\1&-2&3\end{pmatrix}$；

(3) $\begin{pmatrix} 1 & 0 & 1 & -1 \\ 2 & 0 & 1 & 0 \\ 3 & 1 & 2 & 0 \\ -3 & 1 & 0 & 4 \end{pmatrix}$;　　(4) $\begin{pmatrix} 2 & 0 & 5 & 0 \\ 3 & -1 & 0 & 5 \\ 3 & 0 & 5 & 2 \\ 1 & 1 & 0 & 4 \end{pmatrix}$.

2. 解下列矩阵方程：

(1) $\begin{pmatrix} 1 & 2 & 3 \\ 2 & 2 & 1 \\ 3 & 4 & 3 \end{pmatrix}\boldsymbol{X}=\begin{pmatrix} 2 & 5 \\ 3 & 1 \\ 4 & 3 \end{pmatrix}$;　　(2) $\boldsymbol{X}\begin{pmatrix} 1 & -1 & 1 \\ 2 & 1 & 0 \\ 2 & 1 & -1 \end{pmatrix}=\begin{pmatrix} 1 & -1 & 3 \\ 2 & 1 & 4 \end{pmatrix}$;

(3) $\begin{pmatrix} 1 & -1 & -1 \\ -1 & 1 & -1 \\ -1 & -1 & 1 \end{pmatrix}\boldsymbol{X}\begin{pmatrix} 2 & 1 \\ 5 & 3 \end{pmatrix}=\begin{pmatrix} 1 & 2 \\ 1 & 0 \\ -1 & 2 \end{pmatrix}$.

3. 解矩阵方程 $\boldsymbol{X}=\boldsymbol{AX}+\boldsymbol{B}$，其中，$\boldsymbol{A}=\begin{pmatrix} 0 & 1 & 0 \\ -1 & 1 & 1 \\ -1 & 0 & -1 \end{pmatrix}$，$\boldsymbol{B}=\begin{pmatrix} 1 & -1 \\ 2 & 0 \\ 5 & 3 \end{pmatrix}$.

2.5　矩阵的应用

2.5.1　交通航线问题

图论是应用数学的一个分支，图定义为顶点和描述顶点间的关系的边的集合，其形式化定义为 $G=(V, E)$. 其中，G 表示一个图，V 是图 G 中顶点的集合，E 是图 G 中边的集合.

图 2-1 给出了一个通信网络. 其中，$V_i(i=1, 2, 3, 4, 5, 6)$ 为图的顶点，可以看成通信网络的结点. 顶点 V_i 与 $V_j(i, j=1, 2, 3, 4, 5, 6)$ 之间的连线即为图的边，每条边表示网络中两个结点之间有直接通信链路.

显然，当顶点数目较大，顶点之间连接较复杂时，网络的图形将变得十分混乱. 此时，若用邻接矩阵来表示图，则图的顶点与边之间的关系将变得比较简洁.

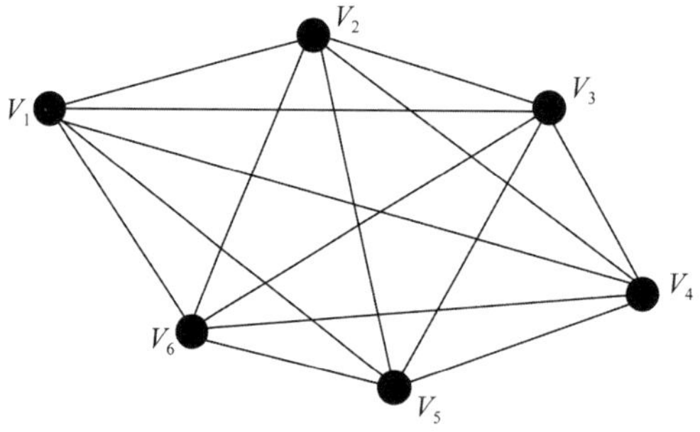

图 2-1　通信网络

假设图包含 n 个顶点，则图的邻接矩阵为 $\boldsymbol{A}=(a_{ij})_{n\times n}$，其中，元素

$$a_{ij}=\begin{cases}1 & (若\ V_i\ 与\ V_j\ 有边相连)\\ 0 & (若\ V_i\ 与\ V_j\ 无边相连)\end{cases}$$

通过邻接矩阵的幂，可求出任意两顶点间给定长度的路的条数. 一般地，若 $\boldsymbol{A}=(a_{ij})_{n\times n}$ 为

某图的邻接矩阵，$A^k=(a_{ij}^{(k)})_{n\times n}$，则 $a_{ij}^{(k)}$ 表示顶点 V_i 与 V_j 间长度为 k 的路的条数．

例 2.17 1、2、3、4 这 4 个城市之间的航线如图 2-2 所示，问从城市 2 是否可以连续乘坐两次航班到城市 3?

解 把 4 个城市看成 4 个顶点，构造这 4 个顶点的邻接矩阵，利用矩阵的幂运算可得各城市间航线情况及航班数目．

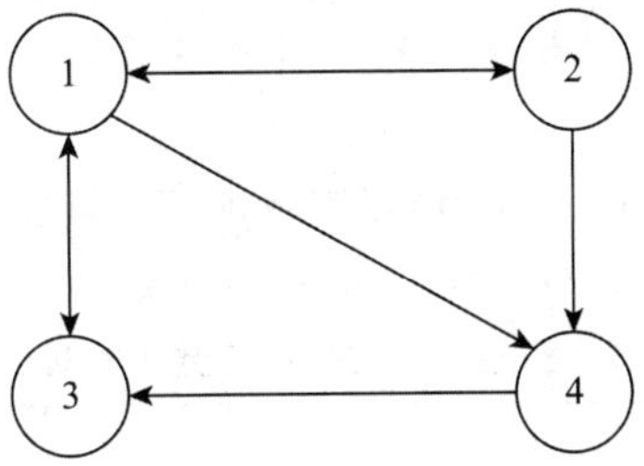

图 2-2 4 个城市之间的航线

图 2-2 的邻接矩阵为

$$A=\begin{pmatrix}0&1&1&1\\1&0&0&1\\1&0&0&0\\0&0&1&0\end{pmatrix}$$

则

$$A^2=\begin{pmatrix}0&1&1&1\\1&0&0&1\\1&0&0&0\\0&0&1&0\end{pmatrix}\begin{pmatrix}0&1&1&1\\1&0&0&1\\1&0&0&0\\0&0&1&0\end{pmatrix}=\begin{pmatrix}2&0&1&1\\0&1&2&1\\0&1&1&1\\1&0&0&0\end{pmatrix}$$

因为 $a_{23}^{(2)}=2$，所以从城市 2 可以连续乘坐两次航班到城市 3，且有两条航线．

2.5.2 保密通信

随着科学技术和互联网的迅速发展，以及计算机、智能手机等网络工具的广泛使用，信息安全问题日益突出．保密通信作为实现信息安全的重要手段，起着不可忽视的作用．很多科技工作者为此做了大量的工作，先后提出了许多有效的保密通信模型，基于加密技术的保密通信模型是其中最具活力的一种，如图 2-3 所示．

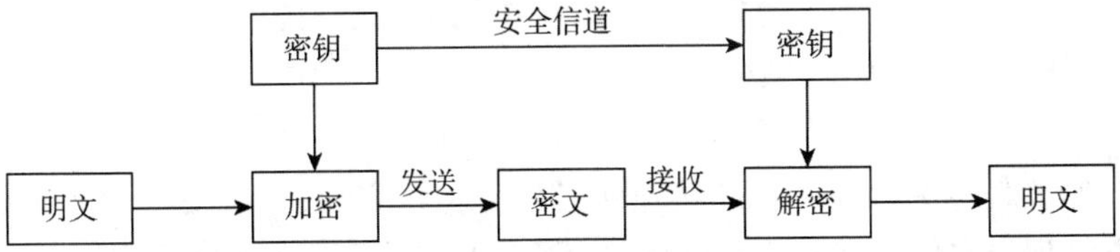

图 2-3 保密通信模型

通信过程中，发送方会通过某种算法对明文代码进行加密，转换成密文代码发送给接收方，接收方再通过相应的某种算法，对密文代码进行解密，将其转换为明文代码，这个过程就是加密与解密的过程．显然，一种加密技术是否有效，关键在于密文能否被还原成明文．

矩阵作为线性代数的重要组成部分，其应用领域也从传统的物理领域迅速扩展到非物理领域，尤其是在保密通信中发挥着重要作用．利用矩阵对通信信息进行加密，即将明文转换成密文发送给接收方，而接收方再通过相应的逆运算将密文编译成明文，就完成了信息的传递．其中，希尔(Hill)密码是将可逆矩阵应用在保密通信中的成功案例．

例 2.18 设加密矩阵

$$\boldsymbol{K}=\begin{pmatrix}1&-1&1\\0&1&-1\\-1&0&1\end{pmatrix}$$

利用矩阵运算，对信息“I love linear algebra”进行加密与解密．

解 把空格及 26 个英文字母分别用 0~26 这 27 个数字代替，其对应关系如表 2-2 所示．

表 2-2 空格及英文字母与数字的对应关系

字符	空格	a	b	c	d	e	f	g	h	i	j	k	l	m
对应数字	0	1	2	3	4	5	6	7	8	9	10	11	12	13
字符	n	o	p	q	r	s	t	u	v	w	x	y	z	
对应数字	14	15	16	17	18	19	20	21	22	23	24	25	26	

根据表 2-2，将“I love linear algebra”对应转换成一串数字(明文编码)．由于加密矩阵 $\boldsymbol{K}$ 为 3×3 矩阵，因此将明文编码每 3 个数字排成一列，依次排列，若不够，则补 0，得到以下明文信息矩阵

$$\boldsymbol{M}=\begin{pmatrix}9&15&0&14&18&12&2\\0&22&12&5&0&7&18\\12&5&9&1&1&5&1\end{pmatrix}$$

通过矩阵乘法 $\boldsymbol{C}=\boldsymbol{KM}$，将明文信息矩阵 $\boldsymbol{M}$ 转换成以下密文矩阵

$$\boldsymbol{C}=\boldsymbol{KM}=\begin{pmatrix}1&-1&1\\0&1&-1\\-1&0&1\end{pmatrix}\begin{pmatrix}9&15&0&14&18&12&2\\0&22&12&5&0&7&18\\12&5&9&1&1&5&1\end{pmatrix}$$

$$=\begin{pmatrix}21&-2&-3&10&19&10&-15\\-12&17&3&4&-1&2&17\\3&-10&9&-13&-17&-7&-1\end{pmatrix}$$

取模 27，得到以下密文信息矩阵

$$\boldsymbol{C}_1=\begin{pmatrix}21&25&24&10&19&10&12\\15&17&3&4&26&2&17\\3&17&9&14&10&20&26\end{pmatrix}$$

由表 2-2 可知密文信息为“uocyqqxcijdnszjbtlqz”．

当接收方收到密文信息“uocyqqxcijdnszjbtlqz”时，需要解密才能获得明文信息．通过查表 2-2，获得一串数字，每 3 个数字排成一列，依次排列，可得密文信息矩阵 $\boldsymbol{C}_1$，左乘加密矩阵的逆矩阵

$$\boldsymbol{K}^{-1}=\begin{pmatrix}1&1&0\\1&2&1\\1&1&1\end{pmatrix}$$

可得以下明文矩阵

$$M_1=\begin{pmatrix}1&1&0\\1&2&1\\1&1&1\end{pmatrix}\begin{pmatrix}21&25&24&10&19&10&12\\15&17&3&4&26&2&17\\3&17&9&14&10&20&26\end{pmatrix}$$

$$=\begin{pmatrix}36&42&27&14&45&12&29\\54&76&39&32&81&34&72\\39&59&36&28&55&32&55\end{pmatrix}$$

取模 27，得到以下明文信息矩阵

$$M=\begin{pmatrix}9&15&0&14&18&12&2\\0&22&12&5&0&7&18\\12&5&9&1&1&5&1\end{pmatrix}$$

根据表 2-2 与字母对应，得到解密信息为“I love linear algebra”.

从本例可以看出，由于加密后信息与明文信息完全不同，因此在未知加密矩阵的情况下，一般很难由密文直接获得原始信息，从而提高了信息传输的安全性．加密矩阵的设计是希尔加密方法的关键，一般通过对单位矩阵作有限次初等变换来构造加密矩阵．注意，当加密矩阵的行列式为 1 或者 -1 时，可使加密或解密过程中不出现分数，从而便于取余后数字与字符间的对应．

习题 2.5

习题 2.5 解答

1. 通过对城乡人口流动做年度调查，发现农村居民有稳定向城镇流动的趋势：每年农村居民的 2.5% 移居城镇，而城镇居民的 1% 迁出．现在总人口的 60% 位于城镇，假如城乡总人口保持不变，并且认为这种流动趋势会继续下去，那么 1 年以后住在城镇的人口所占比例是多少？2 年以后呢？10 年以后呢？

2. 有 5 个小朋友玩传球游戏，游戏规则为：任意 2 个人之间都可以相互传球，但自己不能传给自己．

(1) 把 5 个小朋友看成 5 个顶点，构造这 5 个顶点的邻接矩阵．

(2) 假设从第 1 个小朋友开始传球，经过 4 次传球后，球又回到第 1 个小朋友手里，共有多少种不同的传法？

(3) 假设从第 1 个小朋友开始传球，经过 1 次、2 次或者 3 次传球，球传给第 2 个小朋友，共有多少种不同的传法？

3. 设加密矩阵 $K=\begin{pmatrix}5&3\\2&1\end{pmatrix}$，仿照例 2.18，利用矩阵运算，对信息“word hard”进行加密与解密．

2.6 软件应用——运用 MATLAB 进行矩阵运算

2.6.1 特殊矩阵

某些特殊矩阵可以直接调用相应的函数得到，常见特殊矩阵的函数命令如表 2-3 所示．

表 2-3　常见特殊矩阵的函数命令

函数命令	执行结果
zeros(m,n)	生成一个 m 行 n 列的零矩阵
ones(m,n)	生成一个 m 行 n 列元素都是 1 的矩阵
eye(n)	生成一个 n 阶单位矩阵
rand(m,n)	生成一个 m 行 n 列的随机矩阵
magic(n)	生成一个 n 阶魔方矩阵

例 2.19　生成一个四阶魔方矩阵.

解　输入命令如下:

```
>> magic(4)
```

运行结果如下:

```
ans=
    16    2    3    13
    5     11   10   8
    9     7    6    12
    4     14   15   1
```

2.6.2　矩阵的加法及数乘

例 2.20　设 $A=\begin{pmatrix}-1&3&5\\1&0&4\end{pmatrix}$, $B=\begin{pmatrix}3&0&2\\1&-1&0\end{pmatrix}$, 求 $A+B$ 和 $2A-3B$.

解　输入命令及运行结果如下:

```
>> A=[-1,3,5;1,0,4];
>> B=[3,0,2;1,-1,0];
>> A+B
ans=
    2     3     7
    2     -1    4
>> 2*A-3*B
ans=
    -11   6     4
    -1    3     8
```

2.6.3　矩阵的转置、乘法、乘方

例 2.21　设 $A=\begin{pmatrix}-1&3&5\\1&0&4\end{pmatrix}$, $B=\begin{pmatrix}3&0&2\\1&-1&0\end{pmatrix}$, 求 A^{T}, AB^{T}, $A^{\mathrm{T}}B$, $(AB^{\mathrm{T}})^2$.

解　输入命令及运行结果如下:

```
>> A=[-1,3,5;1,0,4];
>> B=[3,0,2;1,-1,0];
>> A'
ans=
    -1      1
     3      0
     5      4
>> A*B'
ans=
     7     -4
    11      1
>> A' *B
ans=
    -2     -1     -2
     9      0      6
    19     -4     10
>>(A*B' )^2
ans=
     5    -32
    88    -43
```

2.6.4 矩阵的逆

若方阵 $\boldsymbol{A}$ 为非奇异方阵，则存在逆矩阵 $\boldsymbol{A}^{-1}$，利用 MATLAB 提供的函数命令 inv(A)，可以求出方阵 $\boldsymbol{A}$ 的逆矩阵．若 $\boldsymbol{A}$ 为奇异方阵，MATLAB 会给出警告信息．

例 2.22 设 $\boldsymbol{A}=\begin{pmatrix}1&1&1\\1&2&3\\1&3&6\end{pmatrix}$，求 $\boldsymbol{A}^{-1}$.

解 输入命令如下：

```
>> A=[1,1,1;1,2,3;1,3,6];
>> inv(A)
```

运行结果如下：

```
ans=
     3     -3      1
    -3      5     -2
     1     -2      1
```

例 2.23 设 $\boldsymbol{A}=\begin{pmatrix}a&b\\c&d\end{pmatrix}(ad-bc\neq 0)$，求 $\boldsymbol{A}^{-1}$.

解 输入命令如下：

```
>> syms a b c d;
>> A=[a,b;c,d];
>> inv(A)
```

运行结果如下：

```
ans=
[d/(a*d-b*c), -b/(a*d-b*c)]
[-c/(a*d-b*c),a/(a*d-b*c)]
```

2.6.5 行最简形矩阵

在 MATLAB 中，利用函数命令 rref(A)，可以将矩阵 $\boldsymbol{A}$ 化为行最简形矩阵.

例 2.24 将矩阵 $\boldsymbol{A}=\begin{pmatrix}1 & 2 & 0 & -2 & -4\\ 2 & 3 & 1 & -3 & -7\\ 3 & -2 & 8 & 3 & 0\end{pmatrix}$ 化为行最简形矩阵.

解 输入命令如下：

```
>>A=[1,2,0,-2,-4;2,3,1,-3,-7;3,-2,8,3,0];
>> rref(A)
```

运行结果如下：

```
ans=
     1     0     2     0    -2
     0     1    -1     0     3
     0     0     0     1     4
```

2.6.6 方阵的行列式

在 MATLAB 中，利用函数命令 det(A)，可以求矩阵 $\boldsymbol{A}$ 的行列式. 矩阵 $\boldsymbol{A}$ 可以是数值型，也可以是符号型.

例 2.25 计算 $\begin{vmatrix}1 & 0 & 2 & 1\\ -1 & 2 & 1 & 3\\ 2 & 1 & 3 & 1\\ 0 & 1 & 2 & 1\end{vmatrix}$.

解 输入命令如下：

```
>> A=[1,0,2,1;-1,2,1,3;2,1,3,1;0,1,2,1];
>> det(A)
```

运行结果如下：

```
ans=
     8
```

例 2.26 计算 $|\boldsymbol{A}|=\begin{vmatrix}1+a & 1 & 1 & 1\\ 1 & 1+a & 1 & 1\\ 1 & 1 & 1+b & 1\\ 1 & 1 & 1 & 1+b\end{vmatrix}$

解 输入命令如下：

```
>> syms a b
>> A=[1+a,1,1,1;1,1+a,1,1;1,1,1+b,1;1,1,1,1+b];
>> det(A)
```

运行结果如下：

```
ans=
a^2*b^2+2*a^2*b+2*a*b^2
```

说明：

(1) syms 的作用是声明变量 a、b 为符号变量；

(2) $\boldsymbol{A}$ 以矩阵的形式输入，是带有符号的矩阵；

(3) 输入时，矩阵的元素用方括号括起来，行内元素用逗号或空格分隔，各行之间用“;”分隔或直接按〈Enter〉键分隔.

第 2 章习题

第 2 章习题解答

一、选择题

1. 设 $\boldsymbol{A}$、$\boldsymbol{B}$ 为 n 阶矩阵，则下列各式中成立的是(　　).

A. $|\boldsymbol{A}^2|=|\boldsymbol{A}|^2$　　B. $\boldsymbol{A}^2-\boldsymbol{B}^2=(\boldsymbol{A}-\boldsymbol{B})(\boldsymbol{A}+\boldsymbol{B})$

C. $(\boldsymbol{A}-\boldsymbol{B})\boldsymbol{A}=\boldsymbol{A}^2-\boldsymbol{A}\boldsymbol{B}$　　D. $(\boldsymbol{A}\boldsymbol{B})^{\mathrm{T}}=\boldsymbol{A}^{\mathrm{T}}\boldsymbol{B}^{\mathrm{T}}$

2. 设 $\boldsymbol{A}$、$\boldsymbol{B}$ 为 n 阶可逆矩阵，则下列各式中成立的是(　　).

A. $|(\boldsymbol{A}+\boldsymbol{B})^{-1}|=|\boldsymbol{A}^{-1}|+|\boldsymbol{B}^{-1}|$　　B. $|(\boldsymbol{A}\boldsymbol{B})^{\mathrm{T}}|=|\boldsymbol{A}||\boldsymbol{B}|$

C. $|(\boldsymbol{A}^{-1}+\boldsymbol{B})^{\mathrm{T}}|=|\boldsymbol{A}^{-1}|+|\boldsymbol{B}|$　　D. $(\boldsymbol{A}+\boldsymbol{B})^{-1}=\boldsymbol{A}^{-1}+\boldsymbol{B}^{-1}$

3. 设 $\boldsymbol{A}$、$\boldsymbol{B}$ 为 n 阶矩阵，且 $\boldsymbol{A}^2=\boldsymbol{B}^2$，则下列各式中成立的是(　　).

A. $\boldsymbol{A}=\boldsymbol{B}$　　B. $\boldsymbol{A}=-\boldsymbol{B}$　　C. $|\boldsymbol{A}|=|\boldsymbol{B}|$　　D. $|\boldsymbol{A}|^2=|\boldsymbol{B}|^2$

4. 如果 $\boldsymbol{A}\begin{pmatrix}a_{11} & a_{12} & a_{13}\\ a_{21} & a_{22} & a_{23}\\ a_{31} & a_{32} & a_{33}\end{pmatrix}=\begin{pmatrix}a_{11}-3a_{31} & a_{12}-3a_{32} & a_{13}-3a_{33}\\ a_{21} & a_{22} & a_{23}\\ a_{31} & a_{32} & a_{33}\end{pmatrix}$，则 $\boldsymbol{A}=$(　　).

A. $\begin{pmatrix}1 & 0 & 0\\ 0 & 1 & 0\\ -3 & 0 & 1\end{pmatrix}$　　B. $\begin{pmatrix}0 & 0 & -3\\ 0 & 1 & 0\\ 1 & 0 & 1\end{pmatrix}$　　C. $\begin{pmatrix}1 & 0 & -3\\ 0 & 1 & 0\\ 0 & 0 & 1\end{pmatrix}$　　D. $\begin{pmatrix}1 & 0 & 0\\ 0 & 1 & 0\\ 0 & -3 & 1\end{pmatrix}$

5. 若 $\boldsymbol{A}$、$\boldsymbol{B}$ 皆为 n 阶矩阵且可逆，则下列关系式中成立的是(　　).

A. $\boldsymbol{B}\boldsymbol{A}=\boldsymbol{A}\boldsymbol{B}$　　B. $|\boldsymbol{A}\boldsymbol{B}|=|\boldsymbol{A}||\boldsymbol{B}|$

C. $(\boldsymbol{A}\boldsymbol{B})^{\mathrm{T}}=\boldsymbol{A}^{\mathrm{T}}\boldsymbol{B}^{\mathrm{T}}$　　D. $(\boldsymbol{A}\boldsymbol{B})^{-1}=\boldsymbol{A}^{-1}\boldsymbol{B}^{-1}$

6. 设矩阵 $\boldsymbol{A}=(a_{ij})_{m\times n}$，$\boldsymbol{B}=(b_{ij})_{s\times t}$，要使 $\boldsymbol{B}^{\mathrm{T}}\boldsymbol{A}$ 有意义，则(　　).

A. $s=n$　　B. $t=n$　　C. $s=m$　　D. $m=n$

7. 设 $\boldsymbol{A}$、$\boldsymbol{B}$ 都是 n 阶矩阵，若 $\boldsymbol{AB}=\boldsymbol{O}$，则(　　).

A. $\boldsymbol{BA}=\boldsymbol{O}$　　B. $|\boldsymbol{A}|=0$ 或 $|\boldsymbol{B}|=0$

C. $\boldsymbol{A}=\boldsymbol{O}$ 或 $\boldsymbol{B}=\boldsymbol{O}$　　D. $\boldsymbol{A}+\boldsymbol{B}=\boldsymbol{O}$

8. 若 $\boldsymbol{A}=\begin{pmatrix}-1&0&0\\0&2&0\\0&0&3\end{pmatrix}$，则 $\boldsymbol{A}^{-1}=$(　　).

A. $\begin{pmatrix}-1&0&0\\0&2&0\\0&0&3\end{pmatrix}$　B. $\begin{pmatrix}0&0&-1\\0&\frac{1}{2}&0\\\frac{1}{3}&0&0\end{pmatrix}$　C. $\begin{pmatrix}0&0&-1\\0&2&0\\3&0&0\end{pmatrix}$　D. $\begin{pmatrix}-1&0&0\\0&\frac{1}{2}&0\\0&0&\frac{1}{3}\end{pmatrix}$

9. 设 $\boldsymbol{A}$ 为 n 阶矩阵，k 为非零常数，则 $|k\boldsymbol{A}|=$(　　).

A. $k|\boldsymbol{A}|$　B. $k^n|\boldsymbol{A}|$　C. $|k||\boldsymbol{A}|$　D. $|k|^n|\boldsymbol{A}|$

10. 设 $\boldsymbol{A}$ 为三阶矩阵且 $|\boldsymbol{A}|=1$，$\boldsymbol{A}^*$ 为 $\boldsymbol{A}$ 的伴随矩阵，则 $|(2\boldsymbol{A})^{-1}-2\boldsymbol{A}^*|=$(　　).

A. $-\frac{27}{8}$　B. $-\frac{8}{27}$　C. $\frac{27}{8}$　D. $\frac{8}{27}$

二、填空题

1. 设 $\boldsymbol{A}$ 为五阶矩阵，$\boldsymbol{A}^*$ 是其伴随矩阵且 $|\boldsymbol{A}|=3$，则 $|\boldsymbol{A}^*|=$________.

2. 设 $\boldsymbol{A}$、$\boldsymbol{B}$ 均为 n 阶可逆矩阵，则 $(\boldsymbol{AB})^*=$________.

3. 已知可逆矩阵 $\boldsymbol{A}=\begin{pmatrix}4&9\\1&2\end{pmatrix}$，则 $\boldsymbol{A}^{-1}=$________.

4. 设 $\boldsymbol{A}=\begin{pmatrix}1&0&1\\0&2&0\\0&0&1\end{pmatrix}$，则 $(\boldsymbol{A}+3\boldsymbol{E})^{-1}(\boldsymbol{A}^2-9\boldsymbol{E})=$________.

三、计算或证明题

1. 设 $\boldsymbol{A}=\begin{pmatrix}1&0&2\\1&-2&0\end{pmatrix}$，$\boldsymbol{B}=\begin{pmatrix}2&1&2\\0&1&0\\0&0&2\end{pmatrix}$，$\boldsymbol{C}=\begin{pmatrix}-6&1\\2&2\\-4&2\end{pmatrix}$，计算 $\boldsymbol{BA}^{\mathrm{T}}-\boldsymbol{C}$.

2. 设 $\boldsymbol{A}=\begin{pmatrix}-2&3&0&0\\1&-2&0&0\\0&0&1&2\\0&0&2&5\end{pmatrix}$，利用矩阵分块求 $|\boldsymbol{A}|$和 $\boldsymbol{A}^{-1}$.

3. 求解矩阵方程 $\boldsymbol{AX}=\boldsymbol{A}+\boldsymbol{X}$，其中，$\boldsymbol{A}=\begin{pmatrix}2&2&0\\2&1&3\\0&1&0\end{pmatrix}$.

4. 设 $\boldsymbol{A}=\begin{pmatrix}2&1&0\\1&2&0\\0&0&1\end{pmatrix}$，矩阵 $\boldsymbol{B}$ 满足 $\boldsymbol{ABA}^*=2\boldsymbol{BA}^*+\boldsymbol{E}$. 其中，$\boldsymbol{A}^*$ 为 $\boldsymbol{A}$ 的伴随矩阵，$\boldsymbol{E}$ 是

单位矩阵，求 $|\boldsymbol{B}|$.

5. 解矩阵方程：

（1）$\begin{pmatrix} 2 & 2 & 3 \\ 1 & -1 & 0 \\ -1 & 2 & 1 \end{pmatrix}\boldsymbol{X}=\begin{pmatrix} 2 & 2 \\ 3 & 2 \\ 0 & -2 \end{pmatrix}$；　（2）$\boldsymbol{X}\begin{pmatrix} 1 & 0 & -2 \\ 0 & -2 & 1 \\ -2 & -1 & 5 \end{pmatrix}=\begin{pmatrix} -1 & 1 & 0 \\ 1 & 2 & -1 \end{pmatrix}$；

（3）$\begin{pmatrix} 1 & 2 & 3 \\ 2 & 1 & 2 \\ 1 & 3 & 4 \end{pmatrix}\boldsymbol{X}\begin{pmatrix} 1 & -2 \\ 0 & 1 \end{pmatrix}=\begin{pmatrix} 1 & 2 \\ 1 & 0 \\ 2 & 3 \end{pmatrix}$.

6. 设 $\boldsymbol{A}_1=\begin{pmatrix} 1 & 2 \\ 0 & 1 \end{pmatrix}$，$\boldsymbol{A}_2=\begin{pmatrix} 3 & 4 \\ 2 & 3 \end{pmatrix}$，$\boldsymbol{A}_3=\begin{pmatrix} 0 & 0 \\ 0 & 0 \end{pmatrix}$，$\boldsymbol{A}_4=\begin{pmatrix} 1 & 2 \\ 0 & 1 \end{pmatrix}$，求 $\begin{vmatrix} \boldsymbol{A}_1 & \boldsymbol{A}_2 \\ \boldsymbol{A}_3 & \boldsymbol{A}_4 \end{vmatrix}$.

7. 设 $\boldsymbol{A}$ 与 $\boldsymbol{B}$ 是三阶矩阵，且 $|\boldsymbol{A}|=2$，$|\boldsymbol{B}|=-3$，求 $|2\boldsymbol{A}^*\boldsymbol{B}^{-2}|$.

8. n 阶矩阵 $\boldsymbol{A}$ 满足矩阵方程 $\boldsymbol{A}^2-3\boldsymbol{A}-2\boldsymbol{E}=\boldsymbol{O}$，证明 $\boldsymbol{A}$ 可逆，并求其逆矩阵.

9. 设 $\boldsymbol{A}$、$\boldsymbol{B}$、$\boldsymbol{C}$、$\boldsymbol{D}$ 均为 n 阶矩阵，$\boldsymbol{A}$ 可逆，$\boldsymbol{E}$ 为 n 阶单位矩阵，令

$$\boldsymbol{X}=\begin{pmatrix} \boldsymbol{E} & \boldsymbol{O} \\ -\boldsymbol{C}\boldsymbol{A}^{-1} & \boldsymbol{E} \end{pmatrix},\ \boldsymbol{Y}=\begin{pmatrix} \boldsymbol{A} & \boldsymbol{B} \\ \boldsymbol{C} & \boldsymbol{D} \end{pmatrix},\ \boldsymbol{Z}=\begin{pmatrix} \boldsymbol{E} & -\boldsymbol{A}^{-1}\boldsymbol{B} \\ \boldsymbol{O} & \boldsymbol{E} \end{pmatrix}$$

求 $\boldsymbol{XYZ}$.

第3章 向量组

向量是从具体事物中抽象出来的概念，是线性代数的重要内容之一．向量组的线性相关性不仅有重要的理论意义，而且对于求解线性方程组有重要的作用．

本章主要介绍 n 维向量的概念，向量的线性运算，向量组的线性组合与线性相关性，向量组的秩与矩阵的秩，向量的内积、长度及正交性，以及向量(组)的应用等内容．

3.1 向量及其运算

3.1.1 n 维向量的概念

定义 3.1 由 n 个数 $a_1, a_2, \cdots, a_n$ 组成的有序数组称为 n **维向量**. 记为

$$\boldsymbol{\alpha}=\begin{pmatrix}a_1\\a_2\\\vdots\\a_n\end{pmatrix} \quad 或 \quad \boldsymbol{\alpha}=(a_1, a_2, \cdots, a_n)$$

以上分别称为 n **维列向量**和 n **维行向量**. 其中，$a_i(i=1, 2, \cdots, n)$ 称为向量 $\boldsymbol{\alpha}$ 的第 i 个**分量**(或坐标)，n **称为向量的维数**.

从 n 维向量的定义可以看出，n 维行向量是一个 $1\times n$ 的行矩阵，n 维列向量是一个 $n\times 1$ 的列矩阵，行向量可以看成列向量的转置．一般用希腊字母 $\boldsymbol{\alpha}$、$\boldsymbol{\beta}$、$\boldsymbol{\gamma}$ 等表示向量，用小写英文字母 a、b、c 等表示向量的各个分量．

因为向量的本质是有序数组，所以行向量与列向量只是写法不同．若无特别说明，后文所提到的向量均指列向量．

定义 3.2 分量全为实数的向量称为**实向量**，分量为复数的向量称为**复向量**.

本书除特别说明外，只讨论实向量，所有实向量的集合记为 $\mathbf{R}^n$.

定义 3.3 所有分量均为零的向量称为**零向量**，记为 $\mathbf{0}=(0, 0, \cdots, 0)^{\mathrm{T}}$.

定义 3.4 若 $\boldsymbol{\alpha}=(a_1, a_2, \cdots, a_n)^{\mathrm{T}}$，则 $(-a_1, -a_2, \cdots, -a_n)^{\mathrm{T}}$ 称为向量 $\boldsymbol{\alpha}$ 的**负向量**，记为 $-\boldsymbol{\alpha}$.

3.1.2 向量的线性运算

定义 3.5 设有两个向量 $\boldsymbol{\alpha}=(a_1, a_2, \cdots, a_n)^{\mathrm{T}}$ 与 $\boldsymbol{\beta}=(b_1, b_2, \cdots, b_n)^{\mathrm{T}}$，若其对应的

各分量相等，即 $a_i = b_i(i = 1, 2, \cdots, n)$，则称 $\boldsymbol{\alpha}$ 与 $\boldsymbol{\beta}$ 相等，记为 $\boldsymbol{\alpha} = \boldsymbol{\beta}$.

定义 3.6 n 维向量 $\boldsymbol{\alpha} = (a_1, a_2, \cdots, a_n)^{\mathrm{T}}$ 与 $\boldsymbol{\beta} = (b_1, b_2, \cdots, b_n)^{\mathrm{T}}$ 的各对应分量相加所得向量称为 $\boldsymbol{\alpha}$ 与 $\boldsymbol{\beta}$ 的**和**，记为 $\boldsymbol{\alpha} + \boldsymbol{\beta}$，即

$$\boldsymbol{\alpha} + \boldsymbol{\beta} = (a_1 + b_1, a_2 + b_2, \cdots, a_n + b_n)^{\mathrm{T}}$$

利用负向量，可定义向量的减法，即

$$\boldsymbol{\alpha} - \boldsymbol{\beta} = \boldsymbol{\alpha} + (-\boldsymbol{\beta}) = (a_1 - b_1, a_2 - b_2, \cdots, a_n - b_n)^{\mathrm{T}}$$

定义 3.7 n 维向量 $\boldsymbol{\alpha} = (a_1, a_2, \cdots, a_n)^{\mathrm{T}}$ 的各个分量都乘实数 k 所得向量，称为数 k 与向量 $\boldsymbol{\alpha}$ 的**数乘**，记为 $k\boldsymbol{\alpha}$，即

$$k\boldsymbol{\alpha} = (ka_1, ka_2, \cdots, ka_n)^{\mathrm{T}}$$

向量的加法运算和数乘运算统称为向量的**线性运算**. 根据矩阵的线性运算规律，向量的线性运算满足下列运算规律(设 $\boldsymbol{\alpha}$、$\boldsymbol{\beta}$、$\boldsymbol{\gamma} \in \mathbf{R}^n$，$k$、$l$ 为实数)：

(1) $\boldsymbol{\alpha} + \boldsymbol{\beta} = \boldsymbol{\beta} + \boldsymbol{\alpha}$；

(2) $\boldsymbol{\alpha} + (\boldsymbol{\beta} + \boldsymbol{\gamma}) = (\boldsymbol{\alpha} + \boldsymbol{\beta}) + \boldsymbol{\gamma}$；

(3) $\boldsymbol{\alpha} + \mathbf{0} = \boldsymbol{\alpha}$；

(4) $\boldsymbol{\alpha} + (-\boldsymbol{\alpha}) = \mathbf{0}$；

(5) $1 \cdot \boldsymbol{\alpha} = \boldsymbol{\alpha}$；

(6) $k(\boldsymbol{\alpha} + \boldsymbol{\beta}) = k\boldsymbol{\alpha} + k\boldsymbol{\beta}$；

(7) $(k + l)\boldsymbol{\alpha} = k\boldsymbol{\alpha} + l\boldsymbol{\alpha}$；

(8) $(kl)\boldsymbol{\alpha} = k(l\boldsymbol{\alpha})$.

例 3.1 已知向量 $\boldsymbol{\alpha}_1 = \begin{pmatrix} 2 \\ -1 \\ 1 \end{pmatrix}$，$\boldsymbol{\alpha}_2 = \begin{pmatrix} 3 \\ -1 \\ 2 \end{pmatrix}$，求 $2\boldsymbol{\alpha}_1 - \boldsymbol{\alpha}_2$.

解 $2\boldsymbol{\alpha}_1 - \boldsymbol{\alpha}_2 = 2\begin{pmatrix} 2 \\ -1 \\ 1 \end{pmatrix} - \begin{pmatrix} 3 \\ -1 \\ 2 \end{pmatrix} = \begin{pmatrix} 1 \\ -1 \\ 0 \end{pmatrix}$.

例 3.2 已知 $\boldsymbol{\alpha}_1 = \begin{pmatrix} 0 \\ -1 \\ 3 \end{pmatrix}$，$\boldsymbol{\alpha}_2 = \begin{pmatrix} 7 \\ 3 \\ -2 \end{pmatrix}$，$\boldsymbol{\alpha}_3 = \begin{pmatrix} 1 \\ 0 \\ 1 \end{pmatrix}$：

(1)求 $2\boldsymbol{\alpha}_1 + \boldsymbol{\alpha}_2 - 3\boldsymbol{\alpha}_3$；

(2)已知向量 $\boldsymbol{\alpha}$ 满足 $3\boldsymbol{\alpha}_1 - \boldsymbol{\alpha}_2 + 5\boldsymbol{\alpha}_3 + 2\boldsymbol{\alpha} = \mathbf{0}$，求向量 $\boldsymbol{\alpha}$.

解 (1) $2\boldsymbol{\alpha}_1 + \boldsymbol{\alpha}_2 - 3\boldsymbol{\alpha}_3 = 2\begin{pmatrix} 0 \\ -1 \\ 3 \end{pmatrix} + \begin{pmatrix} 7 \\ 3 \\ -2 \end{pmatrix} - 3\begin{pmatrix} 1 \\ 0 \\ 1 \end{pmatrix} = \begin{pmatrix} 4 \\ 1 \\ 1 \end{pmatrix}$；

(2)由 $3\boldsymbol{\alpha}_1 - \boldsymbol{\alpha}_2 + 5\boldsymbol{\alpha}_3 + 2\boldsymbol{\alpha} = \mathbf{0}$ 得

$$\boldsymbol{\alpha} = \frac{1}{2}(-3\boldsymbol{\alpha}_1 + \boldsymbol{\alpha}_2 - 5\boldsymbol{\alpha}_3) = -\frac{3}{2}\boldsymbol{\alpha}_1 + \frac{1}{2}\boldsymbol{\alpha}_2 - \frac{5}{2}\boldsymbol{\alpha}_3$$

$$= -\frac{3}{2}\begin{pmatrix} 0 \\ -1 \\ 3 \end{pmatrix} + \frac{1}{2}\begin{pmatrix} 7 \\ 3 \\ -2 \end{pmatrix} - \frac{5}{2}\begin{pmatrix} 1 \\ 0 \\ 1 \end{pmatrix} = \begin{pmatrix} 1 \\ 3 \\ -8 \end{pmatrix}$$

习题 3.1

1. 已知 $\boldsymbol{\alpha}_1=\begin{pmatrix}1\\1\\0\end{pmatrix}$，$\boldsymbol{\alpha}_2=\begin{pmatrix}0\\1\\1\end{pmatrix}$，$\boldsymbol{\alpha}_3=\begin{pmatrix}3\\4\\0\end{pmatrix}$，求：(1) $\boldsymbol{\alpha}_1-\boldsymbol{\alpha}_2$；(2) $2\boldsymbol{\alpha}_1-3\boldsymbol{\alpha}_2+\boldsymbol{\alpha}_3$.

2. 已知向量 $\boldsymbol{\alpha}=\begin{pmatrix}3\\-5\\1\\-4\end{pmatrix}$，$\boldsymbol{\beta}=\begin{pmatrix}-1\\3\\-3\\0\end{pmatrix}$：

(1)若 $\boldsymbol{\alpha}+\boldsymbol{\xi}=\boldsymbol{\beta}$，求 $\boldsymbol{\xi}$；(2)若 $3\boldsymbol{\alpha}-2\boldsymbol{\eta}=5\boldsymbol{\beta}$，求 $\boldsymbol{\eta}$.

习题 3.1 解答

3. 设 $\boldsymbol{\alpha}_1=\begin{pmatrix}1\\a\\0\end{pmatrix}$，$\boldsymbol{\alpha}_2=\begin{pmatrix}-1\\2\\b\end{pmatrix}$，求 a、b，使 $\boldsymbol{\alpha}_1+\boldsymbol{\alpha}_2=\mathbf{0}$.

3.2 向量组的线性组合

3.2.1 向量组的线性组合

定义 3.8 若干个同维数的向量组成的集合称为**向量组**.

定义 3.9 对于 $m\times n$ 矩阵

$$\boldsymbol{A}=\begin{pmatrix}a_{11}&a_{12}&\cdots&a_{1n}\\a_{21}&a_{22}&\cdots&a_{2n}\\\vdots&\vdots&&\vdots\\a_{m1}&a_{m2}&\cdots&a_{mn}\end{pmatrix}$$

将其按列分块为 $\boldsymbol{A}=(\boldsymbol{\alpha}_1,\ \boldsymbol{\alpha}_2,\ \cdots,\ \boldsymbol{\alpha}_n)$，所得 m 维列向量

$$\boldsymbol{\alpha}_j=\begin{pmatrix}a_{1j}\\a_{2j}\\\vdots\\a_{mj}\end{pmatrix}(j=1,\ 2,\ \cdots,\ n)$$

称为矩阵 $\boldsymbol{A}$ 的**列向量组**.

将其按行分块为 $\boldsymbol{A}=\begin{pmatrix}\boldsymbol{\beta}_1\\\boldsymbol{\beta}_2\\\vdots\\\boldsymbol{\beta}_m\end{pmatrix}$，所得 n 维行向量

$$\boldsymbol{\beta}_i=(a_{i1},\ a_{i2},\ \cdots,\ a_{in})(i=1,\ 2,\ \cdots,\ m)$$

称为矩阵 $\boldsymbol{A}$ 的**行向量组**.

由定义 3.9 可知，一个向量组总可以和一个矩阵建立一一对应的关系 .

定义 3.10 对于给定向量组 A：$\boldsymbol{\alpha}_1$，$\boldsymbol{\alpha}_2$，$\cdots$，$\boldsymbol{\alpha}_s$ 和向量 $\boldsymbol{\beta}$，如果存在一组常数 k_1，

k_2，…，k_s，使

$$\boldsymbol{\beta}=k_1\boldsymbol{\alpha}_1+k_2\boldsymbol{\alpha}_2+\cdots+k_s\boldsymbol{\alpha}_s \tag{3-1}$$

则称向量$\boldsymbol{\beta}$是向量组A：$\boldsymbol{\alpha}_1$，$\boldsymbol{\alpha}_2$，…，$\boldsymbol{\alpha}_s$的**线性组合**，或称向量$\boldsymbol{\beta}$可以由向量组A：$\boldsymbol{\alpha}_1$，$\boldsymbol{\alpha}_2$，…，$\boldsymbol{\alpha}_s$**线性表示**(**或线性表出**).

例 3.3　设向量组

$$\boldsymbol{\beta}=\begin{pmatrix}2\\-1\\1\end{pmatrix},\ \boldsymbol{\alpha}_1=\begin{pmatrix}1\\0\\0\end{pmatrix},\ \boldsymbol{\alpha}_2=\begin{pmatrix}0\\1\\0\end{pmatrix},\ \boldsymbol{\alpha}_3=\begin{pmatrix}0\\0\\1\end{pmatrix}$$

$\boldsymbol{\beta}$是否可由向量组$\boldsymbol{\alpha}_1$，$\boldsymbol{\alpha}_2$，$\boldsymbol{\alpha}_3$线性表示？

解　因为$\boldsymbol{\beta}=2\boldsymbol{\alpha}_1-\boldsymbol{\alpha}_2+\boldsymbol{\alpha}_3$，所以$\boldsymbol{\beta}$可由向量组$\boldsymbol{\alpha}_1$，$\boldsymbol{\alpha}_2$，$\boldsymbol{\alpha}_3$线性表示.

例 3.4　任意n维列向量$\boldsymbol{\alpha}=\begin{pmatrix}a_1\\a_2\\\vdots\\a_n\end{pmatrix}$都是$n$维**单位向量组**

$$\boldsymbol{e}_1=\begin{pmatrix}1\\0\\\vdots\\0\end{pmatrix},\ \boldsymbol{e}_2=\begin{pmatrix}0\\1\\\vdots\\0\end{pmatrix},\ \cdots,\ \boldsymbol{e}_n=\begin{pmatrix}0\\0\\\vdots\\1\end{pmatrix}$$

的线性组合.即

$$\boldsymbol{\alpha}=\begin{pmatrix}a_1\\a_2\\\vdots\\a_n\end{pmatrix}=a_1\begin{pmatrix}1\\0\\\vdots\\0\end{pmatrix}+a_2\begin{pmatrix}0\\1\\\vdots\\0\end{pmatrix}+\cdots+a_n\begin{pmatrix}0\\0\\\vdots\\1\end{pmatrix}=a_1\boldsymbol{e}_1+a_2\boldsymbol{e}_2+\cdots+a_n\boldsymbol{e}_n$$

注意，n维单位向量$\boldsymbol{e}_i$的第i个分量为1，其他分量均为0.

例 3.5　零向量是任意向量组$\boldsymbol{\alpha}_1$，$\boldsymbol{\alpha}_2$，…，$\boldsymbol{\alpha}_s$的线性组合.这是因为

$$\mathbf{0}=0\boldsymbol{\alpha}_1+0\boldsymbol{\alpha}_2+\cdots+0\boldsymbol{\alpha}_s$$

例 3.6　向量组$\boldsymbol{\alpha}_1$，$\boldsymbol{\alpha}_2$，…，$\boldsymbol{\alpha}_s$中任何一个向量$\boldsymbol{\alpha}_j(1\leqslant j\leqslant s)$都是该向量组的线性组合.

因为

$$\boldsymbol{\alpha}_j=0\boldsymbol{\alpha}_1+0\boldsymbol{\alpha}_2+\cdots+1\boldsymbol{\alpha}_j+\cdots+0\boldsymbol{\alpha}_s$$

所以$\boldsymbol{\alpha}_j(1\leqslant j\leqslant s)$是向量组$\boldsymbol{\alpha}_1$，$\boldsymbol{\alpha}_2$，…，$\boldsymbol{\alpha}_s$的线性组合.

判断向量$\boldsymbol{\beta}$能否由向量组$\boldsymbol{\alpha}_1$，$\boldsymbol{\alpha}_2$，…，$\boldsymbol{\alpha}_s$线性表示，且在能够线性表示时，求出线性表示方法是我们经常遇到的问题.根据定义3.10，这个问题相当于能否找到一组常数k_1，k_2，…，k_s，使式(3-1)成立.如何找到这样的常数k_1，k_2，…，k_s呢？请看下例.

例 3.7　设$\boldsymbol{\beta}=\begin{pmatrix}1\\1\\1\end{pmatrix}$，$\boldsymbol{\alpha}_1=\begin{pmatrix}0\\1\\-1\end{pmatrix}$，$\boldsymbol{\alpha}_2=\begin{pmatrix}1\\1\\0\end{pmatrix}$，$\boldsymbol{\alpha}_3=\begin{pmatrix}1\\0\\2\end{pmatrix}$，问向量$\boldsymbol{\beta}$能否由向量组$\boldsymbol{\alpha}_1$，$\boldsymbol{\alpha}_2$，$\boldsymbol{\alpha}_3$线性表示？若可以线性表示，请写出其表示式.

解　设$k_1\boldsymbol{\alpha}_1+k_2\boldsymbol{\alpha}_2+k_3\boldsymbol{\alpha}_3=\boldsymbol{\beta}$，即

$$k_1\begin{pmatrix}0\\1\\-1\end{pmatrix}+k_2\begin{pmatrix}1\\1\\0\end{pmatrix}+k_3\begin{pmatrix}1\\0\\2\end{pmatrix}=\begin{pmatrix}1\\1\\1\end{pmatrix}$$

得线性方程组

$$\begin{cases}k_2+k_3=1\\k_1+k_2=1\\-k_1+2k_3=1\end{cases}$$

解得 $k_1=1$，$k_2=0$，$k_3=1$.

因此向量 $\boldsymbol{\beta}$ 可由向量组 $\boldsymbol{\alpha}_1$，$\boldsymbol{\alpha}_2$，$\boldsymbol{\alpha}_3$ 线性表示，其表示式为 $\boldsymbol{\beta}=\boldsymbol{\alpha}_1+\boldsymbol{\alpha}_3$.

3.2.2　向量组间的等价

定义 3.11　设有两个 n 维向量组

$$A:\boldsymbol{\alpha}_1,\boldsymbol{\alpha}_2,\cdots,\boldsymbol{\alpha}_s\quad 与\quad B:\boldsymbol{\beta}_1,\boldsymbol{\beta}_2,\cdots,\boldsymbol{\beta}_t$$

若向量组 B 中的每一个向量都能由向量组 A 线性表示，则称向量组 B 可由向量组 A 线性表示.

按定义，若向量组 B 能由向量组 A 线性表示，则存在 k_{1j}，k_{2j}，…，$k_{sj}(j=1,2,\cdots,t)$，使

$$\boldsymbol{\beta}_j=k_{1j}\boldsymbol{\alpha}_1+k_{2j}\boldsymbol{\alpha}_2+\cdots+k_{sj}\boldsymbol{\alpha}_s=(\boldsymbol{\alpha}_1,\boldsymbol{\alpha}_2,\cdots,\boldsymbol{\alpha}_s)\begin{pmatrix}k_{1j}\\k_{2j}\\\vdots\\k_{sj}\end{pmatrix}$$

记

$$\boldsymbol{A}=(\boldsymbol{\alpha}_1,\boldsymbol{\alpha}_2,\cdots,\boldsymbol{\alpha}_s),\ \boldsymbol{B}=(\boldsymbol{\beta}_1,\boldsymbol{\beta}_2,\cdots,\boldsymbol{\beta}_t)$$

则

$$\boldsymbol{B}=\boldsymbol{A}\begin{pmatrix}k_{11}&k_{12}&\cdots&k_{1t}\\k_{21}&k_{22}&\cdots&k_{2t}\\\vdots&\vdots&&\vdots\\k_{s1}&k_{s2}&\cdots&k_{st}\end{pmatrix}$$

其中，矩阵 $\boldsymbol{K}_{s\times t}=(k_{ij})_{s\times t}$ 称为这一线性表示的系数矩阵.

由此可知，向量组 B 能由向量组 A 线性表示，即存在线性表示的系数矩阵 $\boldsymbol{K}_{s\times t}$，使 $\boldsymbol{B}=\boldsymbol{A}\boldsymbol{K}_{s\times t}$，进而有如下定理.

定理 3.1　向量组 B 能由向量组 A 线性表示的充要条件是矩阵方程 $\boldsymbol{AX}=\boldsymbol{B}$ 有解.

定理 3.2　如果向量组 A 可由向量组 B 线性表示，向量组 B 可由向量组 C 线性表示，则向量组 A 也可由向量组 C 线性表示.

定义 3.12　如果向量组 A 与向量组 B 可以互相线性表示，则这两个**向量组等价**.

向量组之间的等价关系满足以下性质：

(1)**反身性**：任意一个向量组与自身等价；

(2)**对称性**：如果向量组 A 与向量组 B 等价，则向量组 B 与向量组 A 等价；

(3)**传递性**：如果向量组 A 与向量组 B 等价，向量组 B 与向量组 C 等价，则向量组 A 与向量组 C 等价．

例 3.8　设有两个向量组

$$A:\boldsymbol{\alpha}_1=\begin{pmatrix}1\\0\\0\end{pmatrix},\ \boldsymbol{\alpha}_2=\begin{pmatrix}0\\1\\0\end{pmatrix},\ \boldsymbol{\alpha}_3=\begin{pmatrix}0\\0\\1\end{pmatrix},\ B:\boldsymbol{\beta}_1=\begin{pmatrix}1\\0\\0\end{pmatrix},\ \boldsymbol{\beta}_2=\begin{pmatrix}1\\1\\0\end{pmatrix},\ \boldsymbol{\beta}_3=\begin{pmatrix}1\\1\\1\end{pmatrix}$$

试判断向量组 A 与向量组 B 是否等价．

解　因为 $\boldsymbol{\beta}_1=\boldsymbol{\alpha}_1$，$\boldsymbol{\beta}_2=\boldsymbol{\alpha}_1+\boldsymbol{\alpha}_2$，$\boldsymbol{\beta}_3=\boldsymbol{\alpha}_1+\boldsymbol{\alpha}_2+\boldsymbol{\alpha}_3$，所以向量组 B 可由向量组 A 线性表示.

又因为 $\boldsymbol{\alpha}_1=\boldsymbol{\beta}_1$，$\boldsymbol{\alpha}_2=-\boldsymbol{\beta}_1+\boldsymbol{\beta}_2$，$\boldsymbol{\alpha}_3=-\boldsymbol{\beta}_2+\boldsymbol{\beta}_3$，所以向量组 A 也可由向量组 B 线性表示.

综上可知，向量组 A 与向量组 B 等价．

习题 3.2

习题 3.2 解答

1. 判断下列各题中向量 $\boldsymbol{\beta}$ 能否由其他向量线性表示？若能，请写出线性表示式．

(1) $\boldsymbol{\beta}=\begin{pmatrix}3\\4\end{pmatrix}$，$\boldsymbol{\alpha}_1=\begin{pmatrix}1\\2\end{pmatrix}$，$\boldsymbol{\alpha}_2=\begin{pmatrix}-1\\0\end{pmatrix}$；

(2) $\boldsymbol{\beta}=\begin{pmatrix}1\\2\\-1\end{pmatrix}$，$\boldsymbol{\alpha}_1=\begin{pmatrix}1\\0\\2\end{pmatrix}$，$\boldsymbol{\alpha}_2=\begin{pmatrix}2\\-8\\0\end{pmatrix}$；

(3) $\boldsymbol{\beta}=\begin{pmatrix}3\\5\\-6\end{pmatrix}$，$\boldsymbol{\alpha}_1=\begin{pmatrix}1\\0\\1\end{pmatrix}$，$\boldsymbol{\alpha}_2=\begin{pmatrix}1\\1\\1\end{pmatrix}$，$\boldsymbol{\alpha}_3=\begin{pmatrix}0\\-1\\-1\end{pmatrix}$；

(4) $\boldsymbol{\beta}=\begin{pmatrix}8\\0\\3\end{pmatrix}$，$\boldsymbol{\alpha}_1=\begin{pmatrix}3\\1\\4\end{pmatrix}$，$\boldsymbol{\alpha}_2=\begin{pmatrix}1\\1\\1\end{pmatrix}$，$\boldsymbol{\alpha}_3=\begin{pmatrix}-1\\3\\6\end{pmatrix}$.

2. 已知向量组 $\boldsymbol{\gamma}_1$，$\boldsymbol{\gamma}_2$ 由向量组 $\boldsymbol{\beta}_1$，$\boldsymbol{\beta}_2$，$\boldsymbol{\beta}_3$ 线性表示为

$$\boldsymbol{\gamma}_1=3\boldsymbol{\beta}_1-\boldsymbol{\beta}_2+\boldsymbol{\beta}_3,\ \boldsymbol{\gamma}_2=\boldsymbol{\beta}_1+2\boldsymbol{\beta}_2+4\boldsymbol{\beta}_3$$

向量组 $\boldsymbol{\beta}_1$，$\boldsymbol{\beta}_2$，$\boldsymbol{\beta}_3$ 由向量组 $\boldsymbol{\alpha}_1$，$\boldsymbol{\alpha}_2$，$\boldsymbol{\alpha}_3$ 线性表示为

$$\boldsymbol{\beta}_1=2\boldsymbol{\alpha}_1+\boldsymbol{\alpha}_2-5\boldsymbol{\alpha}_3,\ \boldsymbol{\beta}_2=\boldsymbol{\alpha}_1+3\boldsymbol{\alpha}_2+\boldsymbol{\alpha}_3,\ \boldsymbol{\beta}_3=-\boldsymbol{\alpha}_1+4\boldsymbol{\alpha}_2-\boldsymbol{\alpha}_3$$

求向量组 $\boldsymbol{\gamma}_1$，$\boldsymbol{\gamma}_2$ 由向量组 $\boldsymbol{\alpha}_1$，$\boldsymbol{\alpha}_2$，$\boldsymbol{\alpha}_3$ 线性表示的表示式．

3. 设有向量 $\boldsymbol{\alpha}_1=\begin{pmatrix}1\\1\\0\end{pmatrix}$，$\boldsymbol{\alpha}_2=\begin{pmatrix}5\\3\\2\end{pmatrix}$，$\boldsymbol{\alpha}_3=\begin{pmatrix}1\\3\\-1\end{pmatrix}$，$\boldsymbol{\alpha}_4=\begin{pmatrix}-2\\2\\-3\end{pmatrix}$，$\boldsymbol{A}$ 是三阶矩阵，且有 $\boldsymbol{A}\boldsymbol{\alpha}_1=\boldsymbol{\alpha}_2$，$\boldsymbol{A}\boldsymbol{\alpha}_2=\boldsymbol{\alpha}_3$，$\boldsymbol{A}\boldsymbol{\alpha}_3=\boldsymbol{\alpha}_4$，试求 $\boldsymbol{A}\boldsymbol{\alpha}_4$.

3.3 向量组的线性相关性

3.3.1 线性相关性概念

定义 3.13 给定向量组 $\boldsymbol{\alpha}_1, \boldsymbol{\alpha}_2, \cdots, \boldsymbol{\alpha}_s$，如果存在不全为零的实数 $k_1, k_2, \cdots, k_s$，使

$$k_1\boldsymbol{\alpha}_1 + k_2\boldsymbol{\alpha}_2 + \cdots + k_s\boldsymbol{\alpha}_s = \mathbf{0} \tag{3-2}$$

则称向量组 $\boldsymbol{\alpha}_1, \boldsymbol{\alpha}_2, \cdots, \boldsymbol{\alpha}_s$ **线性相关**，否则称向量组 $\boldsymbol{\alpha}_1, \boldsymbol{\alpha}_2, \cdots, \boldsymbol{\alpha}_s$ **线性无关**.

由上述定义可得如下结论：

(1)含零向量的任何向量组都线性相关；

(2)单个零向量组成的向量组线性相关，单个非零向量组成的向量组线性无关；

(3)两个非零向量线性相关的充要条件是这两个向量的对应分量成比例.

注意，两个向量线性相关的几何意义是这两个向量共线，三个向量线性相关的几何意义是这三个向量共面.

例 3.9 证明：若向量组 $\boldsymbol{\alpha}, \boldsymbol{\beta}, \boldsymbol{\gamma}$ 线性无关，则向量组 $\boldsymbol{\alpha}+\boldsymbol{\beta}, \boldsymbol{\beta}+\boldsymbol{\gamma}, \boldsymbol{\gamma}+\boldsymbol{\alpha}$ 线性无关.

证明 设有一组数 k_1, k_2, k_3，使

$$k_1(\boldsymbol{\alpha}+\boldsymbol{\beta}) + k_2(\boldsymbol{\beta}+\boldsymbol{\gamma}) + k_3(\boldsymbol{\gamma}+\boldsymbol{\alpha}) = \mathbf{0}$$

成立，整理得

$$(k_1+k_3)\boldsymbol{\alpha} + (k_1+k_2)\boldsymbol{\beta} + (k_2+k_3)\boldsymbol{\gamma} = \mathbf{0}$$

因为向量组 $\boldsymbol{\alpha}, \boldsymbol{\beta}, \boldsymbol{\gamma}$ 线性无关，故有

$$\begin{cases} k_1 + k_3 = 0 \\ k_1 + k_2 = 0 \\ k_2 + k_3 = 0 \end{cases}$$

由于此方程组的系数行列式 $\begin{vmatrix} 1 & 0 & 1 \\ 1 & 1 & 0 \\ 0 & 1 & 1 \end{vmatrix} = 2 \neq 0$，因此该方程组只有零解 $k_1 = k_2 = k_3 = 0$，故向量组 $\boldsymbol{\alpha}+\boldsymbol{\beta}, \boldsymbol{\beta}+\boldsymbol{\gamma}, \boldsymbol{\gamma}+\boldsymbol{\alpha}$ 线性无关.

3.3.2 线性相关性的判定

定理 3.3 向量组 $\boldsymbol{\alpha}_1, \boldsymbol{\alpha}_2, \cdots, \boldsymbol{\alpha}_s (s \geqslant 2)$ 线性相关的充要条件是向量组中至少有一个向量可由其他 $s-1$ 个向量线性表示.

证明 **必要性** 设 $\boldsymbol{\alpha}_1, \boldsymbol{\alpha}_2, \cdots, \boldsymbol{\alpha}_s$ 线性相关，则存在 s 个不全为零的数 $k_1, k_2, \cdots, k_s$，使

$$k_1\boldsymbol{\alpha}_1 + k_2\boldsymbol{\alpha}_2 + \cdots + k_s\boldsymbol{\alpha}_s = \mathbf{0}$$

成立. 设 $k_1 \neq 0$，于是

$$\boldsymbol{\alpha}_1 = \left(-\frac{k_2}{k_1}\right)\boldsymbol{\alpha}_2 + \left(-\frac{k_3}{k_1}\right)\boldsymbol{\alpha}_3 + \cdots + \left(-\frac{k_s}{k_1}\right)\boldsymbol{\alpha}_s$$

即 $\boldsymbol{\alpha}_1$ 可由其他向量线性表示 .

充分性 设 $\boldsymbol{\alpha}_1, \boldsymbol{\alpha}_2, \cdots, \boldsymbol{\alpha}_s$ 中至少有一个向量能由其他向量线性表示，设

$$\boldsymbol{\alpha}_1 = k_2\boldsymbol{\alpha}_2 + k_3\boldsymbol{\alpha}_3 + \cdots + k_s\boldsymbol{\alpha}_s$$

即

$$(-1)\boldsymbol{\alpha}_1 + k_2\boldsymbol{\alpha}_2 + \cdots + k_s\boldsymbol{\alpha}_s = \mathbf{0}$$

故 $\boldsymbol{\alpha}_1, \boldsymbol{\alpha}_2, \cdots, \boldsymbol{\alpha}_s$ 线性相关 .

推论 3.1 向量组 $\boldsymbol{\alpha}_1, \boldsymbol{\alpha}_2, \cdots, \boldsymbol{\alpha}_s (s \geqslant 2)$ 线性无关的充要条件是其中任意一个向量均不能由其他向量线性表示 .

定理 3.4 若向量组 $\boldsymbol{\alpha}_1, \boldsymbol{\alpha}_2, \cdots, \boldsymbol{\alpha}_s$ 线性无关，$\boldsymbol{\alpha}_1, \boldsymbol{\alpha}_2, \cdots, \boldsymbol{\alpha}_s, \boldsymbol{\beta}$ 线性相关，则 $\boldsymbol{\beta}$ 可由向量组 $\boldsymbol{\alpha}_1, \boldsymbol{\alpha}_2, \cdots, \boldsymbol{\alpha}_s$ 线性表示，且表示式唯一 .

证明 因为 $\boldsymbol{\alpha}_1, \boldsymbol{\alpha}_2, \cdots, \boldsymbol{\alpha}_s, \boldsymbol{\beta}$ 线性相关，所以存在一组不全为零的数 $k_1, k_2, \cdots, k_s, k$，使

$$k_1\boldsymbol{\alpha}_1 + k_2\boldsymbol{\alpha}_2 + \cdots + k_s\boldsymbol{\alpha}_s + k\boldsymbol{\beta} = \mathbf{0}$$

若 $k=0$，则 $k_1\boldsymbol{\alpha}_1 + k_2\boldsymbol{\alpha}_2 + \cdots + k_s\boldsymbol{\alpha}_s = \mathbf{0}$ 且 $k_1, k_2, \cdots, k_s$ 不全为零，即 $\boldsymbol{\alpha}_1, \boldsymbol{\alpha}_2, \cdots, \boldsymbol{\alpha}_s$ 线性相关，此结论与 $\boldsymbol{\alpha}_1, \boldsymbol{\alpha}_2, \cdots, \boldsymbol{\alpha}_s$ 线性无关矛盾，因此 $k \neq 0$. 从而有

$$\boldsymbol{\beta} = \left(-\frac{k_1}{k}\right)\boldsymbol{\alpha}_1 + \left(-\frac{k_2}{k}\right)\boldsymbol{\alpha}_2 + \cdots + \left(-\frac{k_s}{k}\right)\boldsymbol{\alpha}_s$$

即 $\boldsymbol{\beta}$ 可由向量组 $\boldsymbol{\alpha}_1, \boldsymbol{\alpha}_2, \cdots, \boldsymbol{\alpha}_s$ 线性表示 .

接下来证明线性表示式唯一 . 假设有两种线性表示式

$$\boldsymbol{\beta} = k_1\boldsymbol{\alpha}_1 + k_2\boldsymbol{\alpha}_2 + \cdots + k_s\boldsymbol{\alpha}_s$$

$$\boldsymbol{\beta} = l_1\boldsymbol{\alpha}_1 + l_2\boldsymbol{\alpha}_2 + \cdots + l_s\boldsymbol{\alpha}_s$$

两式相减得

$$(k_1 - l_1)\boldsymbol{\alpha}_1 + (k_2 - l_2)\boldsymbol{\alpha}_2 + \cdots + (k_s - l_s)\boldsymbol{\alpha}_s = \mathbf{0}$$

又因为 $\boldsymbol{\alpha}_1, \boldsymbol{\alpha}_2, \cdots, \boldsymbol{\alpha}_s$ 线性无关，所以 $k_i = l_i (i = 1, 2, \cdots, s)$，即 $\boldsymbol{\beta}$ 可由向量组 $\boldsymbol{\alpha}_1, \boldsymbol{\alpha}_2, \cdots, \boldsymbol{\alpha}_s$ 唯一表示 .

定理 3.5 若向量组中有一部分向量(**部分组**)线性相关，则整个向量组线性相关 .

证明 设向量组 $\boldsymbol{\alpha}_1, \boldsymbol{\alpha}_2, \cdots, \boldsymbol{\alpha}_s$ 中有 $r(r < s)$ 个向量线性相关，不妨设 $\boldsymbol{\alpha}_1, \boldsymbol{\alpha}_2, \cdots, \boldsymbol{\alpha}_r$ 线性相关，则存在不全为零的数 $k_1, k_2, \cdots, k_r$，使 $k_1\boldsymbol{\alpha}_1 + k_2\boldsymbol{\alpha}_2 + \cdots + k_r\boldsymbol{\alpha}_r = \mathbf{0}$ 成立 . 于是有

$$k_1\boldsymbol{\alpha}_1 + k_2\boldsymbol{\alpha}_2 + \cdots + k_r\boldsymbol{\alpha}_r + 0 \cdot \boldsymbol{\alpha}_{r+1} + \cdots + 0 \cdot \boldsymbol{\alpha}_s = \mathbf{0}$$

显然，$k_1, k_2, \cdots, k_r, 0, \cdots, 0$ 也是一组不全为零的数，故向量组 $\boldsymbol{\alpha}_1, \boldsymbol{\alpha}_2, \cdots, \boldsymbol{\alpha}_s$ 线性相关.

推论 3.2 线性无关的向量组中的任意一个部分组皆线性无关.

定理 3.6 当 $m > n$ 时，任意 m 个 n 维向量线性相关 .

推论 3.3 $n + 1$ 个 n 维向量必然线性相关 .

定理 3.7 n 个 n 维向量 $\boldsymbol{\alpha}_1, \boldsymbol{\alpha}_2, \cdots, \boldsymbol{\alpha}_n$ 线性相关的充要条件是 $|\boldsymbol{\alpha}_1, \boldsymbol{\alpha}_2, \cdots, \boldsymbol{\alpha}_n| = 0$；线性无关的充要条件是 $|\boldsymbol{\alpha}_1, \boldsymbol{\alpha}_2, \cdots, \boldsymbol{\alpha}_n| \neq 0$.

定理 3.8 设向量组 A：$\boldsymbol{\alpha}_1$，$\boldsymbol{\alpha}_2$，…，$\boldsymbol{\alpha}_s$ 线性无关，且向量组 B：$\boldsymbol{\beta}_1$，$\boldsymbol{\beta}_2$，…，$\boldsymbol{\beta}_s$ 可由向量组 A：$\boldsymbol{\alpha}_1$，$\boldsymbol{\alpha}_2$，…，$\boldsymbol{\alpha}_s$ 线性表示为 $\boldsymbol{B}=\boldsymbol{AK}$，则向量组 B：$\boldsymbol{\beta}_1$，$\boldsymbol{\beta}_2$，…，$\boldsymbol{\beta}_s$ 线性无关的充要条件是 $|\boldsymbol{K}|\neq 0$.

定理 3.9 若 r 维向量组线性无关，则各向量在相同位置处添加 $n-r$ 个分量后得到的新的 n 维向量组（加长组）仍线性无关.

推论 3.4 若 n 维向量组线性相关，则各向量在相同位置处减少 r 个分量后得到的新的 $n-r$ 维向量组（缩短组）仍线性相关.

定理 3.10 若向量组 B：$\boldsymbol{\beta}_1$，$\boldsymbol{\beta}_2$，…，$\boldsymbol{\beta}_t$ 可由向量组 A：$\boldsymbol{\alpha}_1$，$\boldsymbol{\alpha}_2$，…，$\boldsymbol{\alpha}_s$ 线性表示，且 $s<t$，则向量组 B：$\boldsymbol{\beta}_1$，$\boldsymbol{\beta}_2$，…，$\boldsymbol{\beta}_t$ 线性相关.

推论 3.5 若向量组 B：$\boldsymbol{\beta}_1$，$\boldsymbol{\beta}_2$，…，$\boldsymbol{\beta}_t$ 可由向量组 A：$\boldsymbol{\alpha}_1$，$\boldsymbol{\alpha}_2$，…，$\boldsymbol{\alpha}_s$ 线性表示，且向量组 B：$\boldsymbol{\beta}_1$，$\boldsymbol{\beta}_2$，…，$\boldsymbol{\beta}_t$ 线性无关，则 $t\leqslant s$.

推论 3.6 若向量组 A：$\boldsymbol{\alpha}_1$，$\boldsymbol{\alpha}_2$，…，$\boldsymbol{\alpha}_s$ 与 B：$\boldsymbol{\beta}_1$，$\boldsymbol{\beta}_2$，…，$\boldsymbol{\beta}_t$ 都线性无关，且两向量组等价，则 $s=t$.

例 3.10 试讨论 n 维单位向量组的线性相关性.

解 由 n 维单位向量组构成的矩阵

$$(\boldsymbol{e}_1,\ \boldsymbol{e}_2,\ \cdots,\ \boldsymbol{e}_n)=\begin{pmatrix}1 & 0 & \cdots & 0\\ 0 & 1 & \cdots & 0\\ \vdots & \vdots & & \vdots\\ 0 & 0 & \cdots & 1\end{pmatrix}$$

是 n 阶单位矩阵，其行列式为 1，由定理 3.7 可知，此向量组线性无关.

例 3.11 试判断向量组

$$\boldsymbol{\alpha}_1=\begin{pmatrix}1\\1\\1\end{pmatrix},\ \boldsymbol{\alpha}_2=\begin{pmatrix}0\\2\\5\end{pmatrix},\ \boldsymbol{\alpha}_3=\begin{pmatrix}2\\4\\7\end{pmatrix}$$

的线性相关性.

解 对于矩阵 $\boldsymbol{A}=(\boldsymbol{\alpha}_1,\ \boldsymbol{\alpha}_2,\ \boldsymbol{\alpha}_3)$，其行列式

$$|\boldsymbol{A}|=\begin{vmatrix}1 & 0 & 2\\ 1 & 2 & 4\\ 1 & 5 & 7\end{vmatrix}=0$$

由定理 3.7 可知，向量组 $\boldsymbol{\alpha}_1$，$\boldsymbol{\alpha}_2$，$\boldsymbol{\alpha}_3$ 线性相关.

例 3.12 设向量组 $\boldsymbol{\alpha}_1$，$\boldsymbol{\alpha}_2$，$\boldsymbol{\alpha}_3$ 线性相关，向量组 $\boldsymbol{\alpha}_2$，$\boldsymbol{\alpha}_3$，$\boldsymbol{\alpha}_4$ 线性无关，证明：

（1）$\boldsymbol{\alpha}_1$ 能由 $\boldsymbol{\alpha}_2$，$\boldsymbol{\alpha}_3$ 线性表示；

（2）$\boldsymbol{\alpha}_4$ 不能由 $\boldsymbol{\alpha}_1$，$\boldsymbol{\alpha}_2$，$\boldsymbol{\alpha}_3$ 线性表示.

证明 （1）因 $\boldsymbol{\alpha}_2$，$\boldsymbol{\alpha}_3$，$\boldsymbol{\alpha}_4$ 线性无关，由推论 3.2 可知 $\boldsymbol{\alpha}_2$，$\boldsymbol{\alpha}_3$ 线性无关，而 $\boldsymbol{\alpha}_1$，$\boldsymbol{\alpha}_2$，$\boldsymbol{\alpha}_3$ 线性相关，由定理 3.4 可知 $\boldsymbol{\alpha}_1$ 能由 $\boldsymbol{\alpha}_2$，$\boldsymbol{\alpha}_3$ 线性表示.

（2）用反证法. 假设 $\boldsymbol{\alpha}_4$ 能由 $\boldsymbol{\alpha}_1$，$\boldsymbol{\alpha}_2$，$\boldsymbol{\alpha}_3$ 表示，由（1）可知 $\boldsymbol{\alpha}_1$ 能由 $\boldsymbol{\alpha}_2$，$\boldsymbol{\alpha}_3$ 表示，因此 $\boldsymbol{\alpha}_4$ 能由 $\boldsymbol{\alpha}_2$，$\boldsymbol{\alpha}_3$ 线性表示，这与 $\boldsymbol{\alpha}_2$，$\boldsymbol{\alpha}_3$，$\boldsymbol{\alpha}_4$ 线性无关矛盾，故 $\boldsymbol{\alpha}_4$ 不能由 $\boldsymbol{\alpha}_1$，$\boldsymbol{\alpha}_2$，$\boldsymbol{\alpha}_3$ 线性表示.

习题 3.3

习题 3.3 解答

1. 判断下列向量组的线性相关性：

(1) $\boldsymbol{\alpha}_1=\begin{pmatrix}1\\0\\-1\end{pmatrix}$，$\boldsymbol{\alpha}_2=\begin{pmatrix}-2\\2\\0\end{pmatrix}$，$\boldsymbol{\alpha}_3=\begin{pmatrix}3\\-5\\2\end{pmatrix}$；

(2) $\boldsymbol{\alpha}_1=\begin{pmatrix}1\\0\\1\end{pmatrix}$，$\boldsymbol{\alpha}_2=\begin{pmatrix}1\\-2\\0\end{pmatrix}$，$\boldsymbol{\alpha}_3=\begin{pmatrix}2\\3\\-5\end{pmatrix}$，$\boldsymbol{\alpha}_4=\begin{pmatrix}1\\1\\9\end{pmatrix}$；

(3) $\boldsymbol{\alpha}_1=\begin{pmatrix}1\\1\\1\\1\end{pmatrix}$，$\boldsymbol{\alpha}_2=\begin{pmatrix}2\\1\\0\\-1\end{pmatrix}$，$\boldsymbol{\alpha}_3=\begin{pmatrix}3\\3\\-1\\2\end{pmatrix}$，$\boldsymbol{\alpha}_4=\begin{pmatrix}1\\2\\1\\3\end{pmatrix}$；

(4) $\boldsymbol{\alpha}_1=\begin{pmatrix}1\\-1\\2\\4\end{pmatrix}$，$\boldsymbol{\alpha}_2=\begin{pmatrix}0\\3\\1\\2\end{pmatrix}$，$\boldsymbol{\alpha}_3=\begin{pmatrix}3\\0\\7\\14\end{pmatrix}$，$\boldsymbol{\alpha}_4=\begin{pmatrix}1\\-1\\2\\0\end{pmatrix}$.

2. 已知向量组 $\boldsymbol{\alpha}_1=\begin{pmatrix}1\\2\\3\end{pmatrix}$，$\boldsymbol{\alpha}_2=\begin{pmatrix}3\\-1\\2\end{pmatrix}$，$\boldsymbol{\alpha}_3=\begin{pmatrix}2\\3\\k\end{pmatrix}$，求：

(1) k 为何值时，向量组 $\boldsymbol{\alpha}_1$，$\boldsymbol{\alpha}_2$，$\boldsymbol{\alpha}_3$ 线性相关？并将 $\boldsymbol{\alpha}_3$ 用 $\boldsymbol{\alpha}_1$，$\boldsymbol{\alpha}_2$ 线性表示.

(2) k 为何值时，向量组 $\boldsymbol{\alpha}_1$，$\boldsymbol{\alpha}_2$，$\boldsymbol{\alpha}_3$ 线性无关？

3. 已知向量组 $\boldsymbol{\alpha}_1$，$\boldsymbol{\alpha}_2$，$\boldsymbol{\alpha}_3$ 线性无关，证明 $\boldsymbol{\alpha}_1+2\boldsymbol{\alpha}_2$，$2\boldsymbol{\alpha}_1+3\boldsymbol{\alpha}_3$，$3\boldsymbol{\alpha}_3+\boldsymbol{\alpha}_1$ 线性无关.

4. 已知向量组 $\boldsymbol{\alpha}_1$，$\boldsymbol{\alpha}_2$，$\boldsymbol{\alpha}_3$，$\boldsymbol{\alpha}_4$ 线性无关，试判定 $\boldsymbol{\alpha}_1+\boldsymbol{\alpha}_2$，$\boldsymbol{\alpha}_2+\boldsymbol{\alpha}_3$，$\boldsymbol{\alpha}_3+\boldsymbol{\alpha}_4$，$\boldsymbol{\alpha}_4+\boldsymbol{\alpha}_1$ 的线性相关性.

3.4　向量组的秩与矩阵的秩

3.4.1　向量组的极大无关组

设有一不全为零向量的向量组 $\boldsymbol{\alpha}_1$，$\boldsymbol{\alpha}_2$，…，$\boldsymbol{\alpha}_s$，我们总能找到该向量组中有 $r(r\leqslant s)$ 个向量的部分组 $\boldsymbol{\alpha}_{i_1}$，$\boldsymbol{\alpha}_{i_2}$，…，$\boldsymbol{\alpha}_{i_r}$ 线性无关，而任意多于 r 个向量的部分组线性相关. 因为向量组 $\boldsymbol{\alpha}_1$，$\boldsymbol{\alpha}_2$，…，$\boldsymbol{\alpha}_s$ 不全为零向量，所以该向量组中至少有一个非零向量. 设 $\boldsymbol{\alpha}_{i_1}\neq\mathbf{0}$，则 $\boldsymbol{\alpha}_{i_1}$ 线性无关，保留 $\boldsymbol{\alpha}_{i_1}$. 再考察 $\boldsymbol{\alpha}_{i_1}$，$\boldsymbol{\alpha}_k(k=1,2,\cdots,s)$，若 $\boldsymbol{\alpha}_{i_1}$，$\boldsymbol{\alpha}_k$ 均线性相关，则 $\boldsymbol{\alpha}_{i_1}$ 就是原向量组的极大线性无关部分组. 否则就有 $\boldsymbol{\alpha}_{i_1}$，$\boldsymbol{\alpha}_{i_2}$ 线性无关，对 $\boldsymbol{\alpha}_{i_1}$，$\boldsymbol{\alpha}_{i_2}$ 重复上述过程，最后求出的向量组就是 $\boldsymbol{\alpha}_1$，$\boldsymbol{\alpha}_2$，…，$\boldsymbol{\alpha}_s$ 的极大线性无关部分组.

定义 3.14　设向量组 $\boldsymbol{\alpha}_1$，$\boldsymbol{\alpha}_2$，…，$\boldsymbol{\alpha}_s$ 满足：

(1) $\boldsymbol{\alpha}_1$，$\boldsymbol{\alpha}_2$，…，$\boldsymbol{\alpha}_s$ 的一个部分组 $\boldsymbol{\alpha}_{i_1}$，$\boldsymbol{\alpha}_{i_2}$，…，$\boldsymbol{\alpha}_{i_r}$ 线性无关；

(2) $\boldsymbol{\alpha}_1$，$\boldsymbol{\alpha}_2$，…，$\boldsymbol{\alpha}_s$ 中任意 $r+1$ 个向量(如果有的话)都线性相关.

则称 $\boldsymbol{\alpha}_{i_1}$，$\boldsymbol{\alpha}_{i_2}$，…，$\boldsymbol{\alpha}_{i_r}$ 为向量组 $\boldsymbol{\alpha}_1$，$\boldsymbol{\alpha}_2$，…，$\boldsymbol{\alpha}_s$ 的一个**极大线性无关部分组**，简称**极大无关组**.

由定义 3.14 可知，向量组的任意一个极大无关组都与该向量组等价．事实上，设向量组 $\boldsymbol{\alpha}_1$，$\boldsymbol{\alpha}_2$，…，$\boldsymbol{\alpha}_s$ 的一个极大无关组为 $\boldsymbol{\alpha}_{i_1}$，$\boldsymbol{\alpha}_{i_2}$，…，$\boldsymbol{\alpha}_{i_r}$，由于 $\boldsymbol{\alpha}_{i_1}$，$\boldsymbol{\alpha}_{i_2}$，…，$\boldsymbol{\alpha}_{i_r}$ 是 $\boldsymbol{\alpha}_1$，$\boldsymbol{\alpha}_2$，…，$\boldsymbol{\alpha}_s$ 的部分组，所以一定可由 $\boldsymbol{\alpha}_1$，$\boldsymbol{\alpha}_2$，…，$\boldsymbol{\alpha}_s$ 线性表示．因向量组 $\boldsymbol{\alpha}_1$，$\boldsymbol{\alpha}_2$，…，$\boldsymbol{\alpha}_s$ 的任意一个向量均可由 $\boldsymbol{\alpha}_{i_1}$，$\boldsymbol{\alpha}_{i_2}$，…，$\boldsymbol{\alpha}_{i_r}$ 线性表示，所以向量组与其极大无关组可以互相线性表示，即向量组与其极大无关组等价．

例 3.13 设向量组 $\boldsymbol{\alpha}_1=\begin{pmatrix}0\\1\end{pmatrix}$，$\boldsymbol{\alpha}_2=\begin{pmatrix}1\\1\end{pmatrix}$，$\boldsymbol{\alpha}_3=\begin{pmatrix}2\\3\end{pmatrix}$，试求该向量组的一个极大无关组．

解 因为 $\boldsymbol{\alpha}_1$ 和 $\boldsymbol{\alpha}_2$ 线性无关，又因为 3 个二维向量必然线性相关，所以 $\boldsymbol{\alpha}_1$，$\boldsymbol{\alpha}_2$ 是向量组 $\boldsymbol{\alpha}_1$，$\boldsymbol{\alpha}_2$，$\boldsymbol{\alpha}_3$ 的一个极大无关组．可以验证，向量组 $\boldsymbol{\alpha}_1$，$\boldsymbol{\alpha}_3$ 和 向量组 $\boldsymbol{\alpha}_2$，$\boldsymbol{\alpha}_3$ 也是向量组 $\boldsymbol{\alpha}_1$，$\boldsymbol{\alpha}_2$，$\boldsymbol{\alpha}_3$ 的一个极大无关组．

根据定义 3.14 及例 3.13，可得如下结论：

(1) 一个向量组的极大无关组不唯一；

(2) 一个向量组的任意极大无关组所含向量的个数是确定的；

(3) 一个线性无关向量组的极大无关组是其自身；

(4) 只含零向量的向量组没有极大无关组．

例 3.14 求全体 n 维向量的一个极大无关组．

解 由例 3.10 可知，n 维单位向量组线性无关，且可以表示任意一个 n 维向量

$$\boldsymbol{\alpha}=\begin{pmatrix}a_1\\a_2\\\vdots\\a_n\end{pmatrix}=a_1\begin{pmatrix}1\\0\\\vdots\\0\end{pmatrix}+a_2\begin{pmatrix}0\\1\\\vdots\\0\end{pmatrix}+\cdots+a_n\begin{pmatrix}0\\0\\\vdots\\1\end{pmatrix}=a_1\boldsymbol{e}_1+a_2\boldsymbol{e}_2+\cdots+a_n\boldsymbol{e}_n$$

故 $\boldsymbol{e}_1$，$\boldsymbol{e}_2$，…，$\boldsymbol{e}_n$ 是全体 n 维向量的一个极大无关组．

事实上，任意一个含 n 个线性无关的向量的向量组都是全体 n 维向量的一个极大无关组．

定理 3.11 设 $\boldsymbol{\alpha}_{i_1}$，$\boldsymbol{\alpha}_{i_2}$，…，$\boldsymbol{\alpha}_{i_r}$ 是向量组 $\boldsymbol{\alpha}_1$，$\boldsymbol{\alpha}_2$，…，$\boldsymbol{\alpha}_s$ 的线性无关部分组，$\boldsymbol{\alpha}_{i_1}$，$\boldsymbol{\alpha}_{i_2}$，…，$\boldsymbol{\alpha}_{i_r}$ 是极大无关组的充要条件如下：$\boldsymbol{\alpha}_1$，$\boldsymbol{\alpha}_2$，…，$\boldsymbol{\alpha}_s$ 中每一个向量都可由 $\boldsymbol{\alpha}_{i_1}$，$\boldsymbol{\alpha}_{i_2}$，…，$\boldsymbol{\alpha}_{i_r}$ 线性表示．

证明 必要性 若 $\boldsymbol{\alpha}_{i_1}$，$\boldsymbol{\alpha}_{i_2}$，…，$\boldsymbol{\alpha}_{i_r}$ 是向量组 $\boldsymbol{\alpha}_1$，$\boldsymbol{\alpha}_2$，…，$\boldsymbol{\alpha}_s$ 的一个极大无关组，则当 i 是 i_1，i_2，…，i_r 中的数时，$\boldsymbol{\alpha}_i(1\leqslant i\leqslant s)$ 可由 $\boldsymbol{\alpha}_{i_1}$，$\boldsymbol{\alpha}_{i_2}$，…，$\boldsymbol{\alpha}_{i_r}$ 线性表示；当 i 不是 i_1，i_2，…，i_r 中的数时，$\boldsymbol{\alpha}_i$，$\boldsymbol{\alpha}_{i_1}$，$\boldsymbol{\alpha}_{i_2}$，…，$\boldsymbol{\alpha}_{i_r}$ 线性相关，又因为 $\boldsymbol{\alpha}_{i_1}$，$\boldsymbol{\alpha}_{i_2}$，…，$\boldsymbol{\alpha}_{i_r}$ 线性无关，所以 $\boldsymbol{\alpha}_i(1\leqslant i\leqslant s)$ 可由 $\boldsymbol{\alpha}_i$，$\boldsymbol{\alpha}_{i_1}$，$\boldsymbol{\alpha}_{i_2}$，…，$\boldsymbol{\alpha}_{i_r}$ 线性表示．

充分性 如果 $\boldsymbol{\alpha}_1$，$\boldsymbol{\alpha}_2$，…，$\boldsymbol{\alpha}_s$ 可由线性无关部分组 $\boldsymbol{\alpha}_{i_1}$，$\boldsymbol{\alpha}_{i_2}$，…，$\boldsymbol{\alpha}_{i_r}$ 线性表示，则向量组 $\boldsymbol{\alpha}_1$，$\boldsymbol{\alpha}_2$，…，$\boldsymbol{\alpha}_s$ 中任意 $r+1(r<s)$ 个向量都线性相关，故 $\boldsymbol{\alpha}_{i_1}$，$\boldsymbol{\alpha}_{i_2}$，…，$\boldsymbol{\alpha}_{i_r}$ 是极大无关组．

3.4.2 向量组的秩

定义 3.15 向量组 $\boldsymbol{\alpha}_1$，$\boldsymbol{\alpha}_2$，…，$\boldsymbol{\alpha}_s$ 的极大无关组所含向量的个数称为向量组 $\boldsymbol{\alpha}_1$，

$\boldsymbol{\alpha}_2$，…，$\boldsymbol{\alpha}_s$ 的秩，记为 $R(\boldsymbol{\alpha}_1, \boldsymbol{\alpha}_2, \cdots, \boldsymbol{\alpha}_s)$．

例如，例 3.13 中的向量组 $\boldsymbol{\alpha}_1$，$\boldsymbol{\alpha}_2$，$\boldsymbol{\alpha}_3$ 的秩 $R(\boldsymbol{\alpha}_1, \boldsymbol{\alpha}_2, \boldsymbol{\alpha}_3)=2$，$n$ 维单位向量组 $\boldsymbol{e}_1$，$\boldsymbol{e}_2$，…，$\boldsymbol{e}_n$ 的秩 $R(\boldsymbol{e}_1, \boldsymbol{e}_2, \cdots, \boldsymbol{e}_n)=n$.

由定义 3.15 可知，若一个向量组只含零向量，则该向量组没有极大无关组，此时规定向量组的秩为零．当 $R(\boldsymbol{\alpha}_1, \boldsymbol{\alpha}_2, \cdots, \boldsymbol{\alpha}_s)=r(r\leqslant s)$ 时，向量组 $\boldsymbol{\alpha}_1$，$\boldsymbol{\alpha}_2$，…，$\boldsymbol{\alpha}_s$ 中任意 r 个线性无关的向量都是该向量组的一个极大无关组．

定理 3.12　等价的向量组有相同的秩．

例 3.15　证明一个向量组线性无关的充要条件是它的秩等于它所含向量的个数．

证明　如果一个向量组本身线性无关，则这个向量组的极大无关组就是它自身，于是它的秩等于它所含向量的个数．若一个向量组的秩等于它所含向量的个数，则这个向量组显然是线性无关的．

例 3.16　证明任意一个 n 维向量组的秩小于或等于 n.

证明　因为 $n+1$ 个 n 维向量必定线性相关，所以 n 维向量组的极大无关组中所含向量个数不能超过 n 个，即任意一个 n 维向量组的秩小于或等于 n.

3.4.3　矩阵的秩

定义 3.16　从矩阵 $\boldsymbol{A}_{m\times n}$ 中任取 k 行和 k 列，位于交叉位置上的元素并且保持相对位置不变，组成的 k 阶行列式称为矩阵的一个 **k 阶子式**.

注意：

(1) 子式不是矩阵而是行列式，每个子式都有一个值；

(2) 矩阵 $\boldsymbol{A}_{m\times n}$ 的 k 阶子式共有 $C_m^k C_n^k$ 个；

(3) 当所有 k 阶子式都等于零时，$k+1$ 及以上阶数的子式都等于零；

(4) $\boldsymbol{A}_{m\times n}$ 的子式的最高阶数为 $\min\{m, n\}$.

定义 3.17　矩阵 $\boldsymbol{A}$ 的最高阶非零子式的阶数 r 称为矩阵 $\boldsymbol{A}$ 的秩，记为 $R(\boldsymbol{A})$.

规定：零矩阵的秩等于零．

定义 3.17 也可以理解为：矩阵 $\boldsymbol{A}$ 中至少有一个 r 阶子式不为零，而所有的 $r+1$ 阶子式都为零，则数 r 称为矩阵 $\boldsymbol{A}$ 的秩．显然，对于任意矩阵 $\boldsymbol{A}$，$R(\boldsymbol{A})$ 是唯一的，但最高阶非零子式一般不是唯一的．

例 3.17　设矩阵

$$\boldsymbol{A}=\begin{pmatrix}1 & 2 & 3 & 4\\ 0 & -3 & 2 & -4\\ 1 & -1 & 5 & 0\end{pmatrix}$$

用矩阵秩的定义求 $\boldsymbol{A}$ 的秩．

解　因为矩阵 $\boldsymbol{A}$ 有一个二阶子式 $\begin{vmatrix}1 & 3\\ 0 & 2\end{vmatrix}\neq 0$，而 $\boldsymbol{A}$ 的所有三阶子式全为零，故由定义可知 $R(\boldsymbol{A})=2$.

一般来说，用定义求矩阵的秩比较复杂，因为要计算许多行列式的值．当矩阵的行数与列数较大时，计算量非常大，下面给出求矩阵秩的初等变换法．

3.4.4　用初等变换求矩阵的秩

定理 3.13　如果矩阵 $\boldsymbol{A}$ 与矩阵 $\boldsymbol{B}$ 等价，那么 $R(\boldsymbol{A})=R(\boldsymbol{B})$，即初等变换不改变矩阵的

秩.

定理 3.13 表明，用初等变换可以求矩阵的秩．对矩阵 $\boldsymbol{A}$ 作初等行变换，将其化为行阶梯形矩阵，行阶梯形矩阵的非零行个数就是矩阵 $\boldsymbol{A}$ 的秩．类似地，也可作初等列变换．

例 3.18 求下列矩阵的秩：

(1) $\boldsymbol{A}=\begin{pmatrix}3&6&-5\\0&1&4\\1&3&-1\end{pmatrix}$；

(2) $\boldsymbol{B}=\begin{pmatrix}1&2&-1&-2&0\\2&-1&-1&1&1\\3&1&-2&-1&1\end{pmatrix}$.

解 (1) $$\boldsymbol{A}=\begin{pmatrix}3&6&-5\\0&1&4\\1&3&-1\end{pmatrix}\xrightarrow{r_1\leftrightarrow r_3}\begin{pmatrix}1&3&-1\\0&1&4\\3&6&-5\end{pmatrix}\xrightarrow{r_3-3r_1}\begin{pmatrix}1&3&-1\\0&1&4\\0&-3&-2\end{pmatrix}\xrightarrow{r_3+3r_2}\begin{pmatrix}1&3&-1\\0&1&4\\0&0&10\end{pmatrix}$$

所以 $R(\boldsymbol{A})=3$.

(2) $$\boldsymbol{B}=\begin{pmatrix}1&2&-1&-2&0\\2&-1&-1&1&1\\3&1&-2&-1&1\end{pmatrix}\xrightarrow[r_3-3r_1]{r_2-2r_1}\begin{pmatrix}1&2&-1&-2&0\\0&-5&1&5&1\\0&-5&1&5&1\end{pmatrix}\xrightarrow{r_3-r_2}\begin{pmatrix}1&2&-1&-2&0\\0&-5&1&5&1\\0&0&0&0&0\end{pmatrix}$$

所以 $R(\boldsymbol{B})=2$.

例 3.19 λ 为何值时，矩阵 $\boldsymbol{A}=\begin{pmatrix}\lambda&1&1\\1&\lambda&1\\1&1&\lambda\end{pmatrix}$ 与 $\boldsymbol{B}=\begin{pmatrix}\lambda&1&1&1\\1&\lambda&1&\lambda\\1&1&\lambda&\lambda^2\end{pmatrix}$ 的秩相同?

解 矩阵 $\boldsymbol{A}$ 是 $\boldsymbol{B}$ 的前 3 列，对 $\boldsymbol{B}$ 作初等行变换，将其化为行阶梯形矩阵，意味着对 $\boldsymbol{A}$ 也作初等行变换，且将其化为行阶梯形矩阵

$$\boldsymbol{B}=\begin{pmatrix}\lambda&1&1&1\\1&\lambda&1&\lambda\\1&1&\lambda&\lambda^2\end{pmatrix}\xrightarrow{r_1\leftrightarrow r_3}\begin{pmatrix}1&1&\lambda&\lambda^2\\1&\lambda&1&\lambda\\\lambda&1&1&1\end{pmatrix}\xrightarrow[r_3-\lambda r_1]{r_2-r_1}\begin{pmatrix}1&1&\lambda&\lambda^2\\0&\lambda-1&1-\lambda&\lambda-\lambda^2\\0&1-\lambda&1-\lambda^2&1-\lambda^3\end{pmatrix}\xrightarrow{r_3+r_2}\begin{pmatrix}1&1&\lambda&\lambda^2\\0&\lambda-1&1-\lambda&\lambda(1-\lambda)\\0&0&(2+\lambda)(1-\lambda)&(1-\lambda)(1+\lambda)^2\end{pmatrix}$$

由此可知：

当 $\lambda=1$ 时, $R(\boldsymbol{A})=R(\boldsymbol{B})=1$；

当 $\lambda=-2$ 时, $R(\boldsymbol{A})=2$，$R(\boldsymbol{B})=3$；

当 $\lambda\neq-2$ 且 $\lambda\neq1$ 时, $R(\boldsymbol{A})=R(\boldsymbol{B})=3$.

综上所述，当 $\lambda\neq-2$ 时, $R(\boldsymbol{A})=R(\boldsymbol{B})$.

3.4.5 矩阵的秩的性质

矩阵的秩有如下性质：

(1)设 $\boldsymbol{A}$ 为 $m \times n$ 矩阵，则 $0 \leqslant R(A) \leqslant \min\{m, n\}$；

(2) $R(\boldsymbol{A}) = R(\boldsymbol{A}^{\mathrm{T}}) = R(k\boldsymbol{A})(k \neq 0)$，$R(\boldsymbol{A}) = R(\boldsymbol{A}^{\mathrm{T}}\boldsymbol{A})$；

(3)若 $\boldsymbol{P}$、$\boldsymbol{Q}$ 可逆，则 $R(\boldsymbol{PAQ}) = R(\boldsymbol{PA}) = R(\boldsymbol{AQ}) = R(\boldsymbol{A})$；

(4) $R(\boldsymbol{A} \pm \boldsymbol{B}) \leqslant R(\boldsymbol{A}) + R(\boldsymbol{B})$，其中，$\boldsymbol{A}$、$\boldsymbol{B}$ 为同型矩阵；

(5) $\max\{R(\boldsymbol{A}), R(\boldsymbol{B})\} \leqslant R(\boldsymbol{A}, \boldsymbol{B}) \leqslant R(\boldsymbol{A}) + R(\boldsymbol{B})$；

(6)设有 $\boldsymbol{A}_{m\times n}$、$\boldsymbol{B}_{n\times s}$，则 $R(\boldsymbol{A}) + R(\boldsymbol{B}) - n \leqslant R(\boldsymbol{AB}) \leqslant \min\{R(\boldsymbol{A}), R(\boldsymbol{B})\}$；

(7)设 $\boldsymbol{A}$ 为 $m \times n$ 矩阵，且 $R(\boldsymbol{A}) = r$，则 $\boldsymbol{A}$ 的等价标准形为 $\begin{pmatrix} \boldsymbol{E}_r & \boldsymbol{O}_{r\times(n-r)} \\ \boldsymbol{O}_{(m-r)\times r} & \boldsymbol{O}_{(m-r)\times(n-r)} \end{pmatrix}$；

(8) $R\begin{pmatrix} \boldsymbol{A} & \boldsymbol{O} \\ \boldsymbol{O} & \boldsymbol{B} \end{pmatrix} = R\begin{pmatrix} \boldsymbol{O} & \boldsymbol{A} \\ \boldsymbol{B} & \boldsymbol{O} \end{pmatrix} = R(\boldsymbol{A}) + R(\boldsymbol{B})$.

定义 3.18 如果 $R(\boldsymbol{A}_{m\times n}) = m(R(\boldsymbol{A}_{m\times n}) = n)$，则称矩阵为**行(列)满秩矩阵**.

特别地，对于任意 n 阶矩阵 $\boldsymbol{A}$，当 $|\boldsymbol{A}| \neq 0$ 时，$R(\boldsymbol{A}) = n$，此时称 $\boldsymbol{A}$ 为**满秩矩阵**；当 $|\boldsymbol{A}| = 0$ 时，$R(\boldsymbol{A}) < n$，此时称 $\boldsymbol{A}$ 为**降秩矩阵**. 由此可知，可逆矩阵是满秩矩阵，不可逆矩阵是降秩矩阵.

3.4.6 向量组的秩与矩阵的秩的关系

一个 $m \times n$ 矩阵 $\boldsymbol{A}$ 对应两个向量组，即一个行向量组和一个列向量组. 那么行向量组的秩、列向量组的秩以及矩阵的秩三者之间有何关系呢?

定理 3.14 矩阵的行向量组的秩等于它的列向量组的秩，都等于矩阵的秩.

由此可以得出求向量组秩及该向量组极大无关组的方法，即将向量组构成矩阵 $\boldsymbol{A}$，一个向量排成一列，经初等行变换化 $\boldsymbol{A}$ 为行阶梯形矩阵，非零行的个数即为向量组的秩，每一行的第一个不为零的数所在的列对应的列向量就构成极大无关组，再将行阶梯形矩阵化为行最简形矩阵，可得其他向量用此极大无关组线性表示的表示式.

例 3.20 求向量组 $\boldsymbol{\alpha}_1 = \begin{pmatrix} 2 \\ 1 \\ 4 \end{pmatrix}$，$\boldsymbol{\alpha}_2 = \begin{pmatrix} -1 \\ 1 \\ -5 \end{pmatrix}$，$\boldsymbol{\alpha}_3 = \begin{pmatrix} -1 \\ -2 \\ 2 \end{pmatrix}$ 的秩.

解 令 $\boldsymbol{A} = (\boldsymbol{\alpha}_1, \boldsymbol{\alpha}_2, \boldsymbol{\alpha}_3)$，对 $\boldsymbol{A}$ 作初等行变换

$$\boldsymbol{A} = (\boldsymbol{\alpha}_1, \boldsymbol{\alpha}_2, \boldsymbol{\alpha}_3) = \begin{pmatrix} 2 & -1 & -1 \\ 1 & 1 & -2 \\ 4 & -5 & 1 \end{pmatrix} \xrightarrow{r_1 \leftrightarrow r_2} \begin{pmatrix} 1 & 1 & -2 \\ 2 & -1 & -1 \\ 4 & -5 & 1 \end{pmatrix} \xrightarrow[r_3 - 4r_1]{r_2 - 2r_1}$$

$$\begin{pmatrix} 1 & 1 & -2 \\ 0 & -3 & 3 \\ 0 & -9 & 9 \end{pmatrix} \xrightarrow{r_3 - 3r_2} \begin{pmatrix} 1 & 1 & -2 \\ 0 & -3 & 3 \\ 0 & 0 & 0 \end{pmatrix}$$

因为 $R(\boldsymbol{A}) = 2$，所以 $R(\boldsymbol{\alpha}_1, \boldsymbol{\alpha}_2, \boldsymbol{\alpha}_3) = 2$.

例 3.21 求向量组 $\boldsymbol{\alpha}_1 = \begin{pmatrix} 1 \\ -2 \\ 1 \\ 1 \end{pmatrix}$，$\boldsymbol{\alpha}_2 = \begin{pmatrix} -1 \\ 2 \\ -1 \\ -1 \end{pmatrix}$，$\boldsymbol{\alpha}_3 = \begin{pmatrix} 1 \\ 0 \\ -1 \\ 1 \end{pmatrix}$，$\boldsymbol{\alpha}_4 = \begin{pmatrix} 0 \\ 2 \\ 3 \\ 1 \end{pmatrix}$，$\boldsymbol{\alpha}_5 = \begin{pmatrix} 2 \\ 0 \\ 3 \\ 3 \end{pmatrix}$ 的秩及

一个极大无关组，并用该极大无关组表示其他向量.

解 $A=(\boldsymbol{\alpha}_1,\boldsymbol{\alpha}_2,\boldsymbol{\alpha}_3,\boldsymbol{\alpha}_4,\boldsymbol{\alpha}_5)=\begin{pmatrix}1&-1&1&0&2\\-2&2&0&2&0\\1&-1&-1&3&3\\1&-1&1&1&3\end{pmatrix}\xrightarrow[r_4-r_1]{\substack{r_2+2r_1\\r_3-r_1}}\begin{pmatrix}1&-1&1&0&2\\0&0&2&2&4\\0&0&-2&3&1\\0&0&0&1&1\end{pmatrix}\xrightarrow{r_3+r_2}$

$$\begin{pmatrix}1&-1&1&0&2\\0&0&2&2&4\\0&0&0&5&5\\0&0&0&1&1\end{pmatrix}\xrightarrow{r_3\leftrightarrow r_4}\begin{pmatrix}1&-1&1&0&2\\0&0&2&2&4\\0&0&0&1&1\\0&0&0&5&5\end{pmatrix}\xrightarrow{r_4-5r_3}$$

$$\begin{pmatrix}1&-1&1&0&2\\0&0&2&2&4\\0&0&0&1&1\\0&0&0&0&0\end{pmatrix}\xrightarrow{\frac{1}{2}r_2}\begin{pmatrix}1&-1&1&0&2\\0&0&1&1&2\\0&0&0&1&1\\0&0&0&0&0\end{pmatrix}\xrightarrow[r_2-r_3]{r_1-r_2}$$

$$\begin{pmatrix}1&-1&0&-1&0\\0&0&1&0&1\\0&0&0&1&1\\0&0&0&0&0\end{pmatrix}\xrightarrow{r_1+r_3}\begin{pmatrix}1&-1&0&0&1\\0&0&1&0&1\\0&0&0&1&1\\0&0&0&0&0\end{pmatrix}$$

因此 $R(\boldsymbol{\alpha}_1,\boldsymbol{\alpha}_2,\boldsymbol{\alpha}_3,\boldsymbol{\alpha}_4,\boldsymbol{\alpha}_5)=3$，$\boldsymbol{\alpha}_1,\boldsymbol{\alpha}_3,\boldsymbol{\alpha}_4$ 为向量组 $\boldsymbol{\alpha}_1,\boldsymbol{\alpha}_2,\boldsymbol{\alpha}_3,\boldsymbol{\alpha}_4,\boldsymbol{\alpha}_5$ 的一个极大无关组，且 $\boldsymbol{\alpha}_2=-\boldsymbol{\alpha}_1+0\boldsymbol{\alpha}_3+0\boldsymbol{\alpha}_4=-\boldsymbol{\alpha}_1$，$\boldsymbol{\alpha}_5=\boldsymbol{\alpha}_1+\boldsymbol{\alpha}_3+\boldsymbol{\alpha}_4$.

习题 3.4

习题 3.4 解答

1. 判断下列各命题是否正确，如果正确请简述理由，如果错误请举反例：

(1) 设 $\boldsymbol{A}$ 是 n 阶矩阵，若 $R(\boldsymbol{A})=r<n$，则矩阵 $\boldsymbol{A}$ 的任意 r 个列向量线性无关；

(2) 设 $\boldsymbol{A}$ 是 $m\times n$ 阶矩阵，则矩阵 $\boldsymbol{A}$ 的 n 个列向量线性无关，$R(\boldsymbol{A})=n$；

(3) 如果向量组 $\boldsymbol{\alpha}_1,\boldsymbol{\alpha}_2,\cdots,\boldsymbol{\alpha}_s$ 的秩为 s，则向量组 $\boldsymbol{\alpha}_1,\boldsymbol{\alpha}_2,\cdots,\boldsymbol{\alpha}_s$ 的任意一个部分组线性无关.

2. 求下列向量组的秩，并求一个极大无关组：

(1) $\boldsymbol{\alpha}_1=\begin{pmatrix}1\\2\\3\end{pmatrix}$，$\boldsymbol{\alpha}_2=\begin{pmatrix}1\\0\\-1\end{pmatrix}$，$\boldsymbol{\alpha}_3=\begin{pmatrix}2\\2\\1\end{pmatrix}$，$\boldsymbol{\alpha}_4=\begin{pmatrix}2\\2\\4\end{pmatrix}$；

(2) $\boldsymbol{\alpha}_1=\begin{pmatrix}1\\2\\1\\3\end{pmatrix}$，$\boldsymbol{\alpha}_2=\begin{pmatrix}4\\-1\\-5\\-6\end{pmatrix}$，$\boldsymbol{\alpha}_3=\begin{pmatrix}1\\-3\\-4\\-7\end{pmatrix}$.

3. 求下列向量组的一个极大无关组，并将其他向量用该极大无关组线性表示：

(1) $\boldsymbol{\alpha}_1=\begin{pmatrix}1\\1\\1\end{pmatrix}$，$\boldsymbol{\alpha}_2=\begin{pmatrix}1\\1\\0\end{pmatrix}$，$\boldsymbol{\alpha}_3=\begin{pmatrix}1\\0\\0\end{pmatrix}$，$\boldsymbol{\alpha}_4=\begin{pmatrix}1\\2\\-3\end{pmatrix}$；

(2) $\boldsymbol{\alpha}_1=\begin{pmatrix}2\\1\\1\\1\end{pmatrix}$, $\boldsymbol{\alpha}_2=\begin{pmatrix}-1\\1\\7\\10\end{pmatrix}$, $\boldsymbol{\alpha}_3=\begin{pmatrix}3\\1\\-1\\-2\end{pmatrix}$, $\boldsymbol{\alpha}_4=\begin{pmatrix}8\\5\\9\\11\end{pmatrix}$;

(3) $\boldsymbol{\alpha}_1=\begin{pmatrix}1\\1\\3\\1\end{pmatrix}$, $\boldsymbol{\alpha}_2=\begin{pmatrix}-1\\1\\-1\\3\end{pmatrix}$, $\boldsymbol{\alpha}_3=\begin{pmatrix}5\\-2\\8\\-9\end{pmatrix}$, $\boldsymbol{\alpha}_4=\begin{pmatrix}-1\\3\\1\\7\end{pmatrix}$.

4. 设向量组 $\boldsymbol{\alpha}_1=\begin{pmatrix}a\\3\\1\end{pmatrix}$, $\boldsymbol{\alpha}_2=\begin{pmatrix}2\\b\\3\end{pmatrix}$, $\boldsymbol{\alpha}_3=\begin{pmatrix}1\\2\\1\end{pmatrix}$, $\boldsymbol{\alpha}_4=\begin{pmatrix}2\\3\\1\end{pmatrix}$ 的秩为2，求 a 和 b.

5. 已知向量组 A：$\boldsymbol{\alpha}_1=\begin{pmatrix}0\\1\\1\end{pmatrix}$, $\boldsymbol{\alpha}_2=\begin{pmatrix}1\\1\\0\end{pmatrix}$, B：$\boldsymbol{\beta}_1=\begin{pmatrix}-1\\0\\1\end{pmatrix}$, $\boldsymbol{\beta}_2=\begin{pmatrix}1\\2\\1\end{pmatrix}$, $\boldsymbol{\beta}_3=\begin{pmatrix}3\\2\\-1\end{pmatrix}$，证明向量组 A 与向量组 B 等价.

6. 利用矩阵的初等行变换求下列矩阵的秩：

(1) $\begin{pmatrix}3&1&0&2\\1&-1&2&-1\\1&3&-4&4\end{pmatrix}$；　　(2) $\begin{pmatrix}1&2&-1&-2&0\\2&-1&-1&1&1\\3&1&-2&-1&1\end{pmatrix}$.

3.5 向量的内积、长度及正交性

3.5.1 向量的内积

定义 3.19 设有 n 维向量

$$\boldsymbol{\alpha}=\begin{pmatrix}a_1\\a_2\\\vdots\\a_n\end{pmatrix},\ \boldsymbol{\beta}=\begin{pmatrix}b_1\\b_2\\\vdots\\b_n\end{pmatrix}$$

称实数 $a_1b_1+a_2b_2+\cdots+a_nb_n$ 为向量 $\boldsymbol{\alpha}$ 与 $\boldsymbol{\beta}$ 的**内积**，记为 $[\boldsymbol{\alpha},\boldsymbol{\beta}]$，即

$$[\boldsymbol{\alpha},\boldsymbol{\beta}]=\boldsymbol{\alpha}^{\mathrm{T}}\boldsymbol{\beta}=a_1b_1+a_2b_2+\cdots+a_nb_n \tag{3-3}$$

由内积的定义可知，内积具有下列性质(其中，$\boldsymbol{\alpha}$、$\boldsymbol{\beta}$、$\boldsymbol{\gamma}$ 为 n 维向量，λ 为实数)：

(1) $[\boldsymbol{\alpha},\boldsymbol{\beta}]=[\boldsymbol{\beta},\boldsymbol{\alpha}]$；

(2) $[\lambda\boldsymbol{\alpha},\boldsymbol{\beta}]=[\boldsymbol{\alpha},\lambda\boldsymbol{\beta}]=\lambda[\boldsymbol{\alpha},\boldsymbol{\beta}]$；

(3) $[\boldsymbol{\alpha}+\boldsymbol{\beta},\boldsymbol{\gamma}]=[\boldsymbol{\alpha},\boldsymbol{\gamma}]+[\boldsymbol{\beta},\boldsymbol{\gamma}]$；

(4) $[\boldsymbol{\alpha},\boldsymbol{\alpha}]\geqslant 0$，当且仅当 $\boldsymbol{\alpha}=\mathbf{0}$ 时，等号成立；

(5) $[\boldsymbol{\alpha},\boldsymbol{\beta}]^2\leqslant[\boldsymbol{\alpha},\boldsymbol{\alpha}][\boldsymbol{\beta},\boldsymbol{\beta}]$.

例 3.22 设有两个四维向量 $\boldsymbol{\alpha}=\begin{pmatrix}1\\2\\-1\\5\end{pmatrix}$, $\boldsymbol{\beta}=\begin{pmatrix}-3\\0\\6\\-5\end{pmatrix}$, 求 $[\boldsymbol{\alpha},\boldsymbol{\beta}]$ 和 $[\boldsymbol{\alpha},\boldsymbol{\alpha}]$.

解 $[\boldsymbol{\alpha},\boldsymbol{\beta}]=1\times(-3)+2\times0+(-1)\times6+5\times(-5)=-34$

$[\boldsymbol{\alpha},\boldsymbol{\alpha}]=1\times1+2\times2+(-1)\times(-1)+5\times5=31$

3.5.2 向量的长度及其性质

定义 3.20 设有 n 维向量 $\boldsymbol{\alpha}=(a_1, a_2, \cdots, a_n)^{\mathrm{T}}$, 令

$$\|\boldsymbol{\alpha}\|=\sqrt{[\boldsymbol{\alpha},\boldsymbol{\alpha}]}=\sqrt{a_1^2+a_2^2+\cdots+a_n^2} \tag{3-4}$$

称 $\|\boldsymbol{\alpha}\|$ 为 n 维向量 $\boldsymbol{\alpha}$ 的**长度**(或**范数**).

当 $\|\boldsymbol{\alpha}\|=1$ 时, 称 $\boldsymbol{\alpha}$ 为**单位向量**.

对于任意非零向量 $\boldsymbol{\alpha}$, 向量 $\dfrac{\boldsymbol{\alpha}}{\|\boldsymbol{\alpha}\|}$ 是一个单位向量, 这是因为 $\left\|\dfrac{\boldsymbol{\alpha}}{\|\boldsymbol{\alpha}\|}\right\|=\dfrac{1}{\|\boldsymbol{\alpha}\|}\|\boldsymbol{\alpha}\|=1$.

向量的长度具有下列性质(其中, $\boldsymbol{\alpha}$、$\boldsymbol{\beta}$ 为 n 维向量, λ 为实数):

(1)非负性: $\|\boldsymbol{\alpha}\|\geqslant0$, 当且仅当 $\boldsymbol{\alpha}=\mathbf{0}$ 时, 等号成立;

(2)齐次性: $\|\lambda\boldsymbol{\alpha}\|=|\lambda|\cdot\|\boldsymbol{\alpha}\|$;

(3)三角不等式: $\|\boldsymbol{\alpha}+\boldsymbol{\beta}\|\leqslant\|\boldsymbol{\alpha}\|+\|\boldsymbol{\beta}\|$.

3.5.3 正交向量组

定义 3.21 设有 n 维非零向量 $\boldsymbol{\alpha}$ 和 $\boldsymbol{\beta}$, 称

$$\theta=\arccos\frac{[\boldsymbol{\alpha},\boldsymbol{\beta}]}{\|\boldsymbol{\alpha}\|\cdot\|\boldsymbol{\beta}\|} \tag{3-5}$$

为向量 $\boldsymbol{\alpha}$ 和 $\boldsymbol{\beta}$ 的**夹角**.

例 3.23 求向量 $\boldsymbol{\alpha}=\begin{pmatrix}1\\0\\1\end{pmatrix}$ 和 $\boldsymbol{\beta}=\begin{pmatrix}0\\1\\1\end{pmatrix}$ 的夹角.

解 因为

$$\|\boldsymbol{\alpha}\|=\sqrt{1^2+0^2+1^2}=\sqrt{2},\ \|\boldsymbol{\beta}\|=\sqrt{0^2+1^2+1^2}=\sqrt{2},\ [\boldsymbol{\alpha},\boldsymbol{\beta}]=1$$

从而夹角为

$$\theta=\arccos\frac{[\boldsymbol{\alpha},\boldsymbol{\beta}]}{\|\boldsymbol{\alpha}\|\cdot\|\boldsymbol{\beta}\|}=\arccos\frac{1}{2}=\frac{\pi}{3}$$

定义 3.22 若向量 $\boldsymbol{\alpha}$ 和 $\boldsymbol{\beta}$ 的内积为零, 即 $[\boldsymbol{\alpha},\boldsymbol{\beta}]=0$, 则称 $\boldsymbol{\alpha}$ 与 $\boldsymbol{\beta}$ **正交**, 记为 $\boldsymbol{\alpha}\perp\boldsymbol{\beta}$.

由定义 3.22 可知, 零向量与任何向量都正交. 若 $\boldsymbol{\alpha}$ 与 $\boldsymbol{\beta}$ 正交, 则夹角为 $\dfrac{\pi}{2}$, 即向量正交的几何意义为向量垂直.

定义 3.23 若一个非零向量组的任意两个向量都是正交的，则称该向量组为**正交向量组**. 若正交向量组的每一个向量都是单位向量，则称其为**正交单位向量组**.

关于正交向量组，有以下重要的结论.

定理 3.15 设 n 维向量组 $\boldsymbol{\alpha}_1, \boldsymbol{\alpha}_2, \cdots, \boldsymbol{\alpha}_s$ 是正交向量组，则 $\boldsymbol{\alpha}_1, \boldsymbol{\alpha}_2, \cdots, \boldsymbol{\alpha}_s$ 线性无关.

证明 设有一组数 $k_1, k_2, \cdots, k_s$，使

$$k_1\boldsymbol{\alpha}_1 + k_2\boldsymbol{\alpha}_2 + \cdots + k_s\boldsymbol{\alpha}_s = \mathbf{0}$$

用 $\boldsymbol{\alpha}_i (i = 1, 2, \cdots, s)$ 分别和上式两端作内积，当 $i \neq j$ 时，$[\boldsymbol{\alpha}_i, \boldsymbol{\alpha}_j] = 0$，所以有

$$k_i[\boldsymbol{\alpha}_i, \boldsymbol{\alpha}_i] = 0 (i = 1, 2, \cdots, s)$$

又因为 $\boldsymbol{\alpha}_i \neq \mathbf{0}$，所以 $[\boldsymbol{\alpha}_i, \boldsymbol{\alpha}_i] \neq 0$，从而 $k_i = 0 (i = 1, 2, \cdots, s)$，即 $\boldsymbol{\alpha}_1, \boldsymbol{\alpha}_2, \cdots, \boldsymbol{\alpha}_s$ 线性无关.

反之，线性无关的向量组不一定是正交向量组. 例如，$\boldsymbol{\alpha}_1 = \begin{pmatrix} 1 \\ 0 \end{pmatrix}$，$\boldsymbol{\alpha}_2 = \begin{pmatrix} 1 \\ 1 \end{pmatrix}$ 线性无关，但 $\boldsymbol{\alpha}_1, \boldsymbol{\alpha}_2$ 不正交.

如何将线性无关的向量组 $\boldsymbol{\alpha}_1, \boldsymbol{\alpha}_2, \cdots, \boldsymbol{\alpha}_s$ 变成与之等价的正交单位向量组呢？这就涉及下面要介绍的**施密特正交化**方法.

设 $\boldsymbol{\alpha}_1, \boldsymbol{\alpha}_2, \cdots, \boldsymbol{\alpha}_s$ 线性无关，令

$$\boldsymbol{\beta}_1 = \boldsymbol{\alpha}_1$$

$$\boldsymbol{\beta}_2 = \boldsymbol{\alpha}_2 - \frac{[\boldsymbol{\alpha}_2, \boldsymbol{\beta}_1]}{[\boldsymbol{\beta}_1, \boldsymbol{\beta}_1]}\boldsymbol{\beta}_1$$

$$\vdots$$

$$\boldsymbol{\beta}_s = \boldsymbol{\alpha}_s - \frac{[\boldsymbol{\alpha}_s, \boldsymbol{\beta}_1]}{[\boldsymbol{\beta}_1, \boldsymbol{\beta}_1]}\boldsymbol{\beta}_1 - \frac{[\boldsymbol{\alpha}_s, \boldsymbol{\beta}_2]}{[\boldsymbol{\beta}_2, \boldsymbol{\beta}_2]}\boldsymbol{\beta}_2 - \cdots - \frac{[\boldsymbol{\alpha}_s, \boldsymbol{\beta}_{s-1}]}{[\boldsymbol{\beta}_{s-1}, \boldsymbol{\beta}_{s-1}]}\boldsymbol{\beta}_{s-1}$$

用数学归纳法，可以证明 $\boldsymbol{\beta}_1, \boldsymbol{\beta}_2, \cdots, \boldsymbol{\beta}_s$ 是与 $\boldsymbol{\alpha}_1, \boldsymbol{\alpha}_2, \cdots, \boldsymbol{\alpha}_s$ 等价的正交向量组.

再令

$$\boldsymbol{\gamma}_1 = \frac{\boldsymbol{\beta}_1}{\|\boldsymbol{\beta}_1\|}, \boldsymbol{\gamma}_2 = \frac{\boldsymbol{\beta}_2}{\|\boldsymbol{\beta}_2\|}, \cdots, \boldsymbol{\gamma}_s = \frac{\boldsymbol{\beta}_s}{\|\boldsymbol{\beta}_s\|}$$

则 $\boldsymbol{\gamma}_1, \boldsymbol{\gamma}_2, \cdots, \boldsymbol{\gamma}_s$ 是与 $\boldsymbol{\alpha}_1, \boldsymbol{\alpha}_2, \cdots, \boldsymbol{\alpha}_s$ 等价的正交单位向量组.

上述过程称为向量组 $\boldsymbol{\alpha}_1, \boldsymbol{\alpha}_2, \cdots, \boldsymbol{\alpha}_s$ 的正交单位化过程，定理 3.15 与施密特正交化方法揭示了向量组的正交性与线性相关性两个概念之间的关系.

例 3.24 用施密特正交化方法将向量组

$$\boldsymbol{\alpha}_1 = \begin{pmatrix} 1 \\ 1 \\ 0 \end{pmatrix}, \boldsymbol{\alpha}_2 = \begin{pmatrix} 1 \\ 0 \\ 1 \end{pmatrix}, \boldsymbol{\alpha}_3 = \begin{pmatrix} -1 \\ 0 \\ 0 \end{pmatrix}$$

化为正交单位向量组.

解 先正交化，令

$$\boldsymbol{\beta}_1=\boldsymbol{\alpha}_1=\begin{pmatrix}1\\1\\0\end{pmatrix}$$

$$\boldsymbol{\beta}_2=\boldsymbol{\alpha}_2-\frac{[\boldsymbol{\alpha}_2,\boldsymbol{\beta}_1]}{[\boldsymbol{\beta}_1,\boldsymbol{\beta}_1]}\boldsymbol{\beta}_1=\begin{pmatrix}1\\0\\1\end{pmatrix}-\frac{1}{2}\begin{pmatrix}1\\1\\0\end{pmatrix}=\frac{1}{2}\begin{pmatrix}1\\-1\\2\end{pmatrix}$$

$$\boldsymbol{\beta}_3=\boldsymbol{\alpha}_3-\frac{[\boldsymbol{\alpha}_3,\boldsymbol{\beta}_1]}{[\boldsymbol{\beta}_1,\boldsymbol{\beta}_1]}\boldsymbol{\beta}_1-\frac{[\boldsymbol{\alpha}_3,\boldsymbol{\beta}_2]}{[\boldsymbol{\beta}_2,\boldsymbol{\beta}_2]}\boldsymbol{\beta}_2=\begin{pmatrix}-1\\0\\0\end{pmatrix}-\frac{-1}{2}\begin{pmatrix}1\\1\\0\end{pmatrix}-\frac{-1}{3}\cdot\frac{1}{2}\begin{pmatrix}1\\-1\\2\end{pmatrix}=\frac{1}{3}\begin{pmatrix}-1\\1\\1\end{pmatrix}$$

再单位化，令

$$\boldsymbol{\gamma}_1=\frac{\boldsymbol{\beta}_1}{\|\boldsymbol{\beta}_1\|}=\frac{1}{\sqrt{2}}\begin{pmatrix}1\\1\\0\end{pmatrix},\ \boldsymbol{\gamma}_2=\frac{\boldsymbol{\beta}_2}{\|\boldsymbol{\beta}_2\|}=\frac{1}{\sqrt{6}}\begin{pmatrix}1\\-1\\2\end{pmatrix},\ \boldsymbol{\gamma}_3=\frac{\boldsymbol{\beta}_3}{\|\boldsymbol{\beta}_3\|}=\frac{1}{\sqrt{3}}\begin{pmatrix}-1\\1\\1\end{pmatrix}$$

则 $\boldsymbol{\gamma}_1$，$\boldsymbol{\gamma}_2$，$\boldsymbol{\gamma}_3$ 即为与 $\boldsymbol{\alpha}_1$，$\boldsymbol{\alpha}_2$，$\boldsymbol{\alpha}_3$ 等价的规范正交向量组 .

3.5.4 正交矩阵

定义 3.24 如果 n 阶矩阵 $\boldsymbol{A}$ 满足 $\boldsymbol{A}^{\mathrm{T}}\boldsymbol{A}=\boldsymbol{E}$，则称 $\boldsymbol{A}$ 为**正交矩阵**.

正交矩阵具有以下性质：

(1)若 $\boldsymbol{A}$ 为正交矩阵，则 $\boldsymbol{A}^{-1}=\boldsymbol{A}^{\mathrm{T}}$ 且 $|\boldsymbol{A}|=\pm1$；

(2)若 $\boldsymbol{A}$ 为正交矩阵，则 $\boldsymbol{A}$ 的行(列)向量组是正交单位向量组；

(3)若 $\boldsymbol{A}$、$\boldsymbol{B}$ 均为正交矩阵，则 $\boldsymbol{AB}$ 为正交矩阵 .

证明 下面仅对性质(3)进行证明，性质(1)、(2)留给读者证明 .

设 $\boldsymbol{A}$、$\boldsymbol{B}$ 都是 n 阶正交矩阵，则 $\boldsymbol{A}^{\mathrm{T}}=\boldsymbol{A}^{-1}$，$\boldsymbol{B}^{\mathrm{T}}=\boldsymbol{B}^{-1}$，故

$$(\boldsymbol{AB})^{\mathrm{T}}=\boldsymbol{B}^{\mathrm{T}}\boldsymbol{A}^{\mathrm{T}}=\boldsymbol{B}^{-1}\boldsymbol{A}^{-1}=(\boldsymbol{AB})^{-1}$$

即 $\boldsymbol{AB}$ 为正交矩阵 .

习题 3.5

习题 3.5 解答

1. 求下列向量的内积和夹角：

(1) $\boldsymbol{\alpha}=\begin{pmatrix}2\\1\\3\\2\end{pmatrix}$，$\boldsymbol{\beta}=\begin{pmatrix}1\\2\\-2\\1\end{pmatrix}$；　　(2) $\boldsymbol{\alpha}=\begin{pmatrix}1\\2\\2\\3\end{pmatrix}$，$\boldsymbol{\beta}=\begin{pmatrix}3\\1\\5\\1\end{pmatrix}$.

2. 设 $\boldsymbol{\alpha}_1=\begin{pmatrix}1\\1\\1\end{pmatrix}$，$\boldsymbol{\alpha}_2=\begin{pmatrix}1\\-1\\-1\end{pmatrix}$，求与 $\boldsymbol{\alpha}_1$ 和 $\boldsymbol{\alpha}_2$ 均正交的单位向量 $\boldsymbol{\beta}$.

3. 用施密特正交化方法将下列向量组化为正交单位向量组：

(1) $\boldsymbol{\alpha}_1=\begin{pmatrix}1\\1\\1\end{pmatrix}$，$\boldsymbol{\alpha}_2=\begin{pmatrix}1\\2\\3\end{pmatrix}$，$\boldsymbol{\alpha}_3=\begin{pmatrix}1\\4\\9\end{pmatrix}$；(2) $\boldsymbol{\alpha}_1=\begin{pmatrix}1\\0\\-1\\1\end{pmatrix}$，$\boldsymbol{\alpha}_2=\begin{pmatrix}1\\-1\\0\\1\end{pmatrix}$，$\boldsymbol{\alpha}_3=\begin{pmatrix}-1\\1\\1\\0\end{pmatrix}$.

4. 已知 n 维向量组 $\boldsymbol{\alpha}_1$，$\boldsymbol{\alpha}_2$，…，$\boldsymbol{\alpha}_n$ 线性无关，若向量 $\boldsymbol{\beta}$ 与 $\boldsymbol{\alpha}_1$，$\boldsymbol{\alpha}_2$，…，$\boldsymbol{\alpha}_n$ 都正交，证明 $\boldsymbol{\beta}$ 为零向量．

5. 已知向量组 $\boldsymbol{\alpha}_1$，$\boldsymbol{\alpha}_2$，…，$\boldsymbol{\alpha}_n$ 线性无关，若非零向量 $\boldsymbol{\beta}$ 与 $\boldsymbol{\alpha}_1$，$\boldsymbol{\alpha}_2$，…，$\boldsymbol{\alpha}_n$ 都正交，证明 $\boldsymbol{\alpha}_1$，$\boldsymbol{\alpha}_2$，…，$\boldsymbol{\alpha}_n$，$\boldsymbol{\beta}$ 线性无关．

3.6 向量(组)的应用

3.6.1 生产工作安排

例 3.25 一家服装厂共有 3 个加工车间：第一车间用 1 匹布能生产 4 件衬衣、15 条长裤和 3 件外衣；第二车间用 1 匹布能生产 4 件衬衣、5 条长裤和 9 件外衣；第三车间用 1 匹布能生产 8 件衬衣、10 条长裤和 3 件外衣．现该厂接到一张订单，要求供应 2 000 件衬衣、3 500 条长裤和 2 400 件外衣．问该厂应如何向 3 个加工车间安排加工任务，以完成该订单？

解 将 3 个加工车间生产的衬衣、长裤、外衣及总加工量分别用向量表示为

$$\boldsymbol{\alpha}_1=\begin{pmatrix}4\\15\\3\end{pmatrix},\ \boldsymbol{\alpha}_2=\begin{pmatrix}4\\5\\9\end{pmatrix},\ \boldsymbol{\alpha}_3=\begin{pmatrix}8\\10\\3\end{pmatrix},\ \boldsymbol{\beta}=\begin{pmatrix}2\ 000\\3\ 500\\2\ 400\end{pmatrix}$$

因为 $|\boldsymbol{\alpha}_1,\ \boldsymbol{\alpha}_2,\ \boldsymbol{\alpha}_3|=\begin{vmatrix}4&4&8\\15&5&10\\3&9&3\end{vmatrix}=60\begin{vmatrix}1&1&2\\3&1&2\\1&3&1\end{vmatrix}\neq 0$，所以 $\boldsymbol{\alpha}_1$，$\boldsymbol{\alpha}_2$，$\boldsymbol{\alpha}_3$ 线性无关，因此 $\boldsymbol{\beta}$ 可由 $\boldsymbol{\alpha}_1$，$\boldsymbol{\alpha}_2$，$\boldsymbol{\alpha}_3$ 线性表示．对矩阵 $(\boldsymbol{\alpha}_1,\ \boldsymbol{\alpha}_2,\ \boldsymbol{\alpha}_3,\ \boldsymbol{\beta})$ 进行初等行变换

$$(\boldsymbol{\alpha}_1,\ \boldsymbol{\alpha}_2,\ \boldsymbol{\alpha}_3,\ \boldsymbol{\beta})=\begin{pmatrix}4&4&8&2\ 000\\15&5&10&3\ 500\\3&9&3&2\ 400\end{pmatrix}\to\begin{pmatrix}1&1&2&500\\3&1&2&700\\1&3&1&800\end{pmatrix}\to\cdots\to\begin{pmatrix}1&0&0&100\\0&1&0&200\\0&0&1&100\end{pmatrix}$$

故 $\boldsymbol{\beta}=100\boldsymbol{\alpha}_1+200\boldsymbol{\alpha}_2+100\boldsymbol{\alpha}_3$. 由此可得，给 3 个加工车间分别分配 100、200、100 匹布，就可以圆满完成加工任务．

3.6.2 用料配比

例 3.26 某中药厂用 6 种中草药，根据不同的比例配制了 5 种特效药，表 3-1 给出了特效药所含中草药成分.

表 3-1 特效药所含中草药成分 （单位：g）

中草药	1 号特效药	2 号特效药	3 号特效药	4 号特效药	5 号特效药
A	10	2	14	12	20
B	12	0	12	25	35
C	5	3	11	0	5
D	7	9	25	5	15
E	0	1	2	25	5
F	25	5	35	5	35

(1)某医院要购买这 5 种特效药，但 3 号特效药已经卖完，请问能否用其他特效药配制 3 号特效药？

(2)现在该医院想用这 5 种特效药配制一种新特效药，表 3-2 给出了新特效药所含中草药成分，请问能否用其他特效药配制？

表 3-2　新特效药所含中草药成分　　(单位：g)

中草药	A	B	C	D	E	F
新特效药	40	62	14	44	53	50

解　(1)在药方配制问题中，把每种特效药的成分作为一个列向量，通过分析所给列向量构成的向量组的线性相关性来确定是否可以用现有的中草药来配制 3 号特效药．若向量组线性无关，则无法配制 3 号特效药；若向量组线性相关，则可以配制 3 号特效药．从而可以将 3 号特效药的配制问题转化为一个向量能否用一个向量组线性表示的问题，即可通过向量组的线性相关性来解决．将 5 种特效药所含中草药成分看成一个列向量，分别记为 $\boldsymbol{\alpha}_1$、$\boldsymbol{\alpha}_2$、$\boldsymbol{\alpha}_3$、$\boldsymbol{\alpha}_4$、$\boldsymbol{\alpha}_5$. 3 号特效药能否用其他特效药配制，就是看 $\boldsymbol{\alpha}_3$ 能否由向量组 $\boldsymbol{\alpha}_1$，$\boldsymbol{\alpha}_2$，$\boldsymbol{\alpha}_4$，$\boldsymbol{\alpha}_5$ 的其他向量线性表示．因为

$$(\boldsymbol{\alpha}_1,\ \boldsymbol{\alpha}_2,\ \boldsymbol{\alpha}_3,\ \boldsymbol{\alpha}_4,\ \boldsymbol{\alpha}_5)=\begin{pmatrix}10 & 2 & 14 & 12 & 20\\ 12 & 0 & 12 & 25 & 35\\ 5 & 3 & 11 & 0 & 5\\ 7 & 9 & 25 & 5 & 15\\ 0 & 1 & 2 & 25 & 5\\ 25 & 5 & 35 & 5 & 35\end{pmatrix}\rightarrow\cdots\rightarrow\begin{pmatrix}1 & 0 & 1 & 0 & 0\\ 0 & 1 & 2 & 0 & 0\\ 0 & 0 & 0 & 1 & 0\\ 0 & 0 & 0 & 0 & 1\\ 0 & 0 & 0 & 0 & 0\\ 0 & 0 & 0 & 0 & 0\end{pmatrix}$$

即 $\boldsymbol{\alpha}_1$，$\boldsymbol{\alpha}_2$，$\boldsymbol{\alpha}_4$，$\boldsymbol{\alpha}_5$ 为向量组 $\boldsymbol{\alpha}_1$，$\boldsymbol{\alpha}_2$，$\boldsymbol{\alpha}_3$，$\boldsymbol{\alpha}_4$，$\boldsymbol{\alpha}_5$ 的极大无关组，$\boldsymbol{\alpha}_3$ 可由 $\boldsymbol{\alpha}_1$，$\boldsymbol{\alpha}_2$，$\boldsymbol{\alpha}_4$，$\boldsymbol{\alpha}_5$ 线性表示

$$\boldsymbol{\alpha}_3=1\boldsymbol{\alpha}_1+2\boldsymbol{\alpha}_2+0\boldsymbol{\alpha}_4+0\boldsymbol{\alpha}_5=\boldsymbol{\alpha}_1+2\boldsymbol{\alpha}_2$$

由此表明，3 号特效药可以由其他特效药配制而成．

(2)记新特效药的成分的列向量为 $\boldsymbol{\beta}$，则

$$(\boldsymbol{\alpha}_1,\ \boldsymbol{\alpha}_2,\ \boldsymbol{\alpha}_3,\ \boldsymbol{\alpha}_4,\ \boldsymbol{\alpha}_5,\ \boldsymbol{\beta})=\begin{pmatrix}10 & 2 & 14 & 12 & 20 & 40\\ 12 & 0 & 12 & 25 & 35 & 62\\ 5 & 3 & 11 & 0 & 5 & 14\\ 7 & 9 & 25 & 5 & 15 & 44\\ 0 & 1 & 2 & 25 & 5 & 53\\ 25 & 5 & 35 & 5 & 35 & 50\end{pmatrix}\rightarrow\cdots\rightarrow\begin{pmatrix}1 & 0 & 1 & 0 & 0 & 1\\ 0 & 1 & 2 & 0 & 0 & 3\\ 0 & 0 & 0 & 1 & 0 & 2\\ 0 & 0 & 0 & 0 & 1 & 0\\ 0 & 0 & 0 & 0 & 0 & 0\\ 0 & 0 & 0 & 0 & 0 & 0\end{pmatrix}$$

由此可以看出 $\boldsymbol{\beta}=\boldsymbol{\alpha}_1+3\boldsymbol{\alpha}_2+2\boldsymbol{\alpha}_4$，所以新特效药可以由其他特效药配制而成.

习题 3.6

1. 某公司生产 A、B 两种不同型号的产品，每 100 元价值产品的生产成本如表 3-3 所示．

习题 3.6 解答

表 3-3 每 100 元价值产品的生产成本 (单位：元)

成本项目	原材料	劳动	管理费
产品 A	45	25	15
产品 B	40	30	15

向量 $\boldsymbol{a}=\begin{pmatrix}45\\25\\15\end{pmatrix}$，$\boldsymbol{b}=\begin{pmatrix}40\\30\\15\end{pmatrix}$，称为两种产品的产出成本，请回答以下问题：

(1)向量 $100\boldsymbol{b}$ 的经济意义是什么?

(2)若公司希望生产 x_1 元产品 A 和 x_2 元产品 B，给出描述该公司花费的生产成本(材料、劳动、管理费)向量.

2. 设 3 种食物每 100 g 中脂肪、蛋白质和碳水化合物的含量如表 3-4 所示.

表 3-4 每 100 g 食物中营养物质含量 (单位：g)

营养	每 100 g 食物中所含营养			需要的营养量
	A	B	C	
脂肪	10	20	20	130
蛋白质	50	40	10	290
碳水化合物	30	10	40	200

如果用这 3 种食物作为每天的主要食物，那么它们应各取多少才能全面、准确地满足营养要求?

3.7 软件应用——运用 MATLAB 求解向量问题

3.7.1 判断向量组的线性相关性

在 MATLAB 中，判定向量组是否线性相关，可以利用向量组所构成矩阵的秩来进行判定，其步骤如下：

(1)将向量组按列排成矩阵 $\boldsymbol{A}$；

(2)利用函数命令 rank(A)求出秩；

(3)判断线性相关性.

例 3.27 判断向量组 $\boldsymbol{\alpha}_1=\begin{pmatrix}1\\-2\\0\\3\end{pmatrix}$，$\boldsymbol{\alpha}_2=\begin{pmatrix}2\\5\\-1\\0\end{pmatrix}$，$\boldsymbol{\alpha}_3=\begin{pmatrix}3\\4\\1\\2\end{pmatrix}$ 的线性相关性.

解 输入命令和运行结果如下：

```
>> A=[1,-2,0,3;2,5,-1,0;3,4,1,2]';
>> R=rank(A)
R=
   3
```

因为 $R(\boldsymbol{A})=3$，所以该向量组线性无关.

3.7.2 向量组的极大无关组

在 MATLAB 中，求向量组的极大无关组的步骤如下：

(1)将向量组按列排成矩阵 $\boldsymbol{A}$；

(2)利用函数命令 rref(A)把 $\boldsymbol{A}$ 化成行最简形矩阵.

例 3.28 求向量组 $\boldsymbol{\alpha}_1=\begin{pmatrix}1\\2\\-3\end{pmatrix}$，$\boldsymbol{\alpha}_2=\begin{pmatrix}1\\-3\\6\end{pmatrix}$，$\boldsymbol{\alpha}_3=\begin{pmatrix}2\\-1\\3\end{pmatrix}$，$\boldsymbol{\alpha}_4=\begin{pmatrix}3\\1\\0\end{pmatrix}$ 的一个极大无关组，并将其他向量由极大无关组线性表示.

解 输入命令如下：

```
>> A=[1,2,-3;1,-3,6;2,-1,3;3,1,0]';
>> [R,xh]=rref(A)% 输出 A 经初等行变换后的行阶梯形矩阵 R 和入选极大无关组的向量序号 xh,因此 xh 是一个向量
```

运行结果如下：

```
R=
     1     0     1     2
     0     1     1     1
     0     0     0     0
xh=
     1     2
```

从运行结果可以看出，$\boldsymbol{\alpha}_1$，$\boldsymbol{\alpha}_2$ 是向量组 $\boldsymbol{\alpha}_1$，$\boldsymbol{\alpha}_2$，$\boldsymbol{\alpha}_3$，$\boldsymbol{\alpha}_4$ 的极大无关组，且 $\boldsymbol{\alpha}_3=\boldsymbol{\alpha}_1+\boldsymbol{\alpha}_2$，$\boldsymbol{\alpha}_4=2\boldsymbol{\alpha}_1+\boldsymbol{\alpha}_2$.

3.7.3 向量组的规范正交化

在 MATLAB 中，利用函数命令 orth( )实现向量组的规范正交化.

例 3.29 将向量组 $\boldsymbol{\alpha}_1=\begin{pmatrix}1\\0\\1\\0\end{pmatrix}$，$\boldsymbol{\alpha}_2=\begin{pmatrix}0\\1\\2\\1\end{pmatrix}$ 规范正交化.

解 以列向量输入矩阵，并调用函数命令 orth( )：

```
>>A=[1,0,1,0;0,1,2,1]';
>> b=orth(sym(A))
b=
[2^(1/2)/2,-1/2]
[        0,  1/2]
[2^(1/2)/2,  1/2]
[        0,  1/2]
```

根据运行结果，规范正交化后得 $\boldsymbol{e}_1 = \begin{pmatrix} \frac{\sqrt{2}}{2} \\ 0 \\ \frac{\sqrt{2}}{2} \\ 0 \end{pmatrix}$，$\boldsymbol{e}_2 = \begin{pmatrix} -\frac{1}{2} \\ \frac{1}{2} \\ \frac{1}{2} \\ \frac{1}{2} \end{pmatrix}$.

第3章习题

第3章习题解答

一、选择题

1. 设向量 $\boldsymbol{\beta} = \begin{pmatrix} 2 \\ 1 \\ b \end{pmatrix}$ 可由向量 $\boldsymbol{\alpha}_1 = \begin{pmatrix} 1 \\ 1 \\ 1 \end{pmatrix}$，$\boldsymbol{\alpha}_2 = \begin{pmatrix} 2 \\ 3 \\ a \end{pmatrix}$ 线性表示，则 a、b 满足(　　).

A. $a - b = 4$　　B. $a + b = 4$　　C. $a - b = 0$　　D. $a + b = 0$

2. 已知 $\boldsymbol{\alpha}_1$，$\boldsymbol{\alpha}_2$，$\boldsymbol{\alpha}_3$，$\boldsymbol{\beta}_1$，$\boldsymbol{\beta}_2$ 都是四维列向量，且 $|\boldsymbol{\alpha}_1, \boldsymbol{\alpha}_2, \boldsymbol{\alpha}_3, \boldsymbol{\beta}_1| = m$，$|\boldsymbol{\alpha}_1, \boldsymbol{\beta}_2, \boldsymbol{\alpha}_3, \boldsymbol{\alpha}_2| = n$，则 $|\boldsymbol{\alpha}_1, \boldsymbol{\alpha}_2, \boldsymbol{\alpha}_3, \boldsymbol{\beta}_1 + \boldsymbol{\beta}_2| = $(　　).

A. $m + n$　　B. $m - n$　　C. $-m + n$　　D. $-m - n$

3. 若向量 $\boldsymbol{\beta}$ 可由向量组 $\boldsymbol{\alpha}_1$，$\boldsymbol{\alpha}_2$，…，$\boldsymbol{\alpha}_s$ 线性表示，则(　　).

A. 存在一组不全为零的数 k_1，k_2，…，k_s，使 $\boldsymbol{\beta} = k_1\boldsymbol{\alpha}_1 + k_2\boldsymbol{\alpha}_2 + \cdots + k_s\boldsymbol{\alpha}_s$

B. 存在一组全为零的数 k_1，k_2，…，k_s，使 $\boldsymbol{\beta} = k_1\boldsymbol{\alpha}_1 + k_2\boldsymbol{\alpha}_2 + \cdots + k_s\boldsymbol{\alpha}_s$

C. 存在一组数 k_1，k_2，…，k_s，使 $\boldsymbol{\beta} = k_1\boldsymbol{\alpha}_1 + k_2\boldsymbol{\alpha}_2 + \cdots + k_s\boldsymbol{\alpha}_s$

D. 该向量组对 $\boldsymbol{\beta}$ 的表示式唯一

4. 设 $\boldsymbol{A}$ 为 n 阶矩阵，且 $R(\boldsymbol{A}) = r < n$，则在 $\boldsymbol{A}$ 的 n 个列向量中(　　).

A. 必有 r 个列向量线性无关

B. 任意 r 个列向量都线性无关

C. 任意 r 个列向量都构成极大无关组

D. 任意一个列向量都可以由其他 r 个列向量线性表示

5. 若向量组 $\boldsymbol{\alpha}_1 = \begin{pmatrix} -1 \\ 1 \\ 0 \end{pmatrix}$，$\boldsymbol{\alpha}_2 = \begin{pmatrix} -1 \\ 0 \\ 1 \end{pmatrix}$，$\boldsymbol{\alpha}_3 = \begin{pmatrix} x \\ 1 \\ 1 \end{pmatrix}$ 的秩为 2，则 $x = $(　　).

A. 1　　B. -1　　C. 2　　D. -2

6. 已知 $\boldsymbol{A} = \begin{pmatrix} 1 & 2 & 4 \\ 2 & \lambda & 1 \\ 1 & 1 & 0 \end{pmatrix}$，为使矩阵 $\boldsymbol{A}$ 的秩有最小值，则 $\lambda = $(　　).

A. 2　　B. -1　　C. $\frac{9}{4}$　　D. $\frac{1}{2}$

二、填空题

1. 设向量组 $\boldsymbol{\alpha}_1 = \begin{pmatrix} a \\ 1 \end{pmatrix}$，$\boldsymbol{\alpha}_2 = \begin{pmatrix} 4 \\ a \end{pmatrix}$，当 $a = $________时，向量组线性相关.

2. 设 $\boldsymbol{\alpha}_1=\begin{pmatrix}1\\1\\1\end{pmatrix}$，$\boldsymbol{\alpha}_2=\begin{pmatrix}1\\2\\3\end{pmatrix}$，$\alpha_3=\begin{pmatrix}1\\3\\t\end{pmatrix}$，当________时，向量组线性无关 .

3. 设 $\boldsymbol{\alpha}=\begin{pmatrix}1\\0\\2\\3\end{pmatrix}$，$\boldsymbol{\beta}=\begin{pmatrix}-2\\1\\-2\\0\end{pmatrix}$，若 $\boldsymbol{\alpha}+2\boldsymbol{\beta}-3\boldsymbol{\gamma}=0$，则 $\boldsymbol{\gamma}=$________ .

4. 矩阵 $\boldsymbol{A}=\begin{pmatrix}1&2&3&4\\-1&-1&-4&-2\\3&4&11&8\end{pmatrix}$ 的秩为________ .

三、计算或证明题

1. 已知向量组 $\boldsymbol{\beta}=\begin{pmatrix}3\\5\\-6\end{pmatrix}$，$\boldsymbol{\alpha}_1=\begin{pmatrix}1\\0\\1\end{pmatrix}$，$\boldsymbol{\alpha}_2=\begin{pmatrix}1\\1\\1\end{pmatrix}$，$\boldsymbol{\alpha}_3=\begin{pmatrix}0\\-1\\-1\end{pmatrix}$，判断向量 $\boldsymbol{\beta}$ 能否由其他向量线性表示，若能，给出该表示式 .

2. 设向量组 $\boldsymbol{\alpha}_1$，$\boldsymbol{\alpha}_2$，$\boldsymbol{\alpha}_3$ 线性无关，当 k、l 满足什么条件时，向量组 $\boldsymbol{\beta}_1=k\boldsymbol{\alpha}_2-\boldsymbol{\alpha}_1$，$\boldsymbol{\beta}_2=l\boldsymbol{\alpha}_3-\boldsymbol{\alpha}_2$，$\boldsymbol{\beta}_3=\boldsymbol{\alpha}_1-\boldsymbol{\alpha}_3$ 也线性无关？

3. 判断下列向量组的线性相关性：

（1）$\boldsymbol{\alpha}_1=\begin{pmatrix}1\\-1\\0\end{pmatrix}$，$\boldsymbol{\alpha}_2=\begin{pmatrix}2\\1\\1\end{pmatrix}$，$\boldsymbol{\alpha}_3=\begin{pmatrix}1\\3\\-1\end{pmatrix}$；（2）$\boldsymbol{\alpha}_1=\begin{pmatrix}2\\3\\0\end{pmatrix}$，$\boldsymbol{\alpha}_2=\begin{pmatrix}-1\\4\\0\end{pmatrix}$，$\boldsymbol{\alpha}_3=\begin{pmatrix}0\\0\\2\end{pmatrix}$.

4. 已知向量组 $\boldsymbol{\alpha}_1$，$\boldsymbol{\alpha}_2$，…，$\boldsymbol{\alpha}_m$ 线性无关，证明 $\boldsymbol{\beta}_1=\boldsymbol{\alpha}_1$，$\boldsymbol{\beta}_2=\boldsymbol{\alpha}_1+\boldsymbol{\alpha}_2$，…，$\boldsymbol{\beta}_m=\boldsymbol{\alpha}_1+\boldsymbol{\alpha}_2+\cdots+\boldsymbol{\alpha}_m$ 线性无关 .

5. 设 n 维基本单位向量组 $\boldsymbol{e}_1$，$\boldsymbol{e}_2$，…，$\boldsymbol{e}_n$ 可以由 n 维向量组 $\boldsymbol{\alpha}_1$，$\boldsymbol{\alpha}_2$，…，$\boldsymbol{\alpha}_n$ 线性表示，证明 $\boldsymbol{\alpha}_1$，$\boldsymbol{\alpha}_2$，…，$\boldsymbol{\alpha}_n$ 线性无关 .

6. 设向量组 $\boldsymbol{\alpha}_1$，$\boldsymbol{\alpha}_2$，…，$\boldsymbol{\alpha}_n$ 线性无关，证明 $\boldsymbol{\beta}_1=\boldsymbol{\alpha}_2+\boldsymbol{\alpha}_3+\cdots+\boldsymbol{\alpha}_n$，$\boldsymbol{\beta}_2=\boldsymbol{\alpha}_1+\boldsymbol{\alpha}_3+\cdots+\boldsymbol{\alpha}_n$，…，$\boldsymbol{\beta}_n=\boldsymbol{\alpha}_1+\boldsymbol{\alpha}_2+\cdots+\boldsymbol{\alpha}_{n-1}$ 线性无关 .

7. 设 $\boldsymbol{A}$ 为 n 阶矩阵，列向量组 $\boldsymbol{\alpha}_1$，$\boldsymbol{\alpha}_2$，…，$\boldsymbol{\alpha}_n$ 线性无关，证明 $\boldsymbol{A}\boldsymbol{\alpha}_1$，$\boldsymbol{A}\boldsymbol{\alpha}_2$，…，$\boldsymbol{A}\boldsymbol{\alpha}_n$ 线性无关的充要条件是 $\boldsymbol{A}$ 为可逆矩阵 .

8. 判断向量组 $\boldsymbol{\alpha}_1=\begin{pmatrix}-2\\0\\1\end{pmatrix}$，$\boldsymbol{\alpha}_2=\begin{pmatrix}-3\\2\\-1\end{pmatrix}$ 与向量组 $\boldsymbol{\beta}_1=\begin{pmatrix}5\\-6\\5\end{pmatrix}$，$\boldsymbol{\beta}_2=\begin{pmatrix}-4\\4\\-3\end{pmatrix}$ 是否等价，若等价，给出该表示式 .

9. 设 $\boldsymbol{A}=\begin{pmatrix}1&-2&3\lambda\\-1&2\lambda&-3\\\lambda&-2&3\end{pmatrix}$，问当 λ 为何值时，$R(\boldsymbol{A})=1$，$R(\boldsymbol{A})=2$，$R(\boldsymbol{A})=3$.

10. 求向量组 $\boldsymbol{\alpha}_1=\begin{pmatrix}1\\0\\-1\end{pmatrix}$，$\boldsymbol{\alpha}_2=\begin{pmatrix}-2\\2\\0\end{pmatrix}$，$\boldsymbol{\alpha}_3=\begin{pmatrix}3\\-5\\2\end{pmatrix}$ 的一个极大无关组，并将其他向量

用该极大无关组线性表示．

11．给定向量组 $\boldsymbol{\alpha}_1=\begin{pmatrix}1\\1\\1\\1\end{pmatrix}$，$\boldsymbol{\alpha}_2=\begin{pmatrix}1\\-1\\1\\-1\end{pmatrix}$，$\boldsymbol{\alpha}_3=\begin{pmatrix}1\\3\\1\\3\end{pmatrix}$，$\boldsymbol{\alpha}_4=\begin{pmatrix}1\\-1\\-1\\1\end{pmatrix}$，求该向量组的秩，并确定它的一个极大无关组．

12．设 n 维行向量 $\boldsymbol{\alpha}=\left(\frac{1}{2}, 0, \cdots, 0, \frac{1}{2}\right)$，矩阵 $\boldsymbol{A}=\boldsymbol{E}-\boldsymbol{\alpha}^{\mathrm{T}}\boldsymbol{\alpha}$，$\boldsymbol{B}=\boldsymbol{E}+2\boldsymbol{\alpha}^{\mathrm{T}}\boldsymbol{\alpha}$，求 $\boldsymbol{AB}$.

13．用施密特正交化方法将下列向量组规范正交化：

（1）$\boldsymbol{\alpha}_1=\begin{pmatrix}1\\-1\\0\end{pmatrix}$，$\boldsymbol{\alpha}_2=\begin{pmatrix}1\\1\\1\end{pmatrix}$，$\boldsymbol{\alpha}_3=\begin{pmatrix}1\\0\\1\end{pmatrix}$；（2）$\boldsymbol{\alpha}_1=\begin{pmatrix}1\\1\\1\\1\end{pmatrix}$，$\boldsymbol{\alpha}_2=\begin{pmatrix}1\\2\\2\\1\end{pmatrix}$，$\boldsymbol{\alpha}_3=\begin{pmatrix}2\\3\\1\\6\end{pmatrix}$.

第4章 线性方程组

线性方程组在数学许多分支以及工程技术、经济管理等领域中都有广泛的应用，线性方程组解的理论、应用和求解方法是线性代数的核心内容之一.

本章以矩阵、向量组为工具，介绍线性方程组解的存在性与解的结构问题，并进一步求解线性方程组.

4.1 线性方程组及其解的判定

4.1.1 线性方程组的一般概念

定义 4.1 设变量 x_1，x_2，…，x_n，n 为正整数，则表达式

$$a_1x_1 + a_2x_2 + \cdots + a_nx_n = b \tag{4-1}$$

称为 n **元线性方程**. 其中，a_1，a_2，…，a_n，b 为常数，x_1，x_2，…，x_n 为未知量. 方程(4-1)之所以称为 n 元线性方程，是因为它的每一项关于未知量 x_1，x_2，…，x_n 都是一次的. 当 $n=1$ 时，就是我们非常熟悉的一元一次方程.

若存在一组有序数组 $(c_1, c_2, \cdots, c_n)$，当 $x_1=c_1$，$x_2=c_2$，…，$x_n=c_n$ 时，方程(4-1)恒成立，则称 c_1，c_2，…，c_n 为方程(4-1)的**解**. 方程(4-1)的所有解组成的集合称为该方程的**解集合**.

例如，有三元一次方程 $x_1+2x_2+x_3=2$，其中，$x_1=0$，$x_2=1$，$x_3=0$ 是该方程的一个解，而 $\{x_1=-k_1-2k_2, x_2=1+k_2, x_3=k_1 \mid k_1, k_2 \in \mathbf{R}\}$ 是该方程的解集合.

定义 4.2 一般地，由 m 个 n 元线性方程所组成的一组方程

$$\begin{cases} a_{11}x_1 + a_{12}x_2 + \cdots + a_{1n}x_n = b_1 \\ a_{21}x_1 + a_{22}x_2 + \cdots + a_{2n}x_n = b_2 \\ \qquad\qquad\vdots \\ a_{m1}x_1 + a_{m2}x_2 + \cdots + a_{mn}x_n = b_m \end{cases} \tag{4-2}$$

称为 n **元非齐次线性方程组**. 其中，$a_{ij}(i=1, 2, \cdots, m; j=1, 2, \cdots, n)$ 是方程组的系数，x_1，x_2，…，x_n 是未知量，b_1，b_2，…，b_m 是常数项且不全为零.

若存在一组数 c_1，c_2，…，c_n，当 $x_1=c_1$，$x_2=c_2$，…，$x_n=c_n$ 时，线性方程组(4-2)中每个等式恒成立，则称

$$x_1=c_1, \ x_2=c_2, \ \cdots, \ x_n=c_n$$

为线性方程组(4-2)的**解**．向量 $(c_1, c_2, \cdots, c_n)^{\mathrm{T}}$ 称为线性方程组(4-2)的**解向量**. 线性方程组(4-2)的所有解组成的集合称为该方程组的**解集合**. 若两个方程组有相同的解集合，则这两个方程组称为同解方程组．若记

$$\boldsymbol{A}=\begin{pmatrix} a_{11} & a_{12} & \cdots & a_{1n} \\ a_{21} & a_{22} & \cdots & a_{2n} \\ \vdots & \vdots & & \vdots \\ a_{m1} & a_{m2} & \cdots & a_{mn} \end{pmatrix},\ \boldsymbol{X}=\begin{pmatrix} x_1 \\ x_2 \\ \vdots \\ x_n \end{pmatrix},\ \boldsymbol{b}=\begin{pmatrix} b_1 \\ b_2 \\ \vdots \\ b_m \end{pmatrix}$$

则线性方程组(4-2)可表示为

$$\boldsymbol{AX}=\boldsymbol{b} \tag{4-3}$$

式(4-3)称为线性方程组(4-2)的矩阵形式, $\boldsymbol{A}$ 为**系数矩阵**.

定义 4.3 矩阵 $(\boldsymbol{A} \mid \boldsymbol{b})$ 称为 $\boldsymbol{AX}=\boldsymbol{b}$ 的**增广矩阵**，记为 $\overline{\boldsymbol{A}}$. 即

$$\overline{\boldsymbol{A}}=(\boldsymbol{A} \mid \boldsymbol{b})=\left(\begin{array}{cccc|c} a_{11} & a_{12} & \cdots & a_{1n} & b_1 \\ a_{21} & a_{22} & \cdots & a_{2n} & b_2 \\ \vdots & \vdots & & \vdots & \vdots \\ a_{m1} & a_{m2} & \cdots & a_{mn} & b_m \end{array}\right) \tag{4-4}$$

定义 4.4 线性方程组(4-2)中，若 $b_1=b_2=\cdots=b_m=0$，则

$$\begin{cases} a_{11}x_1+a_{12}x_2+\cdots+a_{1n}x_n=0 \\ a_{21}x_1+a_{22}x_2+\cdots+a_{2n}x_n=0 \\ \qquad\vdots \\ a_{m1}x_1+a_{m2}x_2+\cdots+a_{mn}x_n=0 \end{cases} \tag{4-5}$$

称为**齐次线性方程组**.

齐次线性方程组(4-5)的矩阵形式为

$$\boldsymbol{AX}=\boldsymbol{0} \tag{4-6}$$

定义 4.5 齐次线性方程组 $\boldsymbol{AX}=\boldsymbol{0}$ 称为非齐次线性方程组 $\boldsymbol{AX}=\boldsymbol{b}$ 的**导出组**.

4.1.2 高斯消元法

下面通过举例说明高斯消元法. 求解方程组

$$\begin{cases} x_1-2x_2+3x_3=-4 \\ -7x_2+3x_3=1 \\ x_1+3x_2=-3 \\ x_2-x_3=1 \end{cases}$$

将第 1 个方程的 -1 倍加到第 3 个方程上，第 2 个方程与第 4 个方程互换位置，可得

$$\begin{cases} x_1-2x_2+3x_3=-4 \\ x_2-x_3=1 \\ 5x_2-3x_3=1 \\ -7x_2+3x_3=1 \end{cases}$$

将第 2 个方程的 -5 倍加到第 3 个方程上，第 2 个方程的 7 倍加到第 4 个方程上，可得

$$\begin{cases}x_1 - 2x_2 + 3x_3 = -4\\ x_2 - x_3 = 1\\ 2x_3 = -4\\ -4x_3 = 8\end{cases}$$

将第 3 个方程乘 $\frac{1}{2}$，第 4 个方程乘 $-\frac{1}{4}$，可得

$$\begin{cases}x_1 - 2x_2 + 3x_3 = -4\\ x_2 - x_3 = 1\\ x_3 = -2\\ x_3 = -2\end{cases}$$

将第 3 个方程的 -1 倍加到第 4 个方程上，第 3 个方程加到第 2 个方程上，第 3 个方程的 -3 倍加到第 1 个方程上，可得

$$\begin{cases}x_1 - 2x_2 = 2\\ x_2 = -1\\ x_3 = -2\\ 0 = 0\end{cases}$$

将第 2 个方程的 2 倍加到第 1 个方程上，可得

$$\begin{cases}x_1 = 0\\ x_2 = -1\\ x_3 = -2\end{cases}$$

由此，求出方程组的解为 $x_1 = 0$，$x_2 = -1$，$x_3 = -2$.

分析以上求解过程，不难发现，该过程实际上反复对方程组进行变换，而所进行的变换也只是由以下 3 种基本变换所构成：

(1)互换变换：互换两个方程的位置；

(2)倍乘变换：用非零数乘某个方程；

(3)倍加变换：一个方程乘非零数加到另一个方程上.

定义 4.6 变换(1)、(2)、(3)称为线性方程组的**初等变换**.

消元的过程就是对方程组反复进行初等变换的过程. 可以证明，线性方程组经过初等变换后，与原线性方程组是同解的方程组. 在求解过程中，对方程组进行初等变换，相当于对其增广矩阵进行相应的初等变换，因此可以利用方程组的增广矩阵来求解线性方程组，不需要将未知量写出.

4.1.3 线性方程组解的判定

由于线性方程组经过初等变换后与原线性方程组是同解方程组，因此这里只需要讨论经过初等变换后的线性方程组解的情况.

为了讨论方便，不妨设线性方程组(4-2)经过初等变换后所得同解方程组为

$$\begin{cases} x_1 + c_{1,\ r+1}x_{r+1} + \cdots + c_{1n}x_n = d_1 \\ x_2 + c_{2,\ r+1}x_{r+1} + \cdots + c_{2n}x_n = d_2 \\ \qquad \vdots \\ x_r + c_{r,\ r+1}x_{r+1} + \cdots + c_{rn}x_n = d_r \\ 0 = d_{r+1} \\ 0 = d_{r+2} \\ \quad \vdots \\ 0 = 0 \end{cases} \tag{4-7}$$

方程组(4-7)的增广矩阵为

$$\left(\begin{array}{ccccccc:c} 1 & 0 & \cdots & 0 & c_{1,\ r+1} & \cdots & c_{1n} & d_1 \\ 0 & 1 & \cdots & 0 & c_{2,\ r+1} & \cdots & c_{2n} & d_2 \\ \vdots & \vdots & & \vdots & \vdots & & \vdots & \vdots \\ 0 & 0 & \cdots & 1 & c_{r,\ r+1} & \cdots & c_{rn} & d_r \\ 0 & 0 & \cdots & 0 & 0 & \cdots & 0 & d_{r+1} \\ \vdots & \vdots & & \vdots & \vdots & & \vdots & \vdots \\ 0 & 0 & \cdots & 0 & 0 & \cdots & 0 & 0 \end{array}\right) \tag{4-8}$$

若方程组(4-7)中有方程 $0 = d_{r+1}$，而 $d_{r+1} \neq 0$，相当于 $R(\boldsymbol{A}) = r < R(\overline{\boldsymbol{A}}) = r + 1$，此时方程组(4-7)无解，因此方程组(4-2)无解 .

若方程组(4-7)中 $d_{r+1} = 0$，相当于 $R(\boldsymbol{A}) = R(\overline{\boldsymbol{A}}) = r$，此时方程组(4-7)有解，因此方程组(4-2)有解 .

下面在有解的条件下，进一步讨论如何求解 .

1. 当 $r = n$(n 为未知量个数)时

此时将方程组(4-7)中的恒等式去掉，则方程组(4-7)变为

$$\begin{cases} x_1 = d_1 \\ x_2 = d_2 \\ \quad \vdots \\ x_n = d_n \end{cases} \tag{4-9}$$

即方程组(4-7)有唯一解，从而方程组(4-2)有唯一解：$x_i = d_i(i = 1, 2, \cdots, n)$.

2. 当 $r < n$(n 为未知量个数)时

此时将方程组(4-7)中的恒等式去掉，则方程组(4-7)变为

$$\begin{cases} x_1 + c_{1,\ r+1}x_{r+1} + \cdots + c_{1n}x_n = d_1 \\ x_2 + c_{2,\ r+1}x_{r+1} + \cdots + c_{2n}x_n = d_2 \\ \qquad \vdots \\ x_r + c_{r,\ r+1}x_{r+1} + \cdots + c_{rn}x_n = d_r \end{cases} \tag{4-10}$$

移项可得

$$\begin{cases} x_1 = d_1 - c_{1,\ r+1}x_{r+1} - \cdots - c_{1n}x_n \\ x_2 = d_2 - c_{2,\ r+1}x_{r+1} - \cdots - c_{2n}x_n \\ \qquad \vdots \\ x_r = d_r - c_{r,\ r+1}x_{r+1} - \cdots - c_{rn}x_n \end{cases} \tag{4-11}$$

称式(4-11)为方程组(4-2)的**一般解**. 其中，称 x_1，x_2，…，x_r 为主变量，称其他 $n-r$ 个变量 x_{r+1}，x_{r+2}，…，x_n 为**自由未知量**. 将自由未知量任意给定一组值，即可求得 x_1，x_2，…，x_r 的值. 因为自由未知量可以取无穷多组值，所以方程组(4-7)有无穷多个解，从而方程组(4-2)有无穷多个解. 这无穷多个解的全体(即**通解**)可表示为

$$\begin{cases} x_1 = d_1 - c_{1,\ r+1}t_1 - \cdots - c_{1n}t_{n-r} \\ x_2 = d_2 - c_{2,\ r+1}t_1 - \cdots - c_{2n}t_{n-r} \\ \qquad\vdots \\ x_r = d_r - c_{r,\ r+1}t_1 - \cdots - c_{rn}t_{n-r} \\ x_{r+1} = t_1 \\ x_{r+2} = t_2 \\ \quad\vdots \\ x_n = t_{n-r} \end{cases} \tag{4-12}$$

其中，t_1，t_2，…，t_{n-r} 为任意常数.

3. 当 $r > n$(n 为未知量个数)时

这种情形是不可能出现的.

综上所述，有如下结论.

定理 4.1 非齐次线性方程组(4-2)有解的充要条件是 $R(\boldsymbol{A}) = R(\overline{\boldsymbol{A}})$.

定理 4.2 非齐次线性方程组(4-2)有唯一解的充要条件是 $R(\boldsymbol{A}) = R(\overline{\boldsymbol{A}}) = n$.

推论 4.1 当 $m = n$ 时，非齐次线性方程组(4-2)有唯一解的充要条件是 $|\boldsymbol{A}| \neq 0$.

定理 4.3 非齐次线性方程组(4-2)有无穷多个解的充要条件是 $R(\boldsymbol{A}) = R(\overline{\boldsymbol{A}}) = r < n$.

因为齐次线性方程组(4-6)总有 $R(\boldsymbol{A}) = R(\overline{\boldsymbol{A}})$，所以齐次线性方程组(4-6)总有解. 因为 $x_1=0$，$x_2=0$，…，$x_n=0$ 是齐次线性方程组(4-6)的解，所以齐次线性方程组(4-6)恒有零解. 如果齐次线性方程组(4-6)还有其他解，则称为非零解. 也就是说，齐次线性方程组有唯一解相当于它只有零解，从而齐次线性方程组有非零解，它的解就不唯一，即有无穷多个解. 将上述定理用到齐次线性方程组(4-6)，有如下结论.

定理 4.4 齐次线性方程组(4-6)只有零解的充要条件是 $R(\boldsymbol{A}) = n$.

定理 4.5 齐次线性方程组(4-6)有非零解的充要条件是 $R(\boldsymbol{A}) = r < n$.

推论 4.2 若齐次线性方程组(4-6)的方程个数小于未知量个数，即 $m < n$，则该方程组必有非零解.

推论 4.3 当 $m = n$ 时，齐次线性方程组(4-6)有如下结论：

(1)只有零解的充要条件是 $|\boldsymbol{A}| \neq 0$；

(2)有非零解的充要条件是 $|\boldsymbol{A}| = 0$.

例 4.1 判定线性方程组

$$\begin{cases} x_1 + x_2 - 2x_3 = -3 \\ 5x_1 - 2x_2 + 7x_3 = 22 \\ 2x_1 - 5x_2 + 4x_3 = 4 \end{cases}$$

解的情况，若有解，求该解．

解　$\overline{A}=(A \vdots b)=\left(\begin{array}{ccc:c}1 & 1 & -2 & -3\\ 5 & -2 & 7 & 22\\ 2 & -5 & 4 & 4\end{array}\right)\xrightarrow[r_3-2r_1]{r_2-5r_1}\left(\begin{array}{ccc:c}1 & 1 & -2 & -3\\ 0 & -7 & 17 & 37\\ 0 & -7 & 8 & 10\end{array}\right)\xrightarrow[-\frac{1}{9}r_3]{r_3-r_2}$

$\left(\begin{array}{ccc:c}1 & 1 & -2 & -3\\ 0 & -7 & 17 & 37\\ 0 & 0 & 1 & 3\end{array}\right)\xrightarrow[r_1+2r_3]{r_2-17r_3}\left(\begin{array}{ccc:c}1 & 1 & 0 & 3\\ 0 & -7 & 0 & -14\\ 0 & 0 & 1 & 3\end{array}\right)\xrightarrow[r_1-r_2]{-\frac{1}{7}r_2}$

$\left(\begin{array}{ccc:c}1 & 0 & 0 & 1\\ 0 & 1 & 0 & 2\\ 0 & 0 & 1 & 3\end{array}\right)$

因为 $R(A)=R(\overline{A})=3$，所以方程组有唯一解 $x_1=1$，$x_2=2$，$x_3=3$.

例 4.2　判定线性方程组

$$\begin{cases}x_1+x_2-x_3+2x_4=3\\ 2x_1+x_2-3x_4=1\\ x_1+x_3-5x_4=-2\end{cases}$$

解的情况，若有解，求该解．

解　$\overline{A}=(A \vdots b)=\left(\begin{array}{cccc:c}1 & 1 & -1 & 2 & 3\\ 2 & 1 & 0 & -3 & 1\\ 1 & 0 & 1 & -5 & -2\end{array}\right)\xrightarrow[r_3-r_1]{r_2-2r_1}\left(\begin{array}{cccc:c}1 & 1 & -1 & 2 & 3\\ 0 & -1 & 2 & -7 & -5\\ 0 & -1 & 2 & -7 & -5\end{array}\right)\xrightarrow[r_3+r_2]{-r_2}$

$\left(\begin{array}{cccc:c}1 & 1 & -1 & 2 & 3\\ 0 & 1 & -2 & 7 & 5\\ 0 & 0 & 0 & 0 & 0\end{array}\right)\xrightarrow{r_1-r_2}\left(\begin{array}{cccc:c}1 & 0 & 1 & -5 & -2\\ 0 & 1 & -2 & 7 & 5\\ 0 & 0 & 0 & 0 & 0\end{array}\right)$

因为 $R(A)=R(\overline{A})=2<4$，所以方程组有无穷多个解．

同解方程组为

$$\begin{cases}x_1+x_3-5x_4=-2\\ x_2-2x_3+7x_4=5\end{cases}$$

即

$$\begin{cases}x_1=-2-x_3+5x_4\\ x_2=5+2x_3-7x_4\end{cases}$$

令 $x_3=k_1$，$x_4=k_2$，得原方程组的通解为

$$\begin{cases}x_1=-2-k_1+5k_2\\ x_2=5+2k_1-7k_2\\ x_3=k_1\\ x_4=k_2\end{cases}$$

其中，k_1、k_2 为任意常数．

例 4.3　判定线性方程组

$$\begin{cases} x_1 + x_2 - 2x_3 = 4 \\ -2x_1 + x_2 + x_3 = 1 \\ x_1 - 2x_2 + x_3 = -2 \end{cases}$$

解的情况.

解 $$\overline{A} = (A \mid b) = \left(\begin{array}{ccc:c} 1 & 1 & -2 & 4 \\ -2 & 1 & 1 & 1 \\ 1 & -2 & 1 & -2 \end{array}\right) \xrightarrow[r_3 - r_1]{r_2 + 2r_1} \left(\begin{array}{ccc:c} 1 & 1 & -2 & 4 \\ 0 & 3 & -3 & 9 \\ 0 & -3 & 3 & -6 \end{array}\right) \xrightarrow[-\frac{1}{3}r_3]{\frac{1}{3}r_2}$$

$$\left(\begin{array}{ccc:c} 1 & 1 & -2 & 4 \\ 0 & 1 & -1 & 3 \\ 0 & 1 & -1 & 2 \end{array}\right) \xrightarrow[r_3 - r_2]{r_1 - r_2} \left(\begin{array}{ccc:c} 1 & 0 & -1 & 1 \\ 0 & 1 & -1 & 3 \\ 0 & 0 & 0 & -1 \end{array}\right)$$

因为 $R(A) = 2 < R(\overline{A}) = 3$，所以方程组无解.

例 4.4 问 λ 分别为何值时，非齐次线性方程组

$$\begin{cases} x_1 + \lambda x_2 + 2x_3 = 1 \\ -x_1 - x_2 + \lambda x_3 = 2 \\ 5x_1 + 5x_2 + 4x_3 = -1 \end{cases}$$

无解？有唯一解？有无穷多个解？

解 $$\overline{A} = (A \mid b) = \left(\begin{array}{ccc:c} 1 & \lambda & 2 & 1 \\ -1 & -1 & \lambda & 2 \\ 5 & 5 & 4 & -1 \end{array}\right) \xrightarrow[r_3 - 5r_1]{r_2 + r_1} \left(\begin{array}{ccc:c} 1 & \lambda & 2 & 1 \\ 0 & \lambda - 1 & \lambda + 2 & 3 \\ 0 & 5 - 5\lambda & -6 & -6 \end{array}\right) \xrightarrow{r_3 + 5r_2}$$

$$\left(\begin{array}{ccc:c} 1 & \lambda & 2 & 1 \\ 0 & \lambda - 1 & \lambda + 2 & 3 \\ 0 & 0 & 5\lambda + 4 & 9 \end{array}\right)$$

(1) 当 $\lambda = -\dfrac{4}{5}$ 时，$R(A) < R(\overline{A})$，方程组无解；

(2) 当 $\lambda \neq -\dfrac{4}{5}$ 且 $\lambda \neq 1$ 时，$R(A) = R(\overline{A}) = 3$，方程组有唯一解；

(3) 当 $\lambda = 1$ 时，$\overline{A} \rightarrow \left(\begin{array}{ccc:c} 1 & 1 & 2 & 1 \\ 0 & 0 & 1 & 1 \\ 0 & 0 & 0 & 0 \end{array}\right)$，$R(A) = R(\overline{A}) = 2 < 3$，方程组有无穷多个解.

例 4.5 问 λ 分别为何值时，齐次线性方程组

$$\begin{cases} \lambda x_1 + x_2 + x_3 = 0 \\ x_1 - x_2 + \lambda x_3 = 0 \\ 2x_1 - x_2 - x_3 = 0 \end{cases}$$

仅有零解？有非零解？并在有非零解时求出全部解.

解 $$A = \begin{pmatrix} \lambda & 1 & 1 \\ 1 & -1 & \lambda \\ 2 & -1 & -1 \end{pmatrix} \xrightarrow[\substack{r_2 - \lambda r_1 \\ r_3 - 2r_1}]{r_1 \leftrightarrow r_2} \begin{pmatrix} 1 & -1 & \lambda \\ 0 & 1 + \lambda & 1 - \lambda^2 \\ 0 & 1 & -1 - 2\lambda \end{pmatrix} \xrightarrow[r_3 - (1 + \lambda) r_2]{r_1 + r_2}$$

$$\begin{pmatrix} 1 & 0 & -1-\lambda \\ 0 & 1 & -1-2\lambda \\ 0 & 0 & (\lambda+1)(\lambda+2) \end{pmatrix}$$

(1)当 $\lambda \neq -1$ 且 $\lambda \neq -2$ 时，$R(\boldsymbol{A})=3$，方程组仅有零解.

(2)当 $\lambda=-1$ 时，有

$$\boldsymbol{A}=\begin{pmatrix} -1 & 1 & 1 \\ 1 & -1 & -1 \\ 2 & -1 & -1 \end{pmatrix} \rightarrow \begin{pmatrix} 1 & 0 & 0 \\ 0 & 1 & 1 \\ 0 & 0 & 0 \end{pmatrix}$$

$R(\boldsymbol{A})=2<3$，方程组有非零解.

同解方程组为

$$\begin{cases} x_1=0 \\ x_2+x_3=0 \end{cases}$$

即

$$\begin{cases} x_1=0 \\ x_2=-x_3 \end{cases}$$

令 $x_3=k$，得原方程组的解为 $\begin{cases} x_1=0 \\ x_2=-k \\ x_3=k \end{cases}(k \in \mathbf{R})$.

(3)当 $\lambda=-2$ 时，有

$$\boldsymbol{A}=\begin{pmatrix} -2 & 1 & 1 \\ 1 & -1 & -2 \\ 2 & -1 & -1 \end{pmatrix} \rightarrow \begin{pmatrix} 1 & 0 & 1 \\ 0 & 1 & 3 \\ 0 & 0 & 0 \end{pmatrix}$$

$R(\boldsymbol{A})=2<3$，方程组有非零解.

同解方程组为

$$\begin{cases} x_1+x_3=0 \\ x_2+3x_3=0 \end{cases}$$

即

$$\begin{cases} x_1=-x_3 \\ x_2=-3x_3 \end{cases}$$

令 $x_3=k$，得原方程组的解为 $\begin{cases} x_1=-k \\ x_2=-3k \\ x_3=k \end{cases}(k \in \mathbf{R})$.

习题 4.1 解答

习题 4.1

1. 判定下列线性方程组解的情况，并在有解时求出方程组的解：

(1) $\begin{cases} x_1-3x_2-2x_3=0 \\ 2x_1-x_2+4x_3=0 \\ x_1+4x_2-x_3=0 \end{cases}$；　(2) $\begin{cases} -x_1+5x_2-2x_3+3x_4=0 \\ 2x_1-9x_2+3x_3-5x_4=0 \\ x_1-4x_2+x_3-2x_4=0 \end{cases}$；

(3) $\begin{cases} x_1 + x_2 + 2x_3 = 1 \\ 2x_1 - x_2 + 2x_3 = -4; \\ 4x_1 + x_2 + 4x_3 = -2 \end{cases}$ (4) $\begin{cases} x_1 + x_3 + 2x_4 = -4 \\ 2x_1 + x_2 + x_3 + 2x_4 = 1; \\ 2x_1 + x_2 + x_3 + x_4 = -1 \end{cases}$

(5) $\begin{cases} 3x_1 + x_2 + 5x_3 - 4x_4 = 2 \\ 2x_1 + 3x_2 - x_4 = 0 \\ 3x_1 - 6x_2 + 15x_3 - 9x_4 = 1 \\ 7x_2 - 10x_3 + 5x_4 = -4 \end{cases}$.

2. 当 λ 分别为何值时，齐次线性方程组

$$\begin{cases} x_1 + x_2 + \lambda x_3 = 0 \\ x_1 + \lambda x_2 + x_3 = 0 \\ \lambda x_1 + x_2 + x_3 = 0 \end{cases}$$

(1)只有零解？(2)有非零解？

3. 当 λ 分别为何值时，非齐次线性方程组

$$\begin{cases} \lambda x_1 - x_2 - x_3 = 1 \\ -x_1 + \lambda x_2 - x_3 = -\lambda \\ -x_1 - x_2 + \lambda x_3 = \lambda^2 \end{cases}$$

(1)有唯一解？(2)有无穷多个解？(3)无解？

4. 若齐次线性方程组

$$\begin{cases} x_1 + x_2 + \lambda x_3 = 0 \\ x_1 + \lambda x_2 + x_3 = 0 \\ 3x_1 - x_2 + (\lambda + 4)x_3 = 0 \\ -x_1 + x_2 - 2x_3 = 0 \end{cases}$$

有非零解，求 λ 的值.

5. 设有一线性方程组

$$\begin{cases} x_1 + ax_2 + a^2x_3 = a^3 \\ x_1 + bx_2 + b^2x_3 = b^3 \\ x_1 + cx_2 + c^2x_3 = c^3 \\ x_1 + dx_2 + d^2x_3 = d^3 \end{cases}$$

若 a、b、c、d 互不相等，证明该方程组无解.

4.2 齐次线性方程组解的结构

上一节建立了线性方程组解的判定定理，本节主要讨论齐次线性方程组 $\boldsymbol{AX} = \boldsymbol{0}$ 在有无穷多个解时，它的解是怎样构成的，即解的结构问题.

4.2.1 齐次线性方程组解的性质

齐次线性方程组解有如下性质.

(1)若 $\boldsymbol{\xi}$ 是齐次线性方程组 $\boldsymbol{AX}=\boldsymbol{0}$ 的解，k 为实数，则 $k\boldsymbol{\xi}$ 也是 $\boldsymbol{AX}=\boldsymbol{0}$ 的解；

证明 因为 $\boldsymbol{A\xi}=\boldsymbol{0}$，所以 $\boldsymbol{A}(k\boldsymbol{\xi})=k\cdot(\boldsymbol{A\xi})=\boldsymbol{0}$.

(2)若 $\boldsymbol{\xi}_1$，$\boldsymbol{\xi}_2$ 是齐次线性方程组 $\boldsymbol{AX}=\boldsymbol{0}$ 的解，则 $\boldsymbol{\xi}_1+\boldsymbol{\xi}_2$ 也是 $\boldsymbol{AX}=\boldsymbol{0}$ 的解 .

证明 因为 $\boldsymbol{A\xi}_1=\boldsymbol{0}$，$\boldsymbol{A\xi}_2=\boldsymbol{0}$，两式相加得 $\boldsymbol{A}(\boldsymbol{\xi}_1+\boldsymbol{\xi}_2)=\boldsymbol{A\xi}_1+\boldsymbol{A\xi}_2=\boldsymbol{0}$.

推论 4.4 若 $\boldsymbol{\xi}_1$，$\boldsymbol{\xi}_2$，…，$\boldsymbol{\xi}_m$ 都是齐次线性方程组 $\boldsymbol{AX}=\boldsymbol{0}$ 的解，则 $k_1\boldsymbol{\xi}_1+k_2\boldsymbol{\xi}_2+\cdots+k_m\boldsymbol{\xi}_m$ 仍是 $\boldsymbol{AX}=\boldsymbol{0}$ 的解 .

由性质(1)、(2)及推论 4.4 可以产生如下问题：有没有可能找出 $\boldsymbol{AX}=\boldsymbol{0}$ 的一组解，它们中没有“多余”的解(即线性无关)，而由它们所有可能的线性组合，就能得出 $\boldsymbol{AX}=\boldsymbol{0}$ 的全部解呢？为了从理论上严格说清这个问题，我们引进一个新的概念.

若齐次线性方程组 $\boldsymbol{AX}=\boldsymbol{0}$ 有非零解，则一定有无数个非零解，且解向量的集合构成向量空间，称为齐次线性方程组 $\boldsymbol{AX}=\boldsymbol{0}$ 的**解空间，记为 $V=\{\boldsymbol{\xi}\mid\boldsymbol{A\xi}=\boldsymbol{0}\}$** . 此时，求齐次线性方程组 $\boldsymbol{AX}=\boldsymbol{0}$ 的非零解，只需寻找 V 的极大无关组，则 $\boldsymbol{AX}=\boldsymbol{0}$ 的所有解都可用该极大无关组的线性组合来表示 .

4.2.2 齐次线性方程组解的结构

定义 4.7 若齐次线性方程组 $\boldsymbol{AX}=\boldsymbol{0}$ 的解 $\boldsymbol{\xi}_1$，$\boldsymbol{\xi}_2$，…，$\boldsymbol{\xi}_{n-r}$，满足以下两个条件：

(1) $\boldsymbol{\xi}_1$，$\boldsymbol{\xi}_2$，…，$\boldsymbol{\xi}_{n-r}$ 线性无关；

(2) $\boldsymbol{AX}=\boldsymbol{0}$ 的任意一个解 $\boldsymbol{\xi}$ 都可以表示为 $\boldsymbol{\xi}_1$，$\boldsymbol{\xi}_2$，…，$\boldsymbol{\xi}_{n-r}$ 的线性组合.

则称 $\boldsymbol{\xi}_1$，$\boldsymbol{\xi}_2$，…，$\boldsymbol{\xi}_{n-r}$ 是 $\boldsymbol{AX}=\boldsymbol{0}$ 的一个**基础解系**.

由定义 4.7 可知，如果能找出齐次线性方程组 $\boldsymbol{AX}=\boldsymbol{0}$ 的一个基础解系，就等于找到其全部解，那么齐次线性方程组 $\boldsymbol{AX}=\boldsymbol{0}$ 有多少解、解与解之间的关系这两个理论问题就圆满地解决了. 这样，探讨齐次线性方程组 $\boldsymbol{AX}=\boldsymbol{0}$ 的理论课题就归结为讨论它的基础解系了 . 应当指出，如果齐次线方程组 $\boldsymbol{AX}=\boldsymbol{0}$ 只有零解，那它就没有基础解系 .

如果 $\boldsymbol{\xi}_1$，$\boldsymbol{\xi}_2$，…，$\boldsymbol{\xi}_{n-r}$ 是齐次线性方程组 $\boldsymbol{AX}=\boldsymbol{0}$ 的一个基础解系，则 $\boldsymbol{AX}=\boldsymbol{0}$ 的通解可表示为

$$k_1\boldsymbol{\xi}_1+k_2\boldsymbol{\xi}_2+\cdots+k_{n-r}\boldsymbol{\xi}_{n-r}$$

其中，k_1，k_2，…，k_{n-r} 为任意常数 .

定理 4.6 若齐次线性方程组 $\boldsymbol{AX}=\boldsymbol{0}$ 的系数矩阵的秩 $R(\boldsymbol{A})=r<n$，则该方程组必有基础解系，其中包含 $n-r$ 个解向量 .

证明 因为方程组 $\boldsymbol{AX}=\boldsymbol{0}$ 的系数矩阵的秩 $R(\boldsymbol{A})=r<n$，所以对系数矩阵 $\boldsymbol{A}$ 总可以经过若干次初等行变换，并化为如下形式

$$\begin{pmatrix} 1 & 0 & \cdots & 0 & c_{1,\ r+1} & \cdots & c_{1n} \\ 0 & 1 & \cdots & 0 & c_{2,\ r+1} & \cdots & c_{2n} \\ \vdots & \vdots & & \vdots & \vdots & & \vdots \\ 0 & 0 & \cdots & 1 & c_{r,\ r+1} & \cdots & c_{rn} \\ 0 & 0 & \cdots & 0 & 0 & \cdots & 0 \\ \vdots & \vdots & & \vdots & \vdots & & \vdots \\ 0 & 0 & \cdots & 0 & 0 & \cdots & 0 \end{pmatrix}$$

得同解方程组

$$\begin{cases}x_1+c_{1,\ r+1}x_{r+1}+\cdots+c_{1n}x_n=0\\x_2+c_{2,\ r+1}x_{r+1}+\cdots+c_{2n}x_n=0\\\qquad\vdots\\x_r+c_{r,\ r+1}x_{r+1}+\cdots+c_{rn}x_n=0\end{cases}$$

即

$$\begin{cases}x_1=-c_{1,\ r+1}x_{r+1}-\cdots-c_{1n}x_n\\x_2=-c_{2,\ r+1}x_{r+1}-\cdots-c_{2n}x_n\\\qquad\vdots\\x_r=-c_{r,\ r+1}x_{r+1}-\cdots-c_{rn}x_n\end{cases}$$

其中，x_{r+1}，x_{r+2}，…，x_n 为自由未知量，共 $n-r$ 个．若分别令

$$\begin{pmatrix}x_{r+1}\\x_{r+2}\\\vdots\\x_n\end{pmatrix}=\begin{pmatrix}1\\0\\\vdots\\0\end{pmatrix},\ \begin{pmatrix}0\\1\\\vdots\\0\end{pmatrix},\ \cdots,\ \begin{pmatrix}0\\0\\\vdots\\1\end{pmatrix}$$

可得方程组的 $n-r$ 个解为

$$\boldsymbol{\xi}_1=\begin{pmatrix}-c_{1,\ r+1}\\\vdots\\-c_{r,\ r+1}\\1\\0\\\vdots\\0\end{pmatrix},\ \boldsymbol{\xi}_2=\begin{pmatrix}-c_{1,\ r+2}\\\vdots\\-c_{r,\ r+2}\\0\\1\\\vdots\\0\end{pmatrix},\ \cdots,\ \boldsymbol{\xi}_{n-r}=\begin{pmatrix}-c_{1n}\\\vdots\\-c_{rn}\\0\\0\\\vdots\\1\end{pmatrix}$$

接下来证明 $\boldsymbol{\xi}_1$，$\boldsymbol{\xi}_2$，…，$\boldsymbol{\xi}_{n-r}$ 是方程组 $\boldsymbol{AX}=\boldsymbol{0}$ 的基础解系．

因为 $\boldsymbol{\xi}_1$，$\boldsymbol{\xi}_2$，…，$\boldsymbol{\xi}_{n-r}$ 这 $n-r$ 个解向量的后 $n-r$ 个分量构成一个 $n-r$ 阶单位矩阵，所以 $R(\boldsymbol{\xi}_1, \boldsymbol{\xi}_2, \cdots, \boldsymbol{\xi}_{n-r})=n-r$，故 $\boldsymbol{\xi}_1$，$\boldsymbol{\xi}_2$，…，$\boldsymbol{\xi}_{n-r}$ 线性无关．

设 $\boldsymbol{\xi}=(d_1, d_2, \cdots, d_n)^{\mathrm{T}}$ 是 $\boldsymbol{AX}=\boldsymbol{0}$ 的任意一个解，因为

$$\begin{cases}d_1=-c_{1,\ r+1}d_{r+1}-\cdots-c_{1n}d_n\\d_2=-c_{2,\ r+1}d_{r+1}-\cdots-c_{2n}d_n\\\qquad\vdots\\d_r=-c_{r,\ r+1}d_{r+1}-\cdots-c_{rn}d_n\end{cases}$$

所以

$$\boldsymbol{\xi}=\begin{pmatrix}d_1\\\vdots\\d_r\\d_{r+1}\\d_{r+2}\\\vdots\\d_n\end{pmatrix}=d_{r+1}\begin{pmatrix}-c_{1,\ r+1}\\\vdots\\-c_{r,\ r+1}\\1\\0\\\vdots\\0\end{pmatrix}+d_{r+2}\begin{pmatrix}-c_{1,\ r+2}\\\vdots\\-c_{r,\ r+2}\\0\\1\\\vdots\\0\end{pmatrix}+\cdots+d_n\begin{pmatrix}-c_{1n}\\\vdots\\-c_{rn}\\0\\0\\\vdots\\1\end{pmatrix}$$

$$=d_{r+1}\boldsymbol{\xi}_1+d_{r+2}\boldsymbol{\xi}_2+\cdots+d_n\boldsymbol{\xi}_{n-r}$$

即$\boldsymbol{\xi}$可以表示为$\boldsymbol{\xi}_1$，$\boldsymbol{\xi}_2$，…，$\boldsymbol{\xi}_{n-r}$的线性组合．

综上可知，$\boldsymbol{\xi}_1$，$\boldsymbol{\xi}_2$，…，$\boldsymbol{\xi}_{n-r}$是齐次线性方程组$\boldsymbol{AX}=\boldsymbol{0}$的基础解系．

定理4.6的证明过程也给出了求齐次线性方程组$\boldsymbol{AX}=\boldsymbol{0}$的基础解系的方法．

(1)求出$\boldsymbol{AX}=\boldsymbol{0}$的一般解

$$\begin{cases} x_1=-c_{1,\ r+1}x_{r+1}-\cdots-c_{1n}x_n \\ x_2=-c_{2,\ r+1}x_{r+1}-\cdots-c_{2n}x_n \\ \qquad\vdots \\ x_r=-c_{r,\ r+1}x_{r+1}-\cdots-c_{rn}x_n \end{cases}$$

(2)对于自由未知量x_{r+1}，x_{r+2}，…，x_n，分别令

$$\begin{pmatrix} x_{r+1} \\ x_{r+2} \\ \vdots \\ x_n \end{pmatrix}=\begin{pmatrix} 1 \\ 0 \\ \vdots \\ 0 \end{pmatrix},\ \begin{pmatrix} 0 \\ 1 \\ \vdots \\ 0 \end{pmatrix},\ \cdots,\ \begin{pmatrix} 0 \\ 0 \\ \vdots \\ 1 \end{pmatrix}$$

这样得到的$n-r$个解向量就是方程组$\boldsymbol{AX}=\boldsymbol{0}$的基础解系．

例4.6　求齐次线性方程组

$$\begin{cases} x_1+2x_2-x_3+2x_4=0 \\ 2x_1+4x_2+x_3+x_4=0 \\ -x_1-2x_2-2x_3+x_4=0 \end{cases}$$

的基础解系．

解　$$\boldsymbol{A}=\begin{pmatrix} 1 & 2 & -1 & 2 \\ 2 & 4 & 1 & 1 \\ -1 & -2 & -2 & 1 \end{pmatrix}\xrightarrow[r_3+r_1]{r_2-2r_1}\begin{pmatrix} 1 & 2 & -1 & 2 \\ 0 & 0 & 3 & -3 \\ 0 & 0 & -3 & 3 \end{pmatrix}\xrightarrow[\frac{1}{3}r_2]{r_3+r_2}$$

$$\begin{pmatrix} 1 & 2 & -1 & 2 \\ 0 & 0 & 1 & -1 \\ 0 & 0 & 0 & 0 \end{pmatrix}\xrightarrow{r_1+r_2}\begin{pmatrix} 1 & 2 & 0 & 1 \\ 0 & 0 & 1 & -1 \\ 0 & 0 & 0 & 0 \end{pmatrix}$$

$R(\boldsymbol{A})=2<4$，所以原方程组有无穷多个解．

同解方程组为

$$\begin{cases} x_1=-2x_2-x_4 \\ x_3=x_4 \end{cases}$$

其中，x_2、x_4为自由未知量．分别令$\begin{pmatrix} x_2 \\ x_4 \end{pmatrix}=\begin{pmatrix} 1 \\ 0 \end{pmatrix}$，$\begin{pmatrix} x_2 \\ x_4 \end{pmatrix}=\begin{pmatrix} 0 \\ 1 \end{pmatrix}$，得基础解系

$$\boldsymbol{\xi}_1=\begin{pmatrix} -2 \\ 1 \\ 0 \\ 0 \end{pmatrix},\ \boldsymbol{\xi}_2=\begin{pmatrix} -1 \\ 0 \\ 1 \\ 1 \end{pmatrix}.$$

例4.7　求齐次线性方程组

$$\begin{cases}x_1+2x_2+3x_3=0\\2x_1+3x_2-4x_4=0\\3x_2-7x_3-13x_4=0\end{cases}$$

的通解 .

解 $A=\begin{pmatrix}1&2&3&0\\2&3&0&-4\\0&3&-7&-13\end{pmatrix}\xrightarrow[-r_2]{r_2-2r_1}\begin{pmatrix}1&2&3&0\\0&1&6&4\\0&3&-7&-13\end{pmatrix}\xrightarrow[r_3-3r_2]{r_1-2r_2}$

$\begin{pmatrix}1&0&-9&-8\\0&1&6&4\\0&0&-25&-25\end{pmatrix}\xrightarrow[\substack{r_1+9r_3\\r_2-6r_3}]{-\frac{1}{25}r_3}\begin{pmatrix}1&0&0&1\\0&1&0&-2\\0&0&1&1\end{pmatrix}$

$R(A)=3<4$，所以原方程组有无穷多个解 .

同解方程组为

$$\begin{cases}x_1=-x_4\\x_2=2x_4\\x_3=-x_4\end{cases}$$

其中，x_4 为自由未知量. 令 $x_4=1$，得基础解系

$$\boldsymbol{\xi}_1=\begin{pmatrix}-1\\2\\-1\\1\end{pmatrix}$$

故原方程组的通解为

$$\boldsymbol{\xi}=k_1\begin{pmatrix}-1\\2\\-1\\1\end{pmatrix}\ (k_1\text{ 为任意常数})$$

例 4.8 若齐次线性方程组

$$\begin{cases}x_1+2x_2+x_3+2x_4=0\\x_2+ax_3+ax_4=0\\x_1+ax_2+x_4=0\end{cases}$$

的基础解系有两个线性无关的解向量，试求该方程组的通解 .

解 由题设可知，系数矩阵 A 的秩 $R(A)=2$.

对 A 作初等行变换

$A=\begin{pmatrix}1&2&1&2\\0&1&a&a\\1&a&0&1\end{pmatrix}\xrightarrow{r_3-r_1}\begin{pmatrix}1&2&1&2\\0&1&a&a\\0&a-2&-1&-1\end{pmatrix}\xrightarrow[r_3-(a-2)r_2]{r_1-2r_2}$

$\begin{pmatrix}1&0&1-2a&2-2a\\0&1&a&a\\0&0&-(a-1)^2&-(a-1)^2\end{pmatrix}$

因为 $R(\boldsymbol{A})=2$，所以 $a=1$. 此时，同解方程组为

$$\begin{cases} x_1 = x_3 \\ x_2 = -x_3 - x_4 \end{cases}$$

其中，x_3、x_4 为自由未知量. 分别令 $\begin{pmatrix} x_3 \\ x_4 \end{pmatrix} = \begin{pmatrix} 1 \\ 0 \end{pmatrix}$，$\begin{pmatrix} x_3 \\ x_4 \end{pmatrix} = \begin{pmatrix} 0 \\ 1 \end{pmatrix}$，得基础解系

$$\boldsymbol{\xi}_1 = \begin{pmatrix} 1 \\ -1 \\ 1 \\ 0 \end{pmatrix},\ \boldsymbol{\xi}_2 = \begin{pmatrix} 0 \\ -1 \\ 0 \\ 1 \end{pmatrix}$$

故原方程组的通解为

$$\boldsymbol{\xi} = k_1\begin{pmatrix} 1 \\ -1 \\ 1 \\ 0 \end{pmatrix} + k_2\begin{pmatrix} 0 \\ -1 \\ 0 \\ 1 \end{pmatrix}（k_1、k_2 \text{ 为任意常数}）$$

习题 4.2

习题 4.2 解答

1. 求下列齐次线性方程组的基础解系及通解：

（1）$\begin{cases} x_1 + 2x_2 + x_3 + x_4 = 0 \\ 2x_1 + 6x_2 + 3x_3 - x_4 = 0 \\ 3x_1 + 4x_2 + 2x_3 + 2x_4 = 0 \end{cases}$；

（2）$\begin{cases} x_1 - x_2 + 2x_3 - 2x_4 = 0 \\ x_2 + x_3 + 2x_4 = 0 \\ 2x_1 - x_2 + 5x_3 - 2x_4 = 0 \end{cases}$；

（3）$\begin{cases} x_1 + x_2 + x_3 - 2x_5 = 0 \\ 2x_1 + 2x_2 + x_3 + 2x_4 - 3x_5 = 0 \\ x_1 + x_2 + 3x_3 - 4x_4 - 4x_5 = 0 \end{cases}$；　（4）$\begin{cases} x_1 - 2x_2 + 4x_3 - 7x_4 = 0 \\ 2x_1 + 3x_2 - x_3 + 5x_4 = 0 \\ 3x_1 + x_2 + 2x_3 - 7x_4 = 0 \\ 4x_1 + x_2 - 3x_3 + 6x_4 = 0 \end{cases}$.

2. 设 $\boldsymbol{A} = \begin{pmatrix} 2 & -2 & 1 & 3 \\ 9 & -5 & 2 & 8 \end{pmatrix}$，求一个 4×2 矩阵 $\boldsymbol{B}$，使 $\boldsymbol{AB}=\boldsymbol{O}$，且 $R(\boldsymbol{B})=2$.

3. 求一个齐次线性方程组，使它的基础解系为 $\boldsymbol{\xi}_1 = \begin{pmatrix} 1 \\ 2 \\ 3 \\ 4 \end{pmatrix}$，$\boldsymbol{\xi}_2 = \begin{pmatrix} 4 \\ 3 \\ 2 \\ 1 \end{pmatrix}$.

4. 设 $\boldsymbol{\eta}_1$，$\boldsymbol{\eta}_2$，…，$\boldsymbol{\eta}_t$ 是 $\boldsymbol{AX}=\boldsymbol{0}$ 的一个基础解系，证明与 $\boldsymbol{\eta}_1$，$\boldsymbol{\eta}_2$，…，$\boldsymbol{\eta}_t$ 等价的线性无关的向量组也是 $\boldsymbol{AX}=\boldsymbol{0}$ 的基础解系 .

5. 设齐次线性方程组

$$\begin{cases} ax_1 + bx_2 + bx_3 + \cdots + bx_n = 0 \\ bx_1 + ax_2 + bx_3 + \cdots + bx_n = 0 \\ \qquad \vdots \\ bx_1 + bx_2 + bx_3 + \cdots + ax_n = 0 \end{cases}$$

若 $a \neq 0$, $b \neq 0$, $n \geqslant 2$, 试讨论 a、b 为何值时:(1)方程组仅有零解;(2)方程组有无穷多个解,并求出全部解,用基础解系表示.

6. 已知三阶矩阵 $\boldsymbol{A}$ 的第 1 行是 (a, b, c), 其中, a、b、c 不全为零, 矩阵 $\boldsymbol{B} = \begin{pmatrix} 1 & 2 & 3 \\ 2 & 4 & 6 \\ 3 & 6 & k \end{pmatrix}$, k 为任意常数, 且 $\boldsymbol{AB} = \boldsymbol{O}$, 求线性方程组 $\boldsymbol{AX} = \boldsymbol{0}$ 的通解.

4.3 非齐次线性方程组解的结构

上一节讨论了齐次线性方程组 $\boldsymbol{AX} = \boldsymbol{0}$ 的解的结构问题, 本节主要讨论非齐次线性方程组 $\boldsymbol{AX} = \boldsymbol{b}$ 在有无穷多个解时, 解的结构问题.

4.3.1 非齐次线性方程组解的性质

非齐次线性方程组的解有以下性质.

(1)若 $\boldsymbol{\xi}_1$, $\boldsymbol{\xi}_2$ 是非齐次线性方程组 $\boldsymbol{AX} = \boldsymbol{b}$ 的解, 则 $\boldsymbol{\xi}_1 - \boldsymbol{\xi}_2$ 是其导出组 $\boldsymbol{AX} = \boldsymbol{0}$ 的解.

证明 因为 $\boldsymbol{A\xi}_1 = \boldsymbol{b}$, $\boldsymbol{A\xi}_2 = \boldsymbol{b}$, 所以 $\boldsymbol{A}(\boldsymbol{\xi}_1 - \boldsymbol{\xi}_2) = \boldsymbol{A\xi}_1 - \boldsymbol{A\xi}_2 = \boldsymbol{b} - \boldsymbol{b} = \boldsymbol{0}$, 即 $\boldsymbol{\xi}_1 - \boldsymbol{\xi}_2$ 是其导出组 $\boldsymbol{AX} = \boldsymbol{0}$ 的解.

(2)若 $\boldsymbol{\eta}$ 是非齐次线性方程组 $\boldsymbol{AX} = \boldsymbol{b}$ 的解, $\boldsymbol{\xi}$ 是其导出组 $\boldsymbol{AX} = \boldsymbol{0}$ 的解, 则 $\boldsymbol{\eta} + \boldsymbol{\xi}$ 是 $\boldsymbol{AX} = \boldsymbol{b}$ 的解.

证明 因为 $\boldsymbol{A}\eta = \boldsymbol{b}$, $\boldsymbol{A\xi} = \boldsymbol{0}$, 所以 $\boldsymbol{A}(\boldsymbol{\eta} + \boldsymbol{\xi}) = \boldsymbol{A\eta} + \boldsymbol{A\xi} = \boldsymbol{b}$. 即 $\boldsymbol{\eta} + \boldsymbol{\xi}$ 是非齐次线性方程组 $\boldsymbol{AX} = \boldsymbol{b}$ 的解.

4.3.2 非齐次线性方程组解的结构

定理 4.7 设 $\boldsymbol{\xi}^*$ 是非齐次线性方程组 $\boldsymbol{AX} = \boldsymbol{b}$ 的一个特解, $\boldsymbol{\xi}_1$, $\boldsymbol{\xi}_2$, $\cdots$, $\boldsymbol{\xi}_{n-r}$ 是其导出组 $\boldsymbol{AX} = \boldsymbol{0}$ 的一个基础解系, $r = R(\boldsymbol{A})$, 则非齐次线性方程组 $\boldsymbol{AX} = \boldsymbol{b}$ 的通解为

$$\boldsymbol{\xi} = \boldsymbol{\xi}^* + k_1\boldsymbol{\xi}_1 + k_2\boldsymbol{\xi}_2 + \cdots + k_{n-r}\boldsymbol{\xi}_{n-r}$$

其中, k_1, k_2, $\cdots$, k_{n-r} 是任意常数.

证明 设 $\boldsymbol{\xi}$ 是非齐次线性方程组 $\boldsymbol{AX} = \boldsymbol{b}$ 的任意一个解, 则由性质(1)得 $\boldsymbol{\xi} - \boldsymbol{\xi}^*$ 是其导出组 $\boldsymbol{AX} = \boldsymbol{0}$ 的一个解, 从而存在常数 k_1, k_2, $\cdots$, k_{n-r}, 使

$$\boldsymbol{\xi} - \boldsymbol{\xi}^* = k_1\boldsymbol{\xi}_1 + k_2\boldsymbol{\xi}_2 + \cdots + k_{n-r}\boldsymbol{\xi}_{n-r}$$

即

$$\boldsymbol{\xi} = \boldsymbol{\xi}^* + k_1\boldsymbol{\xi}_1 + k_2\boldsymbol{\xi}_2 + \cdots + k_{n-r}\boldsymbol{\xi}_{n-r}$$

根据定理 4.7, 要找到非齐次线性方程组 $\boldsymbol{AX} = \boldsymbol{b}$ 的通解, 只需要找到它的一个特解和它

的导出组的通解即可 .

推论 4.5　非齐次线性方程组 $\boldsymbol{AX}=\boldsymbol{b}$ 有唯一解的充要条件是它的导出组 $\boldsymbol{AX}=\boldsymbol{0}$ 只有零解.

例 4.9　求非齐次线性方程组

$$\begin{cases}x_1+x_2+x_3+x_4=-1\\4x_1+3x_2+5x_3-x_4=-1\\2x_1+x_2+3x_3-3x_4=1\end{cases}$$

的通解 .

解　$$\overline{\boldsymbol{A}}=\left(\begin{array}{cccc:c}1&1&1&1&-1\\4&3&5&-1&-1\\2&1&3&-3&1\end{array}\right)\xrightarrow[r_3-2r_1]{r_2-4r_1}\left(\begin{array}{cccc:c}1&1&1&1&-1\\0&-1&1&-5&3\\0&-1&1&-5&3\end{array}\right)\xrightarrow[r_3-r_2]{r_1+r_2}$$

$$\left(\begin{array}{cccc:c}1&0&2&-4&2\\0&-1&1&-5&3\\0&0&0&0&0\end{array}\right)\xrightarrow{-r_2}\left(\begin{array}{cccc:c}1&0&2&-4&2\\0&1&-1&5&-3\\0&0&0&0&0\end{array}\right)$$

因为 $R(\overline{\boldsymbol{A}})=2<4$，所以原方程组有无穷多个解，其同解方程组为

$$\begin{cases}x_1=2-2x_3+4x_4\\x_2=-3+x_3-5x_4\end{cases}$$

其中，x_3、x_4 为自由未知量．令 $\begin{pmatrix}x_3\\x_4\end{pmatrix}=\begin{pmatrix}0\\0\end{pmatrix}$，得特解

$$\boldsymbol{\xi}^*=\begin{pmatrix}2\\-3\\0\\0\end{pmatrix}$$

导出组的同解方程组为

$$\begin{cases}x_1=-2x_3+4x_4\\x_2=x_3-5x_4\end{cases}$$

分别令 $\begin{pmatrix}x_3\\x_4\end{pmatrix}=\begin{pmatrix}1\\0\end{pmatrix}$，$\begin{pmatrix}x_3\\x_4\end{pmatrix}=\begin{pmatrix}0\\1\end{pmatrix}$，得导出组的基础解系

$$\boldsymbol{\xi}_1=\begin{pmatrix}-2\\1\\1\\0\end{pmatrix},\ \boldsymbol{\xi}_2=\begin{pmatrix}4\\-5\\0\\1\end{pmatrix}$$

所以，原方程组通解为 $\boldsymbol{\xi}=\begin{pmatrix}2\\-3\\0\\0\end{pmatrix}+k_1\begin{pmatrix}-2\\1\\1\\0\end{pmatrix}+k_2\begin{pmatrix}4\\-5\\0\\1\end{pmatrix}$（$k_1$、$k_2$ 为任意常数）.

例 4.10　问 λ 分别取何值时，非齐次线性方程组

$$\begin{cases}\lambda x_1+x_2+x_3=1\\x_1+\lambda x_2+x_3=\lambda\\x_1+x_2+\lambda x_3=\lambda^2\end{cases}$$

无解？有唯一解？有无穷多个解？并在有无穷多个解时求出其通解．

解 直接对其增广矩阵作初等变换

$$\overline{A}=(A\ \vdots\ b)=\begin{pmatrix}\lambda&1&1&\vdots&1\\1&\lambda&1&\vdots&\lambda\\1&1&\lambda&\vdots&\lambda^2\end{pmatrix}\xrightarrow[\substack{r_2-\lambda r_1\\r_3-r_1}]{r_1\leftrightarrow r_2}\begin{pmatrix}1&\lambda&1&\vdots&\lambda\\0&1-\lambda^2&1-\lambda&\vdots&1-\lambda^2\\0&1-\lambda&\lambda-1&\vdots&\lambda^2-\lambda\end{pmatrix}\xrightarrow[\frac{1}{1-\lambda}r_2,\ \frac{1}{1-\lambda}r_3]{\lambda\neq1}$$

$$\begin{pmatrix}1&\lambda&1&\vdots&\lambda\\0&1+\lambda&1&\vdots&1+\lambda\\0&1&-1&\vdots&-\lambda\end{pmatrix}\xrightarrow[\substack{r_1-\lambda r_2\\r_3-(1+\lambda)r_2}]{r_2\leftrightarrow r_3}\begin{pmatrix}1&0&1+\lambda&\vdots&\lambda(1+\lambda)\\0&1&-1&\vdots&-\lambda\\0&0&2+\lambda&\vdots&(1+\lambda)^2\end{pmatrix}$$

(1)当 $\lambda=-2$ 时，$R(A)=2<R(\overline{A})=3$，方程组无解；

(2)当 $\lambda\neq1$ 且 $\lambda\neq-2$ 时，$R(A)=R(\overline{A})=3$，方程组有唯一解；

(3)当 $\lambda=1$ 时，$R(A)=R(\overline{A})=1<3$，方程组有无穷多个解．

此时，与原方程组同解的方程为

$$x_1+x_2+x_3=1$$

即 $x_1=1-x_2-x_3$，其中，x_2、x_3 为自由未知量．令 $\begin{pmatrix}x_2\\x_3\end{pmatrix}=\begin{pmatrix}0\\0\end{pmatrix}$，得特解为 $\boldsymbol{\xi}^*=\begin{pmatrix}1\\0\\0\end{pmatrix}$.

再分别令 $\begin{pmatrix}x_2\\x_3\end{pmatrix}=\begin{pmatrix}1\\0\end{pmatrix}$，$\begin{pmatrix}x_2\\x_3\end{pmatrix}=\begin{pmatrix}0\\1\end{pmatrix}$，得其导出组的基础解系为

$$\boldsymbol{\xi}_1=\begin{pmatrix}-1\\1\\0\end{pmatrix},\ \boldsymbol{\xi}_2=\begin{pmatrix}-1\\0\\1\end{pmatrix}$$

故原方程组通解为

$$\boldsymbol{\xi}=\begin{pmatrix}1\\0\\0\end{pmatrix}+k_1\begin{pmatrix}-1\\1\\0\end{pmatrix}+k_2\begin{pmatrix}-1\\0\\1\end{pmatrix}\ (k_1,\ k_2\ \text{为任意常数})$$

例 4.11 证明方程组

$$\begin{cases}x_1-x_2=a_1\\x_2-x_3=a_2\\x_3-x_4=a_3\\x_4-x_5=a_4\\x_5-x_1=a_5\end{cases}$$

有解的充要条件是 $\sum_{i=1}^{5}a_i=0$.

证明
$$\overline{A}=\left(\begin{array}{ccccc|c}1&-1&0&0&0&a_1\\0&1&-1&0&0&a_2\\0&0&1&-1&0&a_3\\0&0&0&1&-1&a_4\\-1&0&0&0&1&a_5\end{array}\right)\xrightarrow{r_5+r_1}\left(\begin{array}{ccccc|c}1&-1&0&0&0&a_1\\0&1&-1&0&0&a_2\\0&0&1&-1&0&a_3\\0&0&0&1&-1&a_4\\0&-1&0&0&1&a_1+a_5\end{array}\right)\xrightarrow[r_5+r_4]{\substack{r_5+r_2\\r_5+r_3}}$$
$$\left(\begin{array}{ccccc|c}1&-1&0&0&0&a_1\\0&1&-1&0&0&a_2\\0&0&1&-1&0&a_3\\0&0&0&1&-1&a_4\\0&0&0&0&0&\sum\limits_{i=1}^{5}a_i\end{array}\right)$$

方程组有解 $\Leftrightarrow R(\boldsymbol{A})=R(\overline{\boldsymbol{A}})$，即方程组有解 $\Leftrightarrow \sum\limits_{i=1}^{5}a_i=0$.

习题 4.3

习题 4.3 解答

1. 求下列非齐次线性方程组的通解：

(1) $\begin{cases}x_1-x_2+x_4=1\\2x_1+x_3=2\\3x_1-x_2-x_3-x_4=0\end{cases}$；　　(2) $\begin{cases}x_1+x_2-3x_3-x_4=1\\x_1+3x_2-9x_3-7x_4=1\\3x_1+x_2-3x_3+3x_4=3\end{cases}$；

(3) $\begin{cases}2x_1-x_2+4x_3-3x_4=-4\\x_1+x_3-x_4=-3\\3x_1+x_2+x_3=1\\7x_1+7x_3-3x_4=3\end{cases}$；　　(4) $\begin{cases}x_1-x_2+5x_3-x_4=-2\\x_1+3x_2-2x_3+x_4=0\\3x_1+x_2+8x_3-x_4=-4\\x_1+7x_2-9x_3+3x_4=2\end{cases}$.

2. 设四元非齐次线性方程组 $\boldsymbol{AX}=\boldsymbol{b}$ 的系数矩阵的秩为3，已知 $\boldsymbol{\eta}_1$，$\boldsymbol{\eta}_2$，$\boldsymbol{\eta}_3$ 是 $\boldsymbol{AX}=\boldsymbol{b}$ 的3个解向量，且 $\boldsymbol{\eta}_1=\begin{pmatrix}1\\2\\3\\4\end{pmatrix}$，$\boldsymbol{\eta}_2+\boldsymbol{\eta}_3=\begin{pmatrix}2\\3\\4\\5\end{pmatrix}$，求 $\boldsymbol{AX}=\boldsymbol{b}$ 的通解.

3. 求一个非齐次线性方程组，使它的全部解为

$$\begin{pmatrix}x_1\\x_2\\x_3\end{pmatrix}=\begin{pmatrix}1\\-1\\3\end{pmatrix}+k_1\begin{pmatrix}-1\\3\\2\end{pmatrix}+k_2\begin{pmatrix}2\\-3\\1\end{pmatrix}$$

其中，k_1、k_2 为任意常数.

4.4　线性方程组的应用

设非齐次线性方程组

$$\begin{cases} a_{11}x_1 + a_{12}x_2 + \cdots + a_{1n}x_n = b_1 \\ a_{21}x_1 + a_{22}x_2 + \cdots + a_{2n}x_n = b_2 \\ \quad\vdots \\ a_{m1}x_1 + a_{m2}x_2 + \cdots + a_{mn}x_n = b_m \end{cases}$$

的矩阵形式为$\boldsymbol{AX}=\boldsymbol{b}$，其系数矩阵$\boldsymbol{A}=(\boldsymbol{\alpha}_1, \boldsymbol{\alpha}_2, \cdots, \boldsymbol{\alpha}_n)$. 其中，$\boldsymbol{\alpha}_j=(a_{1j}, a_{2j}, \cdots, a_{mj})^{\mathrm{T}}(j=1, 2, \cdots, n)$，则方程组可表示为

$$x_1\boldsymbol{\alpha}_1 + x_2\boldsymbol{\alpha}_2 + \cdots + x_n\boldsymbol{\alpha}_n = \boldsymbol{b} \tag{4-13}$$

式(4-13)称为$\boldsymbol{AX}=\boldsymbol{b}$的向量形式.

其导出组$\boldsymbol{AX}=\boldsymbol{0}$的向量形式为

$$x_1\boldsymbol{\alpha}_1 + x_2\boldsymbol{\alpha}_2 + \cdots + x_n\boldsymbol{\alpha}_n = \boldsymbol{0}$$

由此可以看出，方程组的解就是描述向量$\boldsymbol{\alpha}_1, \boldsymbol{\alpha}_2, \cdots, \boldsymbol{\alpha}_n$之间数量关系的系数.

定理 4.8 齐次线性方程组$\boldsymbol{AX}=\boldsymbol{0}$仅有零解的充要条件是$\boldsymbol{A}$的列向量组线性无关.

证明 **必要性** 齐次线性方程组$\boldsymbol{AX}=\boldsymbol{0}$仅有零解，即当且仅当$x_1=x_2=\cdots=x_n=0$时，$x_1\boldsymbol{\alpha}_1 + x_2\boldsymbol{\alpha}_2 + \cdots + x_n\boldsymbol{\alpha}_n = \boldsymbol{0}$成立，根据线性无关的定义可知，$\boldsymbol{A}$的列向量组线性无关.

充分性 矩阵$\boldsymbol{A}$的列向量组线性无关，由线性无关的定义，当$x_1=x_2=\cdots=x_n=0$时，$x_1\boldsymbol{\alpha}_1 + x_2\boldsymbol{\alpha}_2 + \cdots + x_n\boldsymbol{\alpha}_n = \boldsymbol{0}$成立，即齐次线性方程组$\boldsymbol{AX}=\boldsymbol{0}$仅有零解.

推论 4.6 齐次线性方程组$\boldsymbol{AX}=\boldsymbol{0}$有非零解的充要条件是$\boldsymbol{A}$的列向量组线性相关.

定理 4.9 非齐次线性方程组$\boldsymbol{AX}=\boldsymbol{b}$有解的充要条件是向量$\boldsymbol{b}$可由$\boldsymbol{A}$的列向量组线性表示.

证明 **必要性** 非齐次线性方程组$\boldsymbol{AX}=\boldsymbol{b}$有解，即存在$x_1, x_2, \cdots, x_n$，使

$$x_1\boldsymbol{\alpha}_1 + x_2\boldsymbol{\alpha}_2 + \cdots + x_n\boldsymbol{\alpha}_n = \boldsymbol{b}$$

从而向量$\boldsymbol{b}$可由$\boldsymbol{A}$的列向量组线性表示.

充分性 若向量$\boldsymbol{b}$可由$\boldsymbol{A}$的列向量组线性表示，则存在$x_1, x_2, \cdots, x_n$，使

$$x_1\boldsymbol{\alpha}_1 + x_2\boldsymbol{\alpha}_2 + \cdots + x_n\boldsymbol{\alpha}_n = \boldsymbol{b}$$

即

$$(\boldsymbol{\alpha}_1, \boldsymbol{\alpha}_2, \cdots, \boldsymbol{\alpha}_n)\begin{pmatrix} x_1 \\ x_2 \\ \vdots \\ x_n \end{pmatrix} = \boldsymbol{b}$$

改写成向量形式为$\boldsymbol{AX}=\boldsymbol{b}$，由$x_1, x_2, \cdots, x_n$的存在性可知，非齐次线性方程组$\boldsymbol{AX}=\boldsymbol{b}$有解.

推论 4.7 设非齐次线性方程组$\boldsymbol{AX}=\boldsymbol{b}$有以下几种情况：

(1)若$\boldsymbol{AX}=\boldsymbol{b}$无解，则向量$\boldsymbol{b}$不能由$\boldsymbol{A}$的列向量组线性表示；

(2)若$\boldsymbol{AX}=\boldsymbol{b}$有唯一解，则向量$\boldsymbol{b}$可由$\boldsymbol{A}$的列向量组线性表示且表示式唯一；

(3)若$\boldsymbol{AX}=\boldsymbol{b}$有无穷多个解，则向量$\boldsymbol{b}$可由$\boldsymbol{A}$的列向量组线性表示，但表示式不唯一.

例 4.12 当t为何值时，向量组$\boldsymbol{\alpha}_1=\begin{pmatrix} 1 \\ 3 \\ 4 \\ -2 \end{pmatrix}$，$\boldsymbol{\alpha}_2=\begin{pmatrix} 2 \\ 1 \\ 3 \\ t \end{pmatrix}$，$\boldsymbol{\alpha}_3=\begin{pmatrix} 3 \\ -1 \\ 2 \\ 0 \end{pmatrix}$线性相关?

解 设$x_1\boldsymbol{\alpha}_1 + x_2\boldsymbol{\alpha}_2 + x_3\boldsymbol{\alpha}_3 = \boldsymbol{0}$，即

$$\begin{cases}x_1+2x_2+3x_3=0\\3x_1+x_2-x_3=0\\4x_1+3x_2+2x_3=0\\-2x_1+tx_2=0\end{cases}$$

对系数矩阵 $\boldsymbol{A}$ 作初等行变换

$$\boldsymbol{A}=\begin{pmatrix}1&2&3\\3&1&-1\\4&3&2\\-2&t&0\end{pmatrix}\xrightarrow[r_4+2r_1]{\substack{r_2-3r_1\\r_3-4r_1}}\begin{pmatrix}1&2&3\\0&-5&-10\\0&-5&-10\\0&t+4&6\end{pmatrix}\xrightarrow[\frac{1}{5}r_3]{\frac{1}{5}r_2}\begin{pmatrix}1&2&3\\0&1&2\\0&1&2\\0&t+4&6\end{pmatrix}\xrightarrow[\substack{r_3-r_2\\r_3-(t+4)r_2}]{r_1-2r_2}$$

$$\begin{pmatrix}1&0&-1\\0&1&2\\0&0&0\\0&0&6-2(t+4)\end{pmatrix}\xrightarrow{r_3\leftrightarrow r_4}\begin{pmatrix}1&0&-1\\0&1&2\\0&0&-2(t+1)\\0&0&0\end{pmatrix}$$

因为向量组 $\boldsymbol{\alpha}_1$，$\boldsymbol{\alpha}_2$，$\boldsymbol{\alpha}_3$ 线性相关，即 $x_1\boldsymbol{\alpha}_1+x_2\boldsymbol{\alpha}_2+x_3\boldsymbol{\alpha}_3=\boldsymbol{0}$ 有非零解，所以向量组 $\boldsymbol{\alpha}_1$，$\boldsymbol{\alpha}_2$，$\boldsymbol{\alpha}_3$ 的秩 $R(\boldsymbol{\alpha}_1,\boldsymbol{\alpha}_2,\boldsymbol{\alpha}_3)<3$，故 $-2(t+1)=0$，即 $t=-1$.

例 4.13 设 $\boldsymbol{\beta}=\begin{pmatrix}1\\1\\b+3\\5\end{pmatrix}$，$\boldsymbol{\alpha}_1=\begin{pmatrix}1\\0\\2\\3\end{pmatrix}$，$\boldsymbol{\alpha}_2=\begin{pmatrix}1\\1\\3\\5\end{pmatrix}$，$\boldsymbol{\alpha}_3=\begin{pmatrix}1\\-1\\a+2\\1\end{pmatrix}$，$\boldsymbol{\alpha}_4=\begin{pmatrix}1\\2\\4\\a+8\end{pmatrix}$，问：

(1) a、b 为何值时，$\boldsymbol{\beta}$ 不能由 $\boldsymbol{\alpha}_1$，$\boldsymbol{\alpha}_2$，$\boldsymbol{\alpha}_3$，$\boldsymbol{\alpha}_4$ 线性表示？

(2) a、b 为何值时，$\boldsymbol{\beta}$ 能由 $\boldsymbol{\alpha}_1$，$\boldsymbol{\alpha}_2$，$\boldsymbol{\alpha}_3$，$\boldsymbol{\alpha}_4$ 唯一线性表示？给出该表示式．

解 设 $\boldsymbol{\beta}=x_1\boldsymbol{\alpha}_1+x_2\boldsymbol{\alpha}_2+x_3\boldsymbol{\alpha}_3+x_4\boldsymbol{\alpha}_4$，则有

$$\begin{cases}x_1+x_2+x_3+x_4=1\\x_2-x_3+2x_4=1\\2x_1+3x_2+(a+2)x_3+4x_4=b+3\\3x_1+5x_2+x_3+(a+8)x_4=5\end{cases}$$

$$\overline{\boldsymbol{A}}=(\boldsymbol{A}\mid\boldsymbol{\beta})=\left(\begin{array}{cccc|c}1&1&1&1&1\\0&1&-1&2&1\\2&3&a+2&4&b+3\\3&5&1&a+8&5\end{array}\right)\xrightarrow[r_4-3r_1]{r_3-2r_1}\left(\begin{array}{cccc|c}1&1&1&1&1\\0&1&-1&2&1\\0&1&a&2&b+1\\0&2&-2&a+5&2\end{array}\right)\xrightarrow[\substack{r_3-r_2\\r_4-2r_2}]{r_1-r_2}$$

$$\left(\begin{array}{cccc|c}1&0&2&-1&0\\0&1&-1&2&1\\0&0&a+1&0&b\\0&0&0&a+1&0\end{array}\right)=\boldsymbol{B}$$

(1)当 $a+1=0$，$b\neq0$，即 $a=-1$，$b\neq0$ 时，有 $R(\boldsymbol{A})=2<R(\overline{\boldsymbol{A}})=3$，此时方程组 $\boldsymbol{AX}=\boldsymbol{\beta}$ 无解，因此 $\boldsymbol{\beta}$ 不能由 $\boldsymbol{\alpha}_1$，$\boldsymbol{\alpha}_2$，$\boldsymbol{\alpha}_3$，$\boldsymbol{\alpha}_4$ 线性表示．

(2)当 $a+1\neq0$，即 $a\neq-1$ 时，有 $R(\boldsymbol{A})=R(\overline{\boldsymbol{A}})=4$，故方程组 $\boldsymbol{AX}=\boldsymbol{\beta}$ 有唯一解，因此 $\boldsymbol{\beta}$ 可由 $\boldsymbol{\alpha}_1$，$\boldsymbol{\alpha}_2$，$\boldsymbol{\alpha}_3$，$\boldsymbol{\alpha}_4$ 唯一线性表示．

继续对 $\boldsymbol{B}$ 进行初等变换

$$\boldsymbol{B}=\left(\begin{array}{cccc:c}1&0&2&-1&0\\0&1&-1&2&1\\0&0&a+1&0&b\\0&0&0&a+1&0\end{array}\right)\xrightarrow[\frac{1}{a+1}r_4]{\frac{1}{a+1}r_3}\left(\begin{array}{cccc:c}1&0&2&-1&0\\0&1&-1&2&1\\0&0&1&0&\frac{b}{a+1}\\0&0&0&1&0\end{array}\right)$$

$$\xrightarrow[r_2+r_3]{r_1-2r_3}\left(\begin{array}{cccc:c}1&0&0&-1&\frac{-2b}{a+1}\\0&1&0&2&\frac{a+b+1}{a+1}\\0&0&1&0&\frac{b}{a+1}\\0&0&0&1&0\end{array}\right)\xrightarrow[r_1-2r_4]{r_1+r_4}\left(\begin{array}{cccc:c}1&0&0&0&\frac{-2b}{a+1}\\0&1&0&0&\frac{a+b+1}{a+1}\\0&0&1&0&\frac{b}{a+1}\\0&0&0&1&0\end{array}\right)$$

所以

$$\boldsymbol{\beta}=\frac{-2b}{a+1}\boldsymbol{\alpha}_1+\frac{a+b+1}{a+1}\boldsymbol{\alpha}_2+\frac{b}{a+1}\boldsymbol{\alpha}_3+0\,\boldsymbol{\alpha}_4$$

例 4.14 设向量组 $\boldsymbol{\alpha}_1$，$\boldsymbol{\alpha}_2$，…，$\boldsymbol{\alpha}_t$ 是齐次线性方程组 $\boldsymbol{AX}=\boldsymbol{0}$ 的基础解系，但 $\boldsymbol{\beta}$ 不是 $\boldsymbol{AX}=\boldsymbol{0}$ 的解，证明向量组 $\boldsymbol{\beta}$，$\boldsymbol{\beta}+\boldsymbol{\alpha}_1$，$\boldsymbol{\beta}+\boldsymbol{\alpha}_2$，…，$\boldsymbol{\beta}+\boldsymbol{\alpha}_t$ 线性无关．

证明 设 $k_0\boldsymbol{\beta}+k_1(\boldsymbol{\beta}+\boldsymbol{\alpha}_1)+k_2(\boldsymbol{\beta}+\boldsymbol{\alpha}_2)+\cdots+k_t(\boldsymbol{\beta}+\boldsymbol{\alpha}_t)=\boldsymbol{0}$，即

$$(k_0+k_1+k_2+\cdots+k_t)\boldsymbol{\beta}+k_1\boldsymbol{\alpha}_1+k_2\boldsymbol{\alpha}_2+\cdots+k_t\boldsymbol{\alpha}_t=\boldsymbol{0} \tag{4-14}$$

上式两端同乘矩阵 $\boldsymbol{A}$ 得

$$(k_0+k_1+k_2+\cdots+k_t)\boldsymbol{A\beta}+k_1\boldsymbol{A\alpha}_1+k_2\boldsymbol{A\alpha}_2+\cdots+k_t\boldsymbol{A\alpha}_t=\boldsymbol{0}$$

因为 $\boldsymbol{A\alpha}_i=\boldsymbol{0}(i=1,2,\cdots,t)$，$\boldsymbol{A\beta}\neq\boldsymbol{0}$，所以

$$k_0+k_1+k_2+\cdots+k_t=0 \tag{4-15}$$

将式(4-15)代入式(4-14)得

$$k_1\boldsymbol{\alpha}_1+k_2\boldsymbol{\alpha}_2+\cdots+k_t\boldsymbol{\alpha}_t=\boldsymbol{0}$$

因为 $\boldsymbol{\alpha}_1$，$\boldsymbol{\alpha}_2$，…，$\boldsymbol{\alpha}_t$ 是齐次线性方程组 $\boldsymbol{AX}=\boldsymbol{0}$ 的基础解系，故 $\boldsymbol{\alpha}_1$，$\boldsymbol{\alpha}_2$，…，$\boldsymbol{\alpha}_t$ 线性无关，所以 $k_1=k_2=\cdots=k_t=0$. 再由式(4-15)可得 $k_0=0$，所以向量组 $\boldsymbol{\beta}$，$\boldsymbol{\beta}+\boldsymbol{\alpha}_1$，$\boldsymbol{\beta}+\boldsymbol{\alpha}_2$，…，$\boldsymbol{\beta}+\boldsymbol{\alpha}_t$ 线性无关．

另证，因为 $\boldsymbol{\alpha}_1$，$\boldsymbol{\alpha}_2$，…，$\boldsymbol{\alpha}_t$ 是齐次线性方程组 $\boldsymbol{AX}=\boldsymbol{0}$ 的基础解系，故 $\boldsymbol{\alpha}_1$，$\boldsymbol{\alpha}_2$，…，$\boldsymbol{\alpha}_t$ 线性无关，所以 $R(\boldsymbol{\alpha}_1,\boldsymbol{\alpha}_2,\cdots,\boldsymbol{\alpha}_t)=t$.

又因为 $\boldsymbol{\beta}$ 不能由向量组 $\boldsymbol{\alpha}_1$，$\boldsymbol{\alpha}_2$，…，$\boldsymbol{\alpha}_t$ 线性表示，否则 $\boldsymbol{\beta}$ 是 $\boldsymbol{AX}=\boldsymbol{0}$ 的解，与题设矛盾，故 $R(\boldsymbol{\beta},\boldsymbol{\alpha}_1,\boldsymbol{\alpha}_2,\cdots,\boldsymbol{\alpha}_t)=t+1$，所以向量组 $\boldsymbol{\beta}$，$\boldsymbol{\beta}+\boldsymbol{\alpha}_1$，$\boldsymbol{\beta}+\boldsymbol{\alpha}_2$，…，$\boldsymbol{\beta}+\boldsymbol{\alpha}_t$ 线性无关．

4.4.2 线性方程组与矩阵方程

定理 4.10 设 $\boldsymbol{A}$ 是 $m\times t$ 矩阵，$\boldsymbol{B}$ 是 $t\times n$ 矩阵，若 $\boldsymbol{AB}=\boldsymbol{O}$，则 $\boldsymbol{B}$ 的列向量均为齐次线性方程组 $\boldsymbol{AX}=\boldsymbol{0}$ 的解向量．

证明 将矩阵 $\boldsymbol{B}$ 按列分块，记为 $\boldsymbol{B}=(\boldsymbol{\beta}_1,\boldsymbol{\beta}_2,\cdots,\boldsymbol{\beta}_n)$，则

$$\boldsymbol{AB}=\boldsymbol{A}(\boldsymbol{\beta}_1,\boldsymbol{\beta}_2,\cdots,\boldsymbol{\beta}_n)=(\boldsymbol{A\beta}_1,\boldsymbol{A\beta}_2,\cdots,\boldsymbol{A\beta}_n)$$

从而有

$$\boldsymbol{AB}=\boldsymbol{O}\Leftrightarrow\boldsymbol{A\beta}_i=\boldsymbol{0}(i=1,2,\cdots,n)$$

由此表明，$\boldsymbol{AB}=\boldsymbol{O}$ 的充要条件为 $\boldsymbol{B}$ 的列向量均为齐次线性方程组 $\boldsymbol{AX}=\boldsymbol{0}$ 的解向量．

推论 4.8 设 $\boldsymbol{A}$ 是 $m\times t$ 矩阵，$\boldsymbol{B}$ 是 $t\times n$ 矩阵，若 $\boldsymbol{AB}=\boldsymbol{O}$ 且 $\boldsymbol{B}\neq\boldsymbol{0}$，则齐次线性方程组 $\boldsymbol{AX}=\boldsymbol{0}$ 有非零解．

例 4.15 设 $\boldsymbol{A}=\begin{pmatrix}-3&2&-2\\2&a&3\\3&-1&1\end{pmatrix}$，$\boldsymbol{B}$ 为三阶非零矩阵，且 $\boldsymbol{AB}=\boldsymbol{O}$，求 a 的值．

解 由 $\boldsymbol{AB}=\boldsymbol{O}$ 且 $\boldsymbol{B}\neq\boldsymbol{O}$，可知齐次线性方程组 $\boldsymbol{AX}=\boldsymbol{0}$ 有非零解．由于 $\boldsymbol{A}$ 为三阶矩阵，因此 $|\boldsymbol{A}|=0$，即

$$|\boldsymbol{A}|=\begin{vmatrix}-3&2&-2\\2&a&3\\3&-1&1\end{vmatrix}=3(a+3)=0$$

解得 $a=-3$.

下面介绍如何利用方程组求解矩阵方程．2.4 节曾讲过用初等变换求解矩阵方程，对于矩阵方程 $\boldsymbol{AX}=\boldsymbol{B}$，若 $\boldsymbol{A}$ 可逆，则对 $(\boldsymbol{A}\,\vdots\,\boldsymbol{B})$ 作初等行变换，当把矩阵 $\boldsymbol{A}$ 化为单位矩阵时，矩阵 $\boldsymbol{B}$ 就化为 $\boldsymbol{A}^{-1}\boldsymbol{B}$，即得唯一解 $\boldsymbol{X}=\boldsymbol{A}^{-1}\boldsymbol{B}$.

若 $\boldsymbol{A}$ 不是方阵，或者 $\boldsymbol{A}$ 不可逆时，可以令 $\boldsymbol{X}=(\boldsymbol{X}_1, \boldsymbol{X}_2, \cdots, \boldsymbol{X}_t)$，$\boldsymbol{B}=(\boldsymbol{b}_1, \boldsymbol{b}_2, \cdots, \boldsymbol{b}_t)$，其中，$\boldsymbol{X}_1, \boldsymbol{X}_2, \cdots, \boldsymbol{X}_t$ 与 $\boldsymbol{b}_1, \boldsymbol{b}_2, \cdots, \boldsymbol{b}_t$ 均为列向量．由此可化为 t 个方程组

$$\boldsymbol{AX}_i=\boldsymbol{b}_i(i=1, 2, \cdots, t)$$

解出 $\boldsymbol{X}_1, \boldsymbol{X}_2, \cdots, \boldsymbol{X}_t$，此时 $\boldsymbol{X}$ 不唯一，此方法对于 $\boldsymbol{A}$ 是可逆矩阵也适用．

例 4.16 设 $\boldsymbol{A}=\begin{pmatrix}1&3&3\\2&6&9\\-1&-3&3\end{pmatrix}$，$\boldsymbol{B}=\begin{pmatrix}2&-1&1\\7&4&-1\\4&13&-7\end{pmatrix}$，若 $\boldsymbol{AX}=\boldsymbol{B}$，求矩阵 $\boldsymbol{X}$.

解 设 $\boldsymbol{X}=\begin{pmatrix}x_1&y_1&z_1\\x_2&y_2&z_2\\x_3&y_3&z_3\end{pmatrix}$，则

$$\begin{pmatrix}1&3&3\\2&6&9\\-1&-3&3\end{pmatrix}\begin{pmatrix}x_1&y_1&z_1\\x_2&y_2&z_2\\x_3&y_3&z_3\end{pmatrix}=\begin{pmatrix}2&-1&1\\7&4&-1\\4&13&-7\end{pmatrix}$$

$$(\boldsymbol{A}\,\vdots\,\boldsymbol{B})=\left(\begin{array}{ccc:ccc}1&3&3&2&-1&1\\2&6&9&7&4&-1\\-1&-3&3&4&13&-7\end{array}\right)\xrightarrow[r_3+r_1]{r_2-2r_1}\left(\begin{array}{ccc:ccc}1&3&3&2&-1&1\\0&0&3&3&6&-3\\0&0&6&6&12&-6\end{array}\right)\xrightarrow[r_3-6r_2]{\frac{1}{3}r_2}$$

$$\left(\begin{array}{ccc:ccc}1&3&3&2&-1&1\\0&0&1&1&2&-1\\0&0&0&0&0&0\end{array}\right)\xrightarrow{r_1-3r_2}\left(\begin{array}{ccc:ccc}1&3&0&-1&-7&4\\0&0&1&1&2&-1\\0&0&0&0&0&0\end{array}\right)$$

从而可得如下同解方程组

$$\begin{cases}x_1=-1-3x_2\\x_3=1\end{cases},\quad\begin{cases}y_1=-7-3y_2\\y_3=2\end{cases},\quad\begin{cases}z_1=4-3z_2\\z_3=-1\end{cases}$$

分别令 $x_2=a$，$y_2=b$，$z_2=c$，可得

$$\begin{pmatrix}x_1\\x_2\\x_3\end{pmatrix}=\begin{pmatrix}-1-3a\\a\\1\end{pmatrix},\quad\begin{pmatrix}y_1\\y_2\\y_3\end{pmatrix}=\begin{pmatrix}-7-3b\\b\\2\end{pmatrix},\quad\begin{pmatrix}z_1\\z_2\\z_3\end{pmatrix}=\begin{pmatrix}4-3c\\c\\-1\end{pmatrix}$$

故所求矩阵

$$X=\begin{pmatrix}-1-3a & -7-3b & 4-3c\\ a & b & c\\ 1 & 2 & -1\end{pmatrix}$$

其中，a、b、c 为任意常数.

4.4.3 两个方程组有公共解或者同解

例 4.17 设有四元线性方程组(Ⅰ) $\begin{cases}x_1+x_2=0\\ x_2-x_4=0\end{cases}$ 与(Ⅱ) $\begin{cases}x_1-x_2+x_3=0\\ x_2-x_3+x_4=0\end{cases}$:

(1)求方程组(Ⅰ)及(Ⅱ)的基础解系；

(2)方程组(Ⅰ)和(Ⅱ)是否有公共解？若有，求出公共解；若没有，说明理由.

解 (1)对方程组(Ⅰ)的系数矩阵 $\boldsymbol{A}_1$ 作初等行变换

$$\boldsymbol{A}_1=\begin{pmatrix}1 & 1 & 0 & 0\\ 0 & 1 & 0 & -1\end{pmatrix}\xrightarrow{r_1-r_2}\begin{pmatrix}1 & 0 & 0 & 1\\ 0 & 1 & 0 & -1\end{pmatrix}$$

$R(\boldsymbol{A}_1)=2$，得同解方程组 $\begin{cases}x_1=-x_4\\ x_2=x_4\end{cases}$. 分别令 $\begin{pmatrix}x_3\\ x_4\end{pmatrix}=\begin{pmatrix}1\\ 0\end{pmatrix}$，$\begin{pmatrix}x_3\\ x_4\end{pmatrix}=\begin{pmatrix}0\\ 1\end{pmatrix}$，得基础解系

$$\boldsymbol{\xi}_1=\begin{pmatrix}0\\ 0\\ 1\\ 0\end{pmatrix},\ \boldsymbol{\xi}_2=\begin{pmatrix}-1\\ 1\\ 0\\ 1\end{pmatrix}$$

对方程组(Ⅱ)的系数矩阵 $\boldsymbol{A}_2$ 进行初等行变换

$$\boldsymbol{A}_2=\begin{pmatrix}1 & -1 & 1 & 0\\ 0 & 1 & -1 & 1\end{pmatrix}\xrightarrow{r_1+r_2}\begin{pmatrix}1 & 0 & 0 & 1\\ 0 & 1 & -1 & 1\end{pmatrix}$$

$R(\boldsymbol{A}_2)=2$，得同解方程组 $\begin{cases}x_1=-x_4\\ x_2=x_3-x_4\end{cases}$. 分别令 $\begin{pmatrix}x_3\\ x_4\end{pmatrix}=\begin{pmatrix}1\\ 0\end{pmatrix}$，$\begin{pmatrix}x_3\\ x_4\end{pmatrix}=\begin{pmatrix}0\\ 1\end{pmatrix}$，得基础解系

$$\boldsymbol{\eta}_1=\begin{pmatrix}0\\ 1\\ 1\\ 0\end{pmatrix},\ \boldsymbol{\eta}_2=\begin{pmatrix}-1\\ -1\\ 0\\ 1\end{pmatrix}$$

(2)将方程组(Ⅰ)和(Ⅱ)联立求解，对系数矩阵作初等变换

$$\boldsymbol{A}=\begin{pmatrix}\boldsymbol{A}_1\\ \boldsymbol{A}_2\end{pmatrix}=\begin{pmatrix}1 & 1 & 0 & 0\\ 0 & 1 & 0 & -1\\ 1 & -1 & 1 & 0\\ 0 & 1 & -1 & 1\end{pmatrix}\xrightarrow{r_3-r_1}\begin{pmatrix}1 & 1 & 0 & 0\\ 0 & 1 & 0 & -1\\ 0 & -2 & 1 & 0\\ 0 & 1 & -1 & 1\end{pmatrix}$$

$$\xrightarrow[\substack{r_3+2r_2\\ r_4-r_2}]{r_1-r_2}\begin{pmatrix}1 & 0 & 0 & 1\\ 0 & 1 & 0 & -1\\ 0 & 0 & 1 & -2\\ 0 & 0 & -1 & 2\end{pmatrix}\xrightarrow{r_4+r_3}\begin{pmatrix}1 & 0 & 0 & 1\\ 0 & 1 & 0 & -1\\ 0 & 0 & 1 & -2\\ 0 & 0 & 0 & 0\end{pmatrix}$$

$R(\boldsymbol{A})=3$，得同解方程组$\begin{cases}x_1=-x_4\\x_2=x_4\\x_3=2x_4\end{cases}$．令 $x_4=1$，得基础解系 $\boldsymbol{\gamma}=\begin{pmatrix}-1\\1\\2\\1\end{pmatrix}$，故方程组(Ⅰ)和(Ⅱ)的公共解为 $k\boldsymbol{\gamma}=k\begin{pmatrix}-1\\1\\2\\1\end{pmatrix}$．其中，$k$ 为任意常数．

方程组(Ⅰ)和(Ⅱ)的公共解也可以通过各自的通解进行求解．由(1)可知，方程组(Ⅰ)的通解为

$$k_1\begin{pmatrix}0\\0\\1\\0\end{pmatrix}+k_2\begin{pmatrix}-1\\1\\0\\1\end{pmatrix}$$

其中，k_1、k_2 为任意常数．

方程组(Ⅱ)的通解为

$$l_1\begin{pmatrix}0\\1\\1\\0\end{pmatrix}+l_2\begin{pmatrix}-1\\-1\\0\\1\end{pmatrix}$$

其中，l_1、l_2 为任意常数．

令方程组(Ⅰ)和(Ⅱ)的通解相等，即

$$k_1\begin{pmatrix}0\\0\\1\\0\end{pmatrix}+k_2\begin{pmatrix}-1\\1\\0\\1\end{pmatrix}=l_1\begin{pmatrix}0\\1\\1\\0\end{pmatrix}+l_2\begin{pmatrix}-1\\-1\\0\\1\end{pmatrix}$$

由此可得

$$\begin{pmatrix}-k_2\\k_2\\k_1\\k_2\end{pmatrix}=\begin{pmatrix}-l_2\\l_1-l_2\\l_1\\l_2\end{pmatrix}$$

比较对应分量，可得 $k_1=l_1=2k_2=2l_2$，令 $k_2=l_2=k$，则方程组(Ⅰ)和(Ⅱ)的公共解为

$$\begin{pmatrix}-k_2\\k_2\\k_1\\k_2\end{pmatrix}=k\begin{pmatrix}-1\\1\\2\\1\end{pmatrix}$$

其中，k 为任意常数．

例 4.18 已知非齐次线性方程组

$$(\mathrm{I})\begin{cases}x_1+x_2-2x_4=-6\\4x_1-x_2-x_3-x_4=1,\\3x_1-x_2-x_3=3\end{cases}\quad(\mathrm{II})\begin{cases}x_1+mx_2-x_3-x_4=-5\\nx_2-x_3-2x_4=-11\\x_3-2x_4=1-t\end{cases}$$

(1)求方程组(Ⅰ)的通解;

(2)求方程组(Ⅱ)中的参数 m、n、t 为何值时,(Ⅰ)和(Ⅱ)同解.

解 (1)对方程组(Ⅰ)的增广矩阵作初等行变换

$$(\boldsymbol{A}_1 \vdots \boldsymbol{b}_1)=\left(\begin{array}{cccc:c}1&1&0&-2&-6\\4&-1&-1&-1&1\\3&-1&-1&0&3\end{array}\right)\xrightarrow[r_3-3r_1]{r_2-4r_1}\left(\begin{array}{cccc:c}1&1&0&-2&-6\\0&-5&-1&7&25\\0&-4&-1&6&21\end{array}\right)\xrightarrow{r_2-r_3}$$

$$\left(\begin{array}{cccc:c}1&1&0&-2&-6\\0&-1&0&1&4\\0&-4&-1&6&21\end{array}\right)\xrightarrow[\substack{r_1-r_2\\r_3+4r_2}]{-r_2}\left(\begin{array}{cccc:c}1&0&0&-1&-2\\0&1&0&-1&-4\\0&0&-1&2&5\end{array}\right)\xrightarrow{-r_3}$$

$$\left(\begin{array}{cccc:c}1&0&0&-1&-2\\0&1&0&-1&-4\\0&0&1&-2&-5\end{array}\right)$$

$R(\boldsymbol{A}_1)=R(\overline{\boldsymbol{A}_1})=3<4$, 得同解方程组

$$\begin{cases}x_1=-2+x_4\\x_2=-4+x_4\\x_3=-5+2x_4\end{cases}$$

令 $x_4=0$, 得特解 $\boldsymbol{\xi}^*=\begin{pmatrix}-2\\-4\\-5\\0\end{pmatrix}$, 其导出组的基础解系 $\boldsymbol{\xi}_1=\begin{pmatrix}1\\1\\2\\1\end{pmatrix}$, 所以方程组(Ⅰ)的通解为

$$\boldsymbol{\xi}=\boldsymbol{\xi}^*+k_1\boldsymbol{\xi}_1=\begin{pmatrix}-2\\-4\\-5\\0\end{pmatrix}+k_1\begin{pmatrix}1\\1\\2\\1\end{pmatrix}$$

其中, k_1 为任意常数.

(2)将方程组(Ⅰ)的通解代入方程组(Ⅱ)得

$$\begin{cases}(-2+k_1)+m(-4+k_1)-(-5+2k_1)-k_1=-5\\n(-4+k_1)-(-5+2k_1)-2k_1=-11\\(-5+2k_1)-2k_1=1-t\end{cases}$$

由于 k_1 的任意性, 取 $k_1=0$, 得 $m=2$, $n=4$, $t=6$.

当 $m=2$, $n=4$, $t=6$ 时, 对方程组(Ⅱ)的增广矩阵作初等行变换

$$(\boldsymbol{A}_2 \vdots \boldsymbol{b}_2)=\left(\begin{array}{cccc:c}1&2&-1&-1&-5\\0&4&-1&-2&-11\\0&0&1&-2&-5\end{array}\right)\xrightarrow[r_2+r_3]{r_1+r_3}\left(\begin{array}{cccc:c}1&2&0&-3&-10\\0&4&0&-4&-16\\0&0&1&-2&-5\end{array}\right)\xrightarrow{-\frac{1}{4}r_2}$$

$$\left(\begin{array}{cccc:c}1&2&0&-3&-10\\0&1&0&-1&-4\\0&0&1&-2&-5\end{array}\right)\xrightarrow{r_1-2r_2}\left(\begin{array}{cccc:c}1&0&0&-1&-2\\0&1&0&-1&-4\\0&0&1&-2&-5\end{array}\right)$$

解得方程组(Ⅱ)的通解为

$$\boldsymbol{\xi}=\begin{pmatrix}-2\\-4\\-5\\0\end{pmatrix}+k_1\begin{pmatrix}1\\1\\2\\1\end{pmatrix}$$

其中，k_1 为任意常数．

由此可见，方程组(Ⅰ)和(Ⅱ)的解相同，故方程组(Ⅰ)和(Ⅱ)是同解方程组．

4.4.4　线性方程组的几何应用

线性方程组的理论与解析几何有着密切的关系．解析几何是数与形的有机结合，它将几何体用代数形式巧妙地表示出来，然后通过研究代数方程的相关性质，揭示出几何图形的内在本质，并给用计算机研究几何图形提供理论依据．我们把线性方程组的理论应用于解析几何，既可以沟通线性代数与解析几何的内在联系，透视代数与几何的相互渗透，又可以使许多几何问题得到更为简明的刻画．

例 4.19　试讨论平面上的直线 l_i：$a_ix+b_iy+c_i=0(i=1,\ 2)$ 的位置关系．

解　构造线性方程组

$$\begin{cases}a_1x+b_1y+c_1=0\\a_2x+b_2y+c_2=0\end{cases}$$

记矩阵

$$\boldsymbol{A}=\begin{pmatrix}a_1 & b_1\\a_2 & b_2\end{pmatrix},\ \overline{\boldsymbol{A}}=(\boldsymbol{A}\ \vdots\ \boldsymbol{c})=\left(\begin{array}{cc:c}a_1 & b_1 & -c_1\\a_2 & b_2 & -c_2\end{array}\right)$$

直线 $l_i(i=1,\ 2)$ 的位置关系有以下几种情况．

(1)若 $R(\boldsymbol{A})=R(\overline{\boldsymbol{A}})=1$，则系数矩阵 $\boldsymbol{A}$ 和增广矩阵 $\overline{\boldsymbol{A}}$ 的两行对应成比例，因此直线 l_1 与 l_2 重合，此时方程组有无穷多个解，如图 4-1(a)所示．

(2)若 $R(\boldsymbol{A})=1$，$R(\overline{\boldsymbol{A}})=2$，则系数矩阵 $\boldsymbol{A}$ 两行对应成比例，两直线平行，没有公共点，此时方程组无解，如图 4-1(b)所示．

(3)若 $R(\boldsymbol{A})=R(\overline{\boldsymbol{A}})=2$，则两直线相交于一点，此时方程组有唯一解，如图 4-1(c)所示．

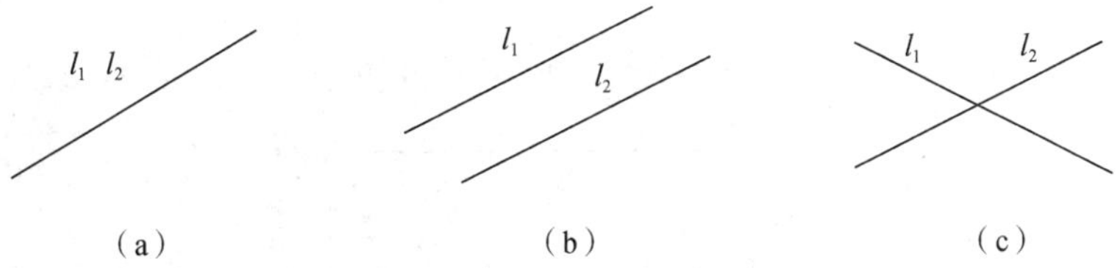

图 4-1　直线位置关系图

例 4.20　试讨论平面 π_i：$a_ix+b_iy+c_iz+d_i=0(i=1,\ 2)$ 的位置关系．

解　构造线性方程组

$$\begin{cases}a_1x+b_1y+c_1z+d_1=0\\a_2x+b_2y+c_2z+d_2=0\end{cases}$$

记矩阵

$$\boldsymbol{A}=\begin{pmatrix} a_1 & b_1 & c_1 \\ a_2 & b_2 & c_2 \end{pmatrix},\ \overline{\boldsymbol{A}}=(\boldsymbol{A} \vdots \boldsymbol{d})=\left(\begin{array}{ccc:c} a_1 & b_1 & c_1 & -d_1 \\ a_2 & b_2 & c_2 & -d_2 \end{array}\right)$$

平面 π_i 的法向量为

$$\boldsymbol{n}_i=(a_i,\ b_i,\ c_i)(i=1,\ 2)$$

平面 $\pi_i(i=1,\ 2)$ 的位置关系有以下 3 种情况.

(1)若 $R(\boldsymbol{A})=R(\overline{\boldsymbol{A}})=1$，则平面 π_1 与 π_2 的法向量之间满足 $\boldsymbol{n}_1 /\!/ \boldsymbol{n}_2$，此时两平面平行，又 $\overline{\boldsymbol{A}}$ 的两行对应成比例，所以平面 π_1 与 π_2 重合，此时方程组有无穷多个解，如图 4-2(a)所示.

(2)若 $R(\boldsymbol{A})=1$，$R(\overline{\boldsymbol{A}})=2$，则两平面平行，但不重合，此时方程组无解，如图 4-2(b)所示.

(3)若 $R(\boldsymbol{A})=R(\overline{\boldsymbol{A}})=2$，则平面相交于一条直线，此时方程组有无穷多个解，如图 4-2(c)所示.

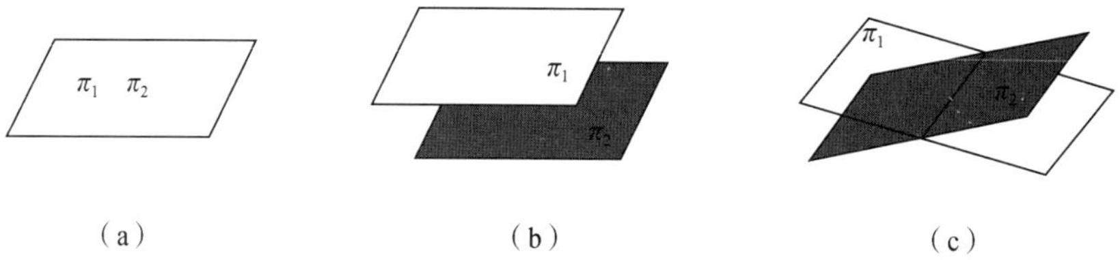

图 4-2　平面位置关系图

4.4.5　线性方程组的其他应用

例 4.21　对城市交通网中的道路和交叉口的车流量进行调查是分析、评价及改善城市交通状况的基础. 根据实际车流量信息，可以设计流量控制方案，必要时可以设置单行线，以免车辆长时间拥堵. 图 4-3 是某城市的单行路段，箭头上的数字及 x_1、x_2、x_3、x_4 表示每小时按箭头方向行驶的车流量(单位：辆)，假设每个交叉路口进入和离开的车辆数目相等，试建立确定每条道路车流量的线性方程组，并解决以下问题.

(1)为了唯一确定未知车流量，还需要增加哪几条道路的车流量信息?

(2)当 $x_4=400$ 时，确定 x_1、x_2、x_3 的值.

(3)当 $x_4=280$ 时，单行线设置是否合理?

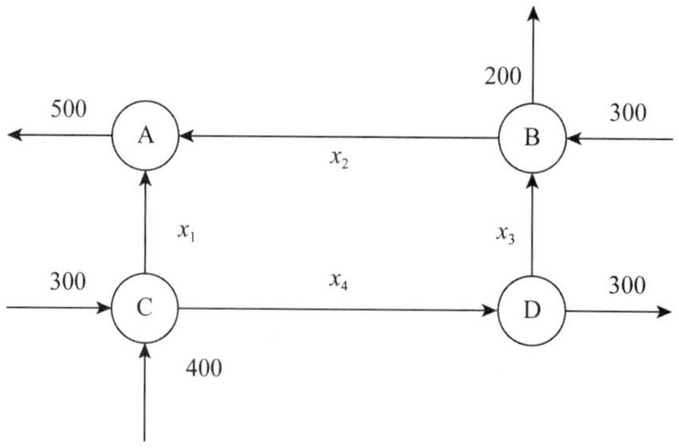

图 4-3　某城市的单行路段

解 (1)根据图 4-3 及假设，在 A、B、C、D 这 4 个路口，进出车辆数满足

$$\begin{cases} x_1 + x_2 = 500 \\ x_2 - x_3 = 100 \\ -x_3 + x_4 = 300 \\ x_1 + x_4 = 700 \end{cases}$$

对上述方程组的增广矩阵作初等变换

$$\overline{\boldsymbol{A}} = (\boldsymbol{A} \mid \boldsymbol{b}) = \left(\begin{array}{cccc|c} 1 & 1 & 0 & 0 & 500 \\ 0 & 1 & -1 & 0 & 100 \\ 0 & 0 & -1 & 1 & 300 \\ 1 & 0 & 0 & 1 & 700 \end{array}\right) \xrightarrow{r_4 - r_1} \left(\begin{array}{cccc|c} 1 & 1 & 0 & 0 & 500 \\ 0 & 1 & -1 & 0 & 100 \\ 0 & 0 & -1 & 1 & 300 \\ 0 & -1 & 0 & 1 & 200 \end{array}\right) \xrightarrow[r_4 + r_2]{r_1 - r_2}$$

$$\left(\begin{array}{cccc|c} 1 & 0 & 1 & 0 & 400 \\ 0 & 1 & -1 & 0 & 100 \\ 0 & 0 & -1 & 1 & 300 \\ 0 & 0 & -1 & 1 & 300 \end{array}\right) \xrightarrow[r_4 + r_3]{-r_3} \left(\begin{array}{cccc|c} 1 & 0 & 1 & 0 & 400 \\ 0 & 1 & -1 & 0 & 100 \\ 0 & 0 & 1 & -1 & -300 \\ 0 & 0 & 0 & 0 & 0 \end{array}\right) \xrightarrow[r_2 + r_3]{r_1 - r_3}$$

$$\left(\begin{array}{cccc|c} 1 & 0 & 0 & 1 & 700 \\ 0 & 1 & 0 & -1 & -200 \\ 0 & 0 & 1 & -1 & -300 \\ 0 & 0 & 0 & 0 & 0 \end{array}\right)$$

$R(\boldsymbol{A}) = R(\overline{\boldsymbol{A}}) = 3<4$，方程组有无穷多个解，同解方程组为

$$\begin{cases} x_1 = 700 - x_4 \\ x_2 = -200 + x_4 \\ x_3 = -300 + x_4 \end{cases}$$

其中，x_4 为自由未知量．由此可知，为了唯一确定车流量，只要知道 x_4 的车流量信息即可．

(2)当 $x_4=400$ 时，可得 $x_1=300$，$x_2=200$，$x_3=100$.

(3)当 $x_4=280$ 时，可得 $x_1=420$，$x_2=80$，$x_3=-20$. 其中，$x_3=-20<0$ 表明单行线“D→B”不合理，此时应调整为“B→D”较合理．

习题 4.4

习题 4.4 解答

1. 已知向量组 $\boldsymbol{\alpha}_1 = \begin{pmatrix} a \\ 2 \\ 10 \end{pmatrix}$，$\boldsymbol{\alpha}_2 = \begin{pmatrix} -2 \\ 1 \\ 5 \end{pmatrix}$，$\boldsymbol{\alpha}_3 = \begin{pmatrix} -1 \\ 1 \\ 4 \end{pmatrix}$，$\boldsymbol{\beta} = \begin{pmatrix} 1 \\ b \\ -1 \end{pmatrix}$，问：

(1) a、b 为何值时，$\boldsymbol{\beta}$ 不能由 $\boldsymbol{\alpha}_1$，$\boldsymbol{\alpha}_2$，$\boldsymbol{\alpha}_3$ 线性表示?

(2) a、b 为何值时，$\boldsymbol{\beta}$ 能由 $\boldsymbol{\alpha}_1$，$\boldsymbol{\alpha}_2$，$\boldsymbol{\alpha}_3$ 唯一线性表示? 并给出该表示式．

(3) a、b 为何值时，$\boldsymbol{\beta}$ 能由 $\boldsymbol{\alpha}_1$，$\boldsymbol{\alpha}_2$，$\boldsymbol{\alpha}_3$ 线性表示，但表示式不唯一? 并求一般表示式．

2. 已知向量组 $\boldsymbol{\beta} = \begin{pmatrix} 2 \\ -1 \\ 3 \\ 4 \end{pmatrix}$，$\boldsymbol{\alpha}_1 = \begin{pmatrix} 1 \\ 2 \\ -3 \\ 1 \end{pmatrix}$，$\boldsymbol{\alpha}_2 = \begin{pmatrix} 5 \\ -5 \\ 12 \\ 11 \end{pmatrix}$，$\boldsymbol{\alpha}_3 = \begin{pmatrix} 1 \\ -3 \\ 6 \\ 3 \end{pmatrix}$，判断向量 $\boldsymbol{\beta}$ 能否由

向量组 $\boldsymbol{\alpha}_1$，$\boldsymbol{\alpha}_2$，$\boldsymbol{\alpha}_3$ 线性表示．若能，写出一般表示式；若不能，请说明理由．

3. 已知矩阵方程 $\begin{pmatrix} \lambda & 1 & 1 \\ 0 & \lambda-1 & 0 \\ 1 & 1 & \lambda \end{pmatrix}\begin{pmatrix} x_1 \\ x_2 \\ x_3 \end{pmatrix}=\begin{pmatrix} a \\ 1 \\ 1 \end{pmatrix}$ 存在两个不同的解，(1)求 λ、a；(2)求其通解．

4. 设 $\boldsymbol{A}=\begin{pmatrix} 1 & -2 & 3 & -4 \\ 0 & 1 & -1 & 1 \\ 1 & 2 & 0 & -3 \end{pmatrix}$，$\boldsymbol{E}$ 为三阶单位矩阵，求矩阵 $\boldsymbol{B}$，使 $\boldsymbol{AB}=\boldsymbol{E}$.

5. 设有四元齐次线性方程组

$$(\text{Ⅰ})\begin{cases} x_1+x_4=0 \\ x_2+x_3=0 \end{cases};\qquad (\text{Ⅱ})\begin{cases} x_1+2x_3=0 \\ 2x_2+x_4=0 \end{cases}$$

求方程组(Ⅰ)和(Ⅱ)的公共解．

6. 设有四元齐次线性方程组(Ⅰ) $\begin{cases} x_1+x_2=0 \\ x_2-x_4=0 \end{cases}$，又知齐次线性方程组(Ⅱ)的通解为

$$k_1\begin{pmatrix} 0 \\ 1 \\ 1 \\ 0 \end{pmatrix}+k_2\begin{pmatrix} -1 \\ 2 \\ 2 \\ 1 \end{pmatrix}(k_1,\ k_2\in\mathbf{R})$$

(1)求方程组(Ⅰ)的基础解系；

(2)方程组(Ⅰ)和(Ⅱ)是否有非零公共解？若有，求出所有非零公共解；若没有，说明理由．

7. 设三元齐次线性方程组(Ⅰ) $\begin{cases} x_1+x_2+x_3=0 \\ x_1+2x_2+ax_3=0 \\ x_1+4x_2+a^2x_3=0 \end{cases}$ 与非齐次线性方程(Ⅱ) $x_1+2x_2+x_3=a-1$ 有公共解，求 a 的值及所有公共解．

8. 设有 3 个平面，它们的方程分别为

$$\pi_1:\ x-2y+2z+a=0$$
$$\pi_2:\ 2x+3y-z-1=0$$
$$\pi_3:\ x-6y+6z+10=0$$

讨论平面 π_1、π_2、π_3 的位置关系．

9. 图 4-4 是某地区灌溉渠道网，流量及流向均已在图上标明. 试求：

(1)各段的流量 x_1、x_2、x_3、x_4、x_5；

(2)若 BC 段渠道关闭，则 AD 段的流量保持在什么范围，才能使所有段的流量不超过 30?

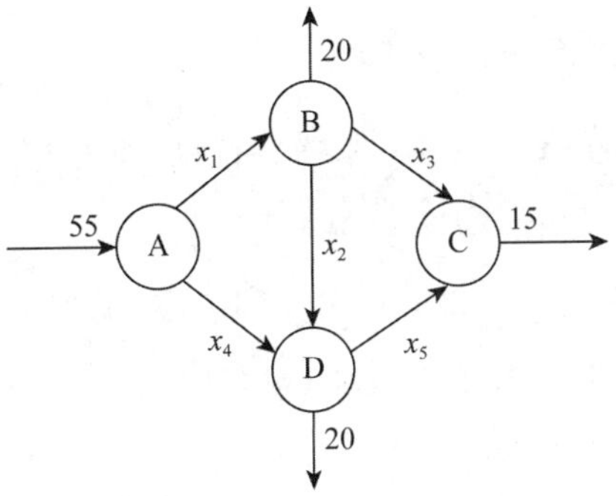

图 4-4　某地区灌溉渠道网

4.5　软件应用——运用 MATLAB 求解线性方程组

4.5.1　齐次线性方程组的求解

当齐次线性方程 $\boldsymbol{AX}=\boldsymbol{0}$（$\boldsymbol{A}$ 为 $m\times n$ 矩阵）的秩 $R(\boldsymbol{A})=r<n$ 时，该方程组有无穷多个解．在 MATLAB 中，可以用函数命令 null( )返回齐次线性方程组 $\boldsymbol{AX}=\boldsymbol{0}$ 的一个基础解系．其中，$\boldsymbol{A}$ 可以是数值矩阵，也可以是符号矩阵．若 $\boldsymbol{A}$ 是数值矩阵，函数命令 null(A)返回的基础解系是规范正交的，函数命令 null(A,'r')返回的基础解系是一组有理解．

例 4.22　求方程组 $\begin{cases}x_1+2x_2-x_3-2x_4=0\\2x_1-x_2-x_3+x_4=0\\3x_1+x_2-2x_3-x_4=0\end{cases}$ 的通解．

解　输入命令如下：

```
>> A=[1,2,-1,-2;2,-1,-1,1;3,1,-2,-1];
>> null(A,'r')%这里面的r表示矩阵的秩
```

运行结果如下：

```
ans=
     3/5        0
     1/5        1
     1          0
     0          1
```

所以原方程组的通解为

$$\boldsymbol{\xi}=k_1\boldsymbol{\xi}_1+k_2\boldsymbol{\xi}_2=k_1\begin{pmatrix}3/5\\1/5\\1\\0\end{pmatrix}+k_2\begin{pmatrix}0\\1\\0\\1\end{pmatrix}$$

其中，k_1、k_2 为任意实数．

4.5.2 非齐次线性方程组的求解

非齐次线性方程组 $\boldsymbol{AX}=\boldsymbol{b}$($\boldsymbol{A}$ 为 $m\times n$ 矩阵)有解的充要条件是系数矩阵 $\boldsymbol{A}$ 的秩 $R(\boldsymbol{A})$ 等于增广矩阵 $\overline{\boldsymbol{A}}$ 的秩 $R(\overline{\boldsymbol{A}})$，即 $R(\boldsymbol{A})=R(\overline{\boldsymbol{A}})$，且：

(1)当 $R(\boldsymbol{A})=R(\overline{\boldsymbol{A}})<n$ 时，方程组 $\boldsymbol{AX}=\boldsymbol{b}$ 有无穷多个解；

(2)当 $R(\boldsymbol{A})=R(\overline{\boldsymbol{A}})=n$ 时，方程组 $\boldsymbol{AX}=\boldsymbol{b}$ 有唯一解 .

在 MATLAB 中，可用矩阵的除法来求非齐次线性方程组 $\boldsymbol{AX}=\boldsymbol{b}$ 的解，即 $\boldsymbol{X}=\boldsymbol{A}\setminus\boldsymbol{b}$.

(1)当方程组 $\boldsymbol{AX}=\boldsymbol{b}$ 无解时，利用矩阵的除法求解时，MATLAB 会给出警告信息，此时的解都为 Inf.

(2)当方程组 $\boldsymbol{AX}=\boldsymbol{b}$ 有唯一解时，可利用矩阵的除法直接求得，即 $\boldsymbol{X}=\boldsymbol{A}\setminus\boldsymbol{b}$；

(3)当方程组 $\boldsymbol{AX}=\boldsymbol{b}$ 有无穷多个解时，利用矩阵的除法只能求得其中的一个解，若要求其通解，则还需利用函数命令 null( )求出其对应导出组 $\boldsymbol{AX}=\boldsymbol{0}$ 的基础解系 .

例 4.23 求方程组 $\begin{cases}x_1+2x_2-2x_3+3x_4=2\\2x_1+4x_2-3x_3+4x_4=5\\5x_1+10x_2-8x_3+11x_4=12\end{cases}$ 的通解 .

解 首先判断系数矩阵的秩和增广矩阵的秩是否相等，然后根据秩的情况求解 . 输入命令如下：

```
>> A=[1,2,-2,3;2,4,-3,4;5,10,-8,11];
>> b=[2,5,12]';
>> B=[A,b];
>> n=4;
R=[rank(A),rank(B)]
if   rank(A)==rank(B)<n
     disp('方程组有无穷多个解')
     X=A\b
     null(A,'r')
elseif rank(A)==rank(B)==n
     disp('方程组有唯一解')
     X=A\b
else
     disp('方程组无解')
end
```

运行结果如下：

```
R=
     2         2
方程组有无穷多个解
X=
     0
     7/4
```

```
    0
    -1/2
ans =
    -2      1
    1       0
    0       2
    0       1
```

在求解方程时，尽量不要用 inv(A) * b 命令，而应采用除法命令．因为后者的计算速度比前者更快，精度也更高，尤其当矩阵 $\boldsymbol{A}$ 的维数比较大时更是如此．另外，除法命令的适用性较强，对于非方阵 $\boldsymbol{A}$ 也能给出最小二乘解．

第 4 章习题

第 4 章习题解答

一、选择题

1. 设 $\boldsymbol{A}$ 是 $m\times n$ 矩阵，则齐次线性方程组 $\boldsymbol{AX}=\boldsymbol{0}$ 有非零解的充要条件是(　　)．

A. $R(\boldsymbol{A})=n$　　B. $R(\boldsymbol{A})<n$　　C. $R(\boldsymbol{A})\geqslant n$　　D. $R(\boldsymbol{A})>n$

2. 设 $\boldsymbol{A}$ 是 $m\times n$ 矩阵，则非齐次线性方程组 $\boldsymbol{AX}=\boldsymbol{b}$ 有无穷解的充要条件是(　　)．

A. $R(\boldsymbol{A})<m$　　B. $R(\boldsymbol{A})<n$

C. $R(\overline{\boldsymbol{A}})=R(\boldsymbol{A})<m$　　D. $R(\overline{\boldsymbol{A}})=R(\boldsymbol{A})<n$

3. 设 $\boldsymbol{A}$ 是 $m\times n$ 矩阵，齐次线性方程组 $\boldsymbol{AX}=\boldsymbol{0}$ 为非齐次线性方程组 $\boldsymbol{AX}=\boldsymbol{b}$ 的导出组，若 $m<n$，则(　　)．

A. $\boldsymbol{AX}=\boldsymbol{b}$ 必有无穷多个解　　B. $\boldsymbol{AX}=\boldsymbol{b}$ 必有唯一解

C. $\boldsymbol{AX}=\boldsymbol{0}$ 必有非零解　　D. $\boldsymbol{AX}=\boldsymbol{0}$ 必有唯一解

4. 设 $\boldsymbol{A}$ 是 $m\times n$ 矩阵，$R(\boldsymbol{A})=m$ 且 $m<n$，则非齐次线性方程组 $\boldsymbol{AX}=\boldsymbol{b}$ (　　)．

A. 有无穷多个解　　B. 有唯一解

C. 无解　　D. 不能确定是否有解

5. 设 $\boldsymbol{A}$ 是 n 阶矩阵，$\boldsymbol{\alpha}$ 是 n 维列向量，若 $\boldsymbol{B}=\begin{pmatrix}\boldsymbol{A} & \boldsymbol{\alpha}\\ \boldsymbol{\alpha}^{\mathrm{T}} & 0\end{pmatrix}$ 且 $R(\boldsymbol{B})=R(\boldsymbol{A})$，则(　　)．

A. $\boldsymbol{AX}=\boldsymbol{\alpha}$ 必有无穷多个解　　B. $\boldsymbol{AX}=\boldsymbol{\alpha}$ 必有唯一解

C. $\boldsymbol{BX}=\boldsymbol{0}$ 仅有零解　　D. $\boldsymbol{BX}=\boldsymbol{0}$ 必有非零解

6. 设 $\boldsymbol{AX}=\boldsymbol{0}$ 为非齐次线性方程组 $\boldsymbol{AX}=\boldsymbol{b}$ 的导出组，若 $\boldsymbol{AX}=\boldsymbol{0}$ 仅有零解，则 $\boldsymbol{AX}=\boldsymbol{b}$ (　　)．

A. 必有无穷多个解　　B. 必有唯一解

C. 必无解　　D. 以上选项均不正确

7. 设 $\boldsymbol{A}$ 是 $m\times n$ 矩阵，齐次线性方程组 $\boldsymbol{AX}=\boldsymbol{0}$ 仅有零解的充要条件为(　　)．

A. $\boldsymbol{A}$ 的列向量组线性无关　　B. $\boldsymbol{A}$ 的列向量组线性相关

C. $\boldsymbol{A}$ 的行向量组线性无关　　D. $\boldsymbol{A}$ 的行向量组线性相关

8. 设 $\boldsymbol{A}$ 是 $m\times n$ 矩阵，则下列结论中正确的是(　　)．

A. 若 $\boldsymbol{AX}=\boldsymbol{0}$ 仅有零解，则 $\boldsymbol{AX}=\boldsymbol{b}$ 有唯一解

B. 若 $\boldsymbol{AX}=\boldsymbol{0}$ 有非零解，则 $\boldsymbol{AX}=\boldsymbol{b}$ 有无穷多个解

C. 若 $\boldsymbol{AX}=\boldsymbol{b}$ 有无穷多个解，则 $\boldsymbol{AX}=\boldsymbol{0}$ 仅有零解

D. 若 $\boldsymbol{AX}=\boldsymbol{b}$ 有无穷多个解，则 $\boldsymbol{AX}=\boldsymbol{0}$ 有非零解

9. 设 n 元线性方程组，则下列说法中正确的是(　　).

A. 若 $\boldsymbol{AX}=\boldsymbol{0}$ 仅有零解，则 $\boldsymbol{AX}=\boldsymbol{b}$ 有唯一解

B. $\boldsymbol{AX}=\boldsymbol{0}$ 有非零解的充要条件是 $|\boldsymbol{A}|=0$

C. $\boldsymbol{AX}=\boldsymbol{b}$ 有唯一解的充要条件是 $R(\boldsymbol{A})=n$

D. 若 $\boldsymbol{AX}=\boldsymbol{b}$ 有两个不同的解，则 $\boldsymbol{AX}=\boldsymbol{0}$ 有无穷多个解

10. 设 $\boldsymbol{A}$ 是 $m\times n$ 矩阵，$\boldsymbol{B}$ 是 $n\times m$ 矩阵，则对于齐次线性方程组 $(\boldsymbol{AB})\boldsymbol{X}=\boldsymbol{0}$，下列说法中正确的是(　　).

A. 当 $n>m$ 时，仅有零解　　B. 当 $n>m$ 时，必有非零解

C. 当 $n<m$ 时，仅有零解　　D. 当 $n<m$ 时，必有非零解

11. 设 $\boldsymbol{A}$ 是 n 阶实矩阵，$\boldsymbol{A}^{\mathrm{T}}$ 是 $\boldsymbol{A}$ 的转置矩阵，则对于线性方程组(Ⅰ) $\boldsymbol{AX}=\boldsymbol{0}$ 和(Ⅱ) $\boldsymbol{A}^{\mathrm{T}}\boldsymbol{AX}=\boldsymbol{0}$，必有(　　).

A. (Ⅱ)的解是(Ⅰ)的解，(Ⅰ)的解也是(Ⅱ)的解

B. (Ⅱ)的解是(Ⅰ)的解，但(Ⅰ)的解不是(Ⅱ)的解

C. (Ⅰ)的解不是(Ⅱ)的解，(Ⅱ)的解也不是(Ⅰ)的解

D. (Ⅰ)的解是(Ⅱ)的解，但(Ⅱ)的解不是(Ⅰ)的解

12. 设 $\boldsymbol{A}=(a_{ij})_{n\times n}$，且 $|\boldsymbol{A}|=0$，但 $\boldsymbol{A}$ 的元素 a_{kl} 的代数余子式 $A_{kl}\neq 0(1\leqslant k,\ l\leqslant n)$，则 $\boldsymbol{AX}=\boldsymbol{0}$ 的基础解系中解向量的个数为(　　).

A. 1　　B. l　　C. k　　D. n

13. $\boldsymbol{A}$ 是 $m\times n$ 矩阵，$R(\boldsymbol{A})=r$，$\boldsymbol{B}$ 是 m 阶可逆矩阵，$\boldsymbol{C}$ 是 m 阶不可逆矩阵，且 $R(\boldsymbol{C})<r$，则下列说法中正确的是(　　).

A. $\boldsymbol{BAX}=\boldsymbol{0}$ 的基础解系由 $n-m$ 个向量组成

B. $\boldsymbol{BAX}=\boldsymbol{0}$ 的基础解系由 $n-r$ 个向量组成

C. $\boldsymbol{CAX}=\boldsymbol{0}$ 的基础解系由 $n-m$ 个向量组成

D. $\boldsymbol{CAX}=\boldsymbol{0}$ 的基础解系由 $n-r$ 个向量组成

14. 若方程组 $\begin{cases}2x_1-x_2+x_3+x_4=1\\x_1+2x_2-x_3+3x_4=-2\\x_1+7x_2-4x_3+8x_4=k\end{cases}$ 有解，则(　　).

A. $k=-7$　　B. $k\neq 7$　　C. $k=0$　　D. $k\neq 0$

15. 方程组 $\begin{cases}x_1+2x_2-x_3=4\\x_2+2x_3=2\\(\lambda-2)x_3=-(\lambda-3)(\lambda-4)(\lambda-1)\end{cases}$ 无解的充分条件是 $\lambda=$(　　).

A. 1　　B. 2　　C. 3　　D. 4

16. 方程组 $\begin{cases}x_1+x_2+x_3=\lambda-1\\2x_2-x_3=\lambda-2\\x_3=\lambda-4\\(\lambda-1)x_3=(\lambda-3)(\lambda-1)\end{cases}$ 有唯一解的充分条件是 $\lambda=$(　　).

A. 1　　　　B. 2　　　　C. 3　　　　D. 4

17. 方程组 $\begin{cases} x_1 + 2x_2 - x_3 = \lambda - 1 \\ 3x_2 - x_3 = \lambda - 2 \\ \lambda x_2 - x_3 = (\lambda - 3)(\lambda - 4) + (\lambda - 2) \end{cases}$ 有无穷多个解的充分条件是 $\lambda =$ (　　).

A. 1　　　　B. 2　　　　C. 3　　　　D. 4

18. 设 $\boldsymbol{\xi}_1$, $\boldsymbol{\xi}_2$ 是齐次线性方程组 $\boldsymbol{AX}=\boldsymbol{0}$ 的解, $\boldsymbol{\eta}_1$, $\boldsymbol{\eta}_2$ 是非齐次线性方程组 $\boldsymbol{AX}=\boldsymbol{b}$ 的解, 则(　　).

A. $2\boldsymbol{\xi}_1 + \boldsymbol{\eta}_1$ 为 $\boldsymbol{AX}=\boldsymbol{0}$ 的解　　　　B. $\boldsymbol{\eta}_1 + \boldsymbol{\eta}_2$ 为 $\boldsymbol{AX}=\boldsymbol{b}$ 的解

C. $\boldsymbol{\xi}_1 + \boldsymbol{\xi}_2$ 为 $\boldsymbol{AX}=\boldsymbol{0}$ 的解　　　　D. $\boldsymbol{\eta}_1 - \boldsymbol{\eta}_2$ 为 $\boldsymbol{AX}=\boldsymbol{b}$ 的解

19. 已知 $\boldsymbol{\beta}_1$, $\boldsymbol{\beta}_2$ 是非齐次线性方程组 $\boldsymbol{AX}=\boldsymbol{b}$ 的两个不同的解, $\boldsymbol{\alpha}_1$, $\boldsymbol{\alpha}_2$ 是导出组 $\boldsymbol{AX}=\boldsymbol{0}$ 的基础解系, k_1、k_2 为任意常数, 则 $\boldsymbol{AX}=\boldsymbol{b}$ 的通解是(　　).

A. $\dfrac{\boldsymbol{\beta}_1 - \boldsymbol{\beta}_2}{2} + k_1\boldsymbol{\alpha}_1 + k_2(\boldsymbol{\alpha}_1 + \boldsymbol{\alpha}_2)$　　　　B. $\dfrac{\boldsymbol{\beta}_1 + \boldsymbol{\beta}_2}{2} + k_1\boldsymbol{\alpha}_1 + k_2(\boldsymbol{\alpha}_1 - \boldsymbol{\alpha}_2)$

C. $\dfrac{\boldsymbol{\beta}_1 - \boldsymbol{\beta}_2}{2} + k_1\boldsymbol{\alpha}_1 + k_2(\boldsymbol{\beta}_1 + \boldsymbol{\beta}_2)$　　　　D. $\dfrac{\boldsymbol{\beta}_1 + \boldsymbol{\beta}_2}{2} + k_1\boldsymbol{\alpha}_1 + k_2(\boldsymbol{\beta}_1 - \boldsymbol{\beta}_2)$

20. 设 $\boldsymbol{A}$ 为 4×3 矩阵, $\boldsymbol{\beta}_1$, $\boldsymbol{\beta}_2$, $\boldsymbol{\beta}_3$ 是非齐次线性方程组 $\boldsymbol{AX}=\boldsymbol{b}$ 的 3 个线性无关的解, k_1、k_2 为任意常数, 则 $\boldsymbol{AX}=\boldsymbol{b}$ 的通解为(　　).

A. $\dfrac{\boldsymbol{\beta}_2 + \boldsymbol{\beta}_3}{2} + k_1(\boldsymbol{\beta}_2 - \boldsymbol{\beta}_1)$　　　　B. $\dfrac{\boldsymbol{\beta}_2 - \boldsymbol{\beta}_3}{2} + k_1(\boldsymbol{\beta}_2 - \boldsymbol{\beta}_1)$

C. $\dfrac{\boldsymbol{\beta}_2 + \boldsymbol{\beta}_3}{2} + k_1(\boldsymbol{\beta}_2 - \boldsymbol{\beta}_1) + k_2(\boldsymbol{\beta}_3 - \boldsymbol{\beta}_1)$　D. $\dfrac{\boldsymbol{\beta}_2 - \boldsymbol{\beta}_3}{2} + k_1(\boldsymbol{\beta}_2 - \boldsymbol{\beta}_1) + k_2(\boldsymbol{\beta}_3 - \boldsymbol{\beta}_1)$

二、填空题

1. 齐次线性方程组 $\begin{cases} kx_1 + 2x_2 + x_3 = 0 \\ 2x_1 + kx_2 = 0 \\ x_1 - x_2 + x_3 = 0 \end{cases}$ 仅有零解的充要条件是________.

2. 若 n 阶矩阵 $\boldsymbol{A}$ 的各行元素之和均为 0, 且 $R(\boldsymbol{A}) = n - 1$, 则齐次线性方程组 $\boldsymbol{AX}=\boldsymbol{0}$ 的通解为________.

3. 设 $\boldsymbol{\alpha}_1$, $\boldsymbol{\alpha}_2$, …, $\boldsymbol{\alpha}_s$ 和 $k_1\boldsymbol{\alpha}_1 + k_2\boldsymbol{\alpha}_2 + \cdots + k_s\boldsymbol{\alpha}_s$ 均为非齐次线性方程组 $\boldsymbol{AX}=\boldsymbol{b}$ 的解 (k_1, k_2, …, k_s 为常数), 则 $k_1 + k_2 + \cdots + k_s =$ ________.

4. 若线性方程组 $\boldsymbol{AX}=\boldsymbol{b}$ 的导出组与 $\boldsymbol{BX}=\boldsymbol{0}$ 有相同的基础解系, 且 $R(\boldsymbol{B}) = r$, 则 $R(\boldsymbol{A}) =$ ________.

5. 若 n 元齐次线性方程组 $\boldsymbol{AX}=\boldsymbol{0}$ 有 n 个线性无关的解向量, 则 $\boldsymbol{A} =$ ________.

6. 若非齐次线性方程组 $\begin{cases} x_1 + 2x_2 + x_3 = 1 \\ 2x_1 - ax_2 - x_3 = 0 \\ (a + 2)x_1 + 3x_2 + 2x_3 = 3 \end{cases}$ 无解, 则 a 满足________.

7. 设有 n 阶矩阵 $\boldsymbol{A}$, 对于 $\boldsymbol{AX}=\boldsymbol{0}$, 若每个 n 维向量都是解, 则 $R(\boldsymbol{A}) =$ ________.

8. 设 5×4 矩阵 $\boldsymbol{A}$ 的秩为 3, $\boldsymbol{\alpha}_1$, $\boldsymbol{\alpha}_2$, $\boldsymbol{\alpha}_3$ 是非齐次线性方程组 $\boldsymbol{AX}=\boldsymbol{b}$ 的 3 个不同的解向

量，若 $\boldsymbol{\alpha}_1+\boldsymbol{\alpha}_2+2\boldsymbol{\alpha}_3=\begin{pmatrix}4\\0\\0\\0\end{pmatrix}$，$3\boldsymbol{\alpha}_1+\boldsymbol{\alpha}_2=\begin{pmatrix}4\\2\\3\\6\end{pmatrix}$，则 $\boldsymbol{AX}=\boldsymbol{b}$ 的通解为________.

三、计算或证明题

1. 设 $\boldsymbol{\alpha}_1=\begin{pmatrix}1+\lambda\\1\\1\end{pmatrix}$，$\boldsymbol{\alpha}_2=\begin{pmatrix}1\\1+\lambda\\1\end{pmatrix}$，$\boldsymbol{\alpha}_3=\begin{pmatrix}1\\1\\1+\lambda\end{pmatrix}$，$\boldsymbol{\beta}=\begin{pmatrix}0\\\lambda\\\lambda^2\end{pmatrix}$，求：

(1) λ 为何值时，$\boldsymbol{\beta}$ 能由 $\boldsymbol{\alpha}_1$，$\boldsymbol{\alpha}_2$，$\boldsymbol{\alpha}_3$ 唯一地线性表示？

(2) λ 为何值时，$\boldsymbol{\beta}$ 能由 $\boldsymbol{\alpha}_1$，$\boldsymbol{\alpha}_2$，$\boldsymbol{\alpha}_3$ 线性表示，但表示式不唯一？

(3) λ 为何值时，$\boldsymbol{\beta}$ 不能由 $\boldsymbol{\alpha}_1$，$\boldsymbol{\alpha}_2$，$\boldsymbol{\alpha}_3$ 线性表示？

2. 设向量组

$$A:\ \boldsymbol{\beta}_1=\begin{pmatrix}1\\2\\5\\2\end{pmatrix},\ \boldsymbol{\beta}_2=\begin{pmatrix}3\\0\\7\\14\end{pmatrix};\ B:\ \boldsymbol{\alpha}_1=\begin{pmatrix}1\\-1\\0\\4\end{pmatrix},\ \boldsymbol{\alpha}_2=\begin{pmatrix}2\\1\\5\\6\end{pmatrix},\ \boldsymbol{\alpha}_3=\begin{pmatrix}1\\-1\\-2\\0\end{pmatrix}$$

判断向量组 A 是否能由向量组 B 线性表示？

3. 已知 $\boldsymbol{\alpha}_1$，$\boldsymbol{\alpha}_2$，$\boldsymbol{\alpha}_3$ 是齐次线性方程组 $\boldsymbol{AX}=\boldsymbol{0}$ 的一个基础解系，证明 $\boldsymbol{\alpha}_1+\boldsymbol{\alpha}_2$，$\boldsymbol{\alpha}_2+\boldsymbol{\alpha}_3$，$\boldsymbol{\alpha}_3+\boldsymbol{\alpha}_1$ 也是 $\boldsymbol{AX}=\boldsymbol{0}$ 的一个基础解系.

4. 设 $\boldsymbol{\eta}_0$ 是非齐次线性方程组 $\boldsymbol{AX}=\boldsymbol{b}$ 的一个解，$\boldsymbol{\xi}_1$，$\boldsymbol{\xi}_2$，$\boldsymbol{\xi}_3$ 是对应的齐次线性方程组 $\boldsymbol{AX}=\boldsymbol{0}$ 的一个基础解系，证明 $\boldsymbol{\eta}_0$，$\boldsymbol{\xi}_1$，$\boldsymbol{\xi}_2$，$\boldsymbol{\xi}_3$ 线性无关.

5. 用其导出组的基础解系表示下面方程组的全部解：

(1) $\begin{cases}x_1+2x_2-x_3-2x_4=0\\2x_1-x_2-x_3+x_4=1\\3x_1+x_2-2x_3-x_4=1\end{cases}$；　(2) $\begin{cases}x_1+x_2=5\\2x_1+x_2+x_3+2x_4=1\\5x_1+3x_2+2x_3+2x_4=3\end{cases}$.

6. 设 $\boldsymbol{A}=\begin{pmatrix}1&1&2\\2&2&4\\3&3&6\end{pmatrix}$，求一个矩阵 $\boldsymbol{B}$，使 $\boldsymbol{AB}=\boldsymbol{O}$，且 $R(\boldsymbol{B})=2$.

7. 设 $\boldsymbol{A}=\begin{pmatrix}1&2&1&2\\0&1&t&t\\1&t&0&1\end{pmatrix}$ 且 $\boldsymbol{AX}=\boldsymbol{0}$ 的基础解系中含有两个解向量，求：(1) t；(2) $\boldsymbol{AX}=\boldsymbol{0}$ 的通解.

8. 设 $\boldsymbol{A}=\begin{pmatrix}\lambda&1&1\\0&\lambda-1&0\\1&1&\lambda\end{pmatrix}$，$\boldsymbol{b}=\begin{pmatrix}a\\1\\1\end{pmatrix}$. 已知线性方程组 $\boldsymbol{AX}=\boldsymbol{b}$ 存在两个不同的解，求：(1) λ 和 a；(2) 方程组 $\boldsymbol{AX}=\boldsymbol{b}$ 的通解.

9. 设 $\boldsymbol{A}_{m\times n}$，$\boldsymbol{B}_{n\times s}$，且 $\boldsymbol{AB}=\boldsymbol{O}$，证明 $R(\boldsymbol{A})+R(\boldsymbol{B})\leqslant n$.

10. 若 $\boldsymbol{\xi}^*$ 是非齐次线性方程组 $\boldsymbol{AX}=\boldsymbol{b}$ 的一个特解，$\boldsymbol{\xi}_1$，$\boldsymbol{\xi}_2$，…，$\boldsymbol{\xi}_t$ 是其导出组 $\boldsymbol{AX}=\boldsymbol{0}$

的一个基础解系．令

$$\boldsymbol{\eta}_1=\boldsymbol{\xi}^*+\boldsymbol{\xi}_1,\ \boldsymbol{\eta}_2=\boldsymbol{\xi}^*+\boldsymbol{\xi}_2,\ \cdots,\ \boldsymbol{\eta}_t=\boldsymbol{\xi}^*+\boldsymbol{\xi}_t$$

证明非齐次线性方程组 $\boldsymbol{AX}=\boldsymbol{b}$ 的任意解可表示为

$$\boldsymbol{\eta}=k_0\boldsymbol{\eta}_0+k_1\boldsymbol{\eta}_1+k_2\boldsymbol{\eta}_2+\cdots+k_t\boldsymbol{\eta}_t$$

其中，$k_0+k_1+k_2+\cdots+k_t=1$.

11. 已知三阶非零矩阵 $\boldsymbol{B}$ 的每一列都是方程组 $\begin{cases}x_1+2x_2-2x_3=0\\2x_1-x_2+\lambda x_3=0\\3x_1+x_2-x_3=0\end{cases}$ 的解，求 λ.

12. 求 a、b 分别为何值时，下列方程组无解？有唯一解？有无穷多个解？并在有解时求出全部解(用基础解系表示全部解)：

(1) $\begin{cases}ax_1+x_2+x_3=1\\x_1+ax_2+x_3=a\\x_1+x_2+ax_3=a^2\end{cases}$；　　(2) $\begin{cases}x_1+x_2+bx_3=4\\-x_1+bx_2+x_3=b^2\\x_1-x_2+2x_3=-4\end{cases}$.

13. 设矩阵 $\boldsymbol{A}_{4\times4}$ 的秩为 2，$\boldsymbol{\eta}_1$，$\boldsymbol{\eta}_2$，$\boldsymbol{\eta}_3$ 是 $\boldsymbol{AX}=\boldsymbol{b}$ 的 3 个解向量，且

$$\boldsymbol{\eta}_1-\boldsymbol{\eta}_2=\begin{pmatrix}-1\\0\\3\\-4\end{pmatrix},\ \boldsymbol{\eta}_1+\boldsymbol{\eta}_2=\begin{pmatrix}3\\2\\1\\-2\end{pmatrix},\ 2\boldsymbol{\eta}_2+\boldsymbol{\eta}_3=\begin{pmatrix}5\\1\\0\\3\end{pmatrix}$$

求 $\boldsymbol{AX}=\boldsymbol{b}$ 的通解．

14. 求一个非齐次线性方程组，使它的全部解为

$$\begin{pmatrix}x_1\\x_2\\x_3\end{pmatrix}=\begin{pmatrix}1\\1\\3\end{pmatrix}+k_1\begin{pmatrix}2\\3\\1\end{pmatrix}+k_2\begin{pmatrix}-1\\-3\\2\end{pmatrix}\ (k_1,\ k_2\in\mathbf{R})$$

15. 求 a 为何值时，方程组

$$\begin{cases}3x_1+2x_2+x_3+x_4-3x_5=0\\x_2+2x_3+2x_4+6x_5=3\\x_1+x_2+x_3+x_4+x_5=1\\5x_1+4x_2+3x_3+3x_4-x_5=a\end{cases}$$

有无穷多个解？在有无穷多个解时，用导出组的基础解系表示全部解．

16. 求 λ 分别为何值时，方程组

$$\begin{cases}2x_1+\lambda x_2-x_3=1\\\lambda x_1-x_2+x_3=2\\4x_1+5x_2-5x_3=-1\end{cases}$$

无解？有唯一解？有无穷多个解？在有无穷多个解时，用导出组的基础解系表示全部解．

17. 设有 n 元线性方程组 $\boldsymbol{AX}=\boldsymbol{b}$，其中

$$A=\begin{pmatrix}2a & 1 & & & & \\ a^2 & 2a & 1 & & & \\ & a^2 & 2a & 1 & & \\ & & \ddots & \ddots & \ddots & \\ & & & a^2 & 2a & 1 \\ & & & & a^2 & 2a\end{pmatrix},\ x=\begin{pmatrix}x_1\\ x_2\\ \vdots\\ x_n\end{pmatrix},\ b=\begin{pmatrix}1\\ 0\\ \vdots\\ 0\end{pmatrix}$$

(1)证明 $|A|=(n+1)a^n$.

(2)求 a 为何值时，该方程组有唯一解？并求 x_1.

(3)求 a 为何值时，该方程组有无穷多个解？并求通解.

18. 设四阶矩阵 $A=(\alpha_1,\alpha_2,\alpha_3,\alpha_4)$，其中，$\alpha_1,\alpha_2,\alpha_3,\alpha_4$ 均为 4 维列向量，且 $\alpha_2,\alpha_3,\alpha_4$ 线性无关，$\alpha_1=2\alpha_2-\alpha_3$，若 $\beta=\alpha_1+\alpha_2+\alpha_3+\alpha_4$，求方程组 $AX=\beta$ 的通解.

19. 已知非齐次线性方程组

$$\begin{cases}x_1+x_2+x_3+x_4=-1\\ 4x_1+3x_2+5x_3-x_4=-1\\ ax_1+x_2+3x_3+bx_4=1\end{cases}$$

有 3 个线性无关的解，(1)证明方程组的系数矩阵的秩为 2；(2)求 a、b 的值及方程组的通解.

20. 设 $A=(a_{ij})_{3\times 3}$ 满足条件：(1) $a_{ij}=A_{ij}(i,j=1,2,3)$，其中，A_{ij} 是 a_{ij} 的代数余子式；(2) $a_{33}=-1$. 求方程组 $AX=b$ 的解，其中，$b=(0,0,1)^T$.

第 5 章 特征值与特征向量

矩阵的特征值与特征向量在理论和实践中应用得非常广泛．例如，方阵多项式的计算、线性微分方程组的求解、振动问题和稳定性分析等，实质上都是矩阵特征值问题．

本章主要介绍矩阵的特征值与特征向量、相似矩阵、实对称矩阵的对角化、特征值与特征向量的应用，并简要介绍若尔当(Jordan)标准形．

5.1 矩阵的特征值与特征向量

5.1.1 特征值与特征向量的定义

定义 5.1 设 $\boldsymbol{A}$ 是 n 阶矩阵，若对于常数 λ，存在 n 维非零列向量 $\boldsymbol{\xi}$，使

$$\boldsymbol{A\xi}=\lambda\boldsymbol{\xi} \tag{5-1}$$

成立，则称 λ 为 $\boldsymbol{A}$ 的一个**特征值**，$\boldsymbol{\xi}$ 称为 $\boldsymbol{A}$ 的属于特征值 λ 的一个**特征向量**.

式(5-1)可以等价地写成

$$(\lambda\boldsymbol{E}-\boldsymbol{A})\boldsymbol{\xi}=\boldsymbol{0} \tag{5-2}$$

因此非零列向量 $\boldsymbol{\xi}$ 存在的充要条件是

$$|\lambda\boldsymbol{E}-\boldsymbol{A}|=0 \tag{5-3}$$

即

$$\begin{vmatrix} \lambda-a_{11} & -a_{12} & \cdots & -a_{1n} \\ -a_{21} & \lambda-a_{22} & \cdots & -a_{2n} \\ \vdots & \vdots & & \vdots \\ -a_{n1} & -a_{n2} & \cdots & \lambda-a_{nn} \end{vmatrix}=0$$

定义 5.2 设 λ 是一个未知常数，矩阵 $\lambda\boldsymbol{E}-\boldsymbol{A}$ 称为 $\boldsymbol{A}$ 的**特征矩阵**，$|\lambda\boldsymbol{E}-\boldsymbol{A}|$ 称为 $\boldsymbol{A}$ 的**特征多项式**，方程 $|\lambda\boldsymbol{E}-\boldsymbol{A}|=0$ 称为 $\boldsymbol{A}$ 的**特征方程**，它的根称为 $\boldsymbol{A}$ 的特征根，也称为 $\boldsymbol{A}$ 的**特征值**．

注意：(1)特征方程在复数域范围内恒有解，其个数为方程的次数(重根按重数计算)，因此 n 阶矩阵 $\boldsymbol{A}$ 有 n 个特征值；

(2)对于给定的 n 阶矩阵 $\boldsymbol{A}$，求它的特征值就是求它的特征方程的 n 个根. 对于任意取定的特征值 λ_0，齐次线性方程 $(\lambda_0\boldsymbol{E}-\boldsymbol{A})\boldsymbol{X}=0$ 的所有非零解即为 $\boldsymbol{A}$ 的属于特征值 λ_0 的全部特征向量，但零向量不是特征向量；

(3)特征向量不是由特征值唯一确定的，相反地，特征值却是由特征向量唯一确定的，因为一个特征向量只能属于一个特征值．

5.1.2　特征值与特征向量的计算

根据上述定义的介绍和相关讨论，可得出 n 阶矩阵 $\boldsymbol{A}$ 的特征值与特征向量的求法．

(1)计算 $\boldsymbol{A}$ 的特征多项式 $|\lambda\boldsymbol{E}-\boldsymbol{A}|$，求出特征方程 $|\lambda\boldsymbol{E}-\boldsymbol{A}|=0$ 的全部根，即 $\boldsymbol{A}$ 的全部特征值．

(2)对所求的每个特征值 λ_i，求齐次线性方程组 $(\lambda_i\boldsymbol{E}-\boldsymbol{A})\boldsymbol{X}=\boldsymbol{0}$ 的一个基础解系 $\boldsymbol{\xi}_1$，$\boldsymbol{\xi}_2$，…，$\boldsymbol{\xi}_s$，则 $k_1\boldsymbol{\xi}_1+k_2\boldsymbol{\xi}_2+\cdots+k_s\boldsymbol{\xi}_s$ (其中，k_1，k_2，…，k_s 不全为零，s 是正整数)是 $\boldsymbol{A}$ 的属于特征值 λ_i 的全部特征向量．

例 5.1　求矩阵

$$\boldsymbol{A}=\begin{pmatrix}3 & -1\\ -1 & 3\end{pmatrix}$$

的特征值与特征向量．

解　由矩阵 $\boldsymbol{A}$ 的特征方程 $|\lambda\boldsymbol{E}-\boldsymbol{A}|=0$，即

$$|\lambda\boldsymbol{E}-\boldsymbol{A}|=\begin{vmatrix}\lambda-3 & 1\\ 1 & \lambda-3\end{vmatrix}=(\lambda-3)^2-1=(\lambda-4)(\lambda-2)=0$$

得矩阵 $\boldsymbol{A}$ 的两个特征值为 $\lambda_1=2$，$\lambda_2=4$.

(1)当 $\lambda_1=2$ 时，解方程组 $(2\boldsymbol{E}-\boldsymbol{A})\boldsymbol{X}=\boldsymbol{0}$，由

$$2\boldsymbol{E}-\boldsymbol{A}=\begin{pmatrix}-1 & 1\\ 1 & -1\end{pmatrix}\rightarrow\begin{pmatrix}1 & -1\\ 0 & 0\end{pmatrix}$$

得基础解系

$$\boldsymbol{\xi}_1=\begin{pmatrix}1\\ 1\end{pmatrix}$$

因此，矩阵 $\boldsymbol{A}$ 的属于 $\lambda_1=2$ 的全部特征向量为 $k_1\boldsymbol{\xi}_1$. 其中，$k_1\neq0$.

(2)当 $\lambda_2=4$ 时，解方程组 $(4\boldsymbol{E}-\boldsymbol{A})\boldsymbol{X}=\boldsymbol{0}$，由

$$4\boldsymbol{E}-\boldsymbol{A}=\begin{pmatrix}1 & 1\\ 1 & 1\end{pmatrix}\rightarrow\begin{pmatrix}1 & 1\\ 0 & 0\end{pmatrix}$$

得基础解系

$$\boldsymbol{\xi}_2=\begin{pmatrix}1\\ -1\end{pmatrix}$$

因此，矩阵 $\boldsymbol{A}$ 的属于 $\lambda_2=4$ 的全部特征向量为 $k_2\boldsymbol{\xi}_2$. 其中，$k_2\neq0$.

例 5.2　求矩阵

$$\boldsymbol{A}=\begin{pmatrix}-1 & 1 & 0\\ -4 & 3 & 0\\ 1 & 0 & 2\end{pmatrix}$$

的特征值与特征向量．

解　根据矩阵 $\boldsymbol{A}$ 的特征方程

$$|\lambda\boldsymbol{E}-\boldsymbol{A}|=\begin{vmatrix}\lambda+1 & -1 & 0\\ 4 & \lambda-3 & 0\\ -1 & 0 & \lambda-2\end{vmatrix}=(\lambda-2)(\lambda-1)^2=0$$

得矩阵 $\boldsymbol{A}$ 的特征值为 $\lambda_1=2$，$\lambda_2=\lambda_3=1$.

(1)当 $\lambda_1=2$ 时，解方程组 $(2\boldsymbol{E}-\boldsymbol{A})\boldsymbol{X}=\boldsymbol{0}$，由

$$2\boldsymbol{E}-\boldsymbol{A}=\begin{pmatrix}3&-1&0\\4&-1&0\\-1&0&0\end{pmatrix}\to\begin{pmatrix}1&0&0\\0&1&0\\0&0&0\end{pmatrix}$$

得基础解系

$$\boldsymbol{\xi}_1=\begin{pmatrix}0\\0\\1\end{pmatrix}$$

因此，矩阵 $\boldsymbol{A}$ 的属于 $\lambda_1=2$ 的全部特征向量为 $k_1\boldsymbol{\xi}_1$. 其中，$k_1\neq 0$.

(2)当 $\lambda_2=\lambda_3=1$ 时，解方程组 $(\boldsymbol{E}-\boldsymbol{A})\boldsymbol{X}=\boldsymbol{0}$，由

$$\boldsymbol{E}-\boldsymbol{A}=\begin{pmatrix}2&-1&0\\4&-2&0\\-1&0&-1\end{pmatrix}\to\begin{pmatrix}1&0&1\\0&1&2\\0&0&0\end{pmatrix}$$

得基础解系

$$\boldsymbol{\xi}_2=\begin{pmatrix}1\\2\\-1\end{pmatrix}$$

因此，矩阵 $\boldsymbol{A}$ 的属于 $\lambda_2=\lambda_3=1$ 的全部特征向量为 $k_2\boldsymbol{\xi}_2$. 其中，$k_2\neq 0$.

例 5.3 求矩阵

$$\boldsymbol{A}=\begin{pmatrix}4&6&0\\-3&-5&0\\-3&-6&1\end{pmatrix}$$

的特征值与特征向量.

解 根据矩阵 $\boldsymbol{A}$ 的特征方程

$$|\lambda\boldsymbol{E}-\boldsymbol{A}|=\begin{vmatrix}\lambda-4&-6&0\\3&\lambda+5&0\\3&6&\lambda-1\end{vmatrix}=(\lambda-1)^2(\lambda+2)=0$$

得矩阵 $\boldsymbol{A}$ 的特征值为 $\lambda_1=\lambda_2=1$，$\lambda_3=-2$.

(1)当 $\lambda_1=\lambda_2=1$ 时，解方程组 $(\boldsymbol{E}-\boldsymbol{A})\boldsymbol{X}=\boldsymbol{0}$，由

$$\boldsymbol{E}-\boldsymbol{A}=\begin{pmatrix}-3&-6&0\\3&6&0\\3&6&0\end{pmatrix}\to\begin{pmatrix}1&2&0\\0&0&0\\0&0&0\end{pmatrix}$$

得基础解系

$$\boldsymbol{\xi}_1=\begin{pmatrix}-2\\1\\0\end{pmatrix},\ \boldsymbol{\xi}_2=\begin{pmatrix}0\\0\\1\end{pmatrix}$$

因此，矩阵 $\boldsymbol{A}$ 的属于 $\lambda_1=\lambda_2=1$ 的全部特征向量为 $k_1\boldsymbol{\xi}_1+k_2\boldsymbol{\xi}_2$. 其中，$k_1$、$k_2$ 不全为零.

(2)当 $\lambda_3=-2$ 时，解方程组 $(-2\boldsymbol{E}-\boldsymbol{A})\boldsymbol{X}=\boldsymbol{0}$，由

$$-2E-A=\begin{pmatrix}-6&-6&0\\3&3&0\\3&6&-3\end{pmatrix}\to\begin{pmatrix}1&1&0\\0&1&-1\\0&0&0\end{pmatrix}$$

得基础解系

$$\boldsymbol{\xi}_3=\begin{pmatrix}-1\\1\\1\end{pmatrix}$$

因此，矩阵 $\boldsymbol{A}$ 的属于 $\lambda_3=-2$ 的全部特征向量为 $k_3\boldsymbol{\xi}_3$. 其中，$k_3\neq 0$.

根据上述讨论可知，对于矩阵 $\boldsymbol{A}$ 的每一个特征值，均可求出其对应的全部的特征向量．那么，对于属于不同特征值的特征向量，它们之间存在什么关系呢？这一问题的讨论在对角化理论中有很重要的作用．

5.1.3 特征值与特征向量的性质

下面给出特征值与特征向量的一些性质．

(1)设 $\boldsymbol{A}$ 是 n 阶矩阵，则 $\boldsymbol{A}$ 与它的转置矩阵 $\boldsymbol{A}^{\mathrm{T}}$ 的特征值相同．

证明 因为

$$|\lambda\boldsymbol{E}-\boldsymbol{A}^{\mathrm{T}}|=|(\lambda\boldsymbol{E}-\boldsymbol{A})^{\mathrm{T}}|=|\lambda\boldsymbol{E}-\boldsymbol{A}|$$

所以 $\boldsymbol{A}$ 与 $\boldsymbol{A}^{\mathrm{T}}$ 的特征多项式相同，故它们有相同的特征值.

注意：$\boldsymbol{A}$ 与 $\boldsymbol{A}^{\mathrm{T}}$ 对应于同一特征值的特征向量一般不同.

例如，矩阵 $\boldsymbol{A}=\begin{pmatrix}0&1\\0&0\end{pmatrix}$，其特征值为 $\lambda_1=\lambda_2=0$，特征向量为 $k\begin{pmatrix}1\\0\end{pmatrix}(k\neq 0)$．而对于 $\boldsymbol{A}^{\mathrm{T}}=\begin{pmatrix}0&0\\1&0\end{pmatrix}$，其特征值为 $\lambda_1=\lambda_2=0$，但特征向量为 $k\begin{pmatrix}0\\1\end{pmatrix}(k\neq 0)$，可知两个特征向量不同.

(2)设 n 阶矩阵 $\boldsymbol{A}=(a_{ij})_{n\times n}$ 的特征值为 λ_1，λ_2，$\cdots$，λ_n，则有：

① $\lambda_1+\lambda_2+\cdots+\lambda_n=a_{11}+a_{22}+\cdots+a_{nn}=\sum\limits_{i=1}^{n}a_{ii}$，称 $\operatorname{tr}(\boldsymbol{A})=\sum\limits_{i=1}^{n}a_{ii}$ 为 $\boldsymbol{A}$ 的迹；

② $\lambda_1\lambda_2\cdots\lambda_n=|\boldsymbol{A}|$.

推论 5.1 n 阶矩阵 $\boldsymbol{A}$ 可逆的充要条件是 $\boldsymbol{A}$ 的任意特征值不为零．

(3)设 λ 是 n 阶矩阵 $\boldsymbol{A}$ 的特征值，$\boldsymbol{\xi}$ 为对应于特征值 λ 的特征向量，则：

① λ^m 是 $\boldsymbol{A}^m$ 的特征值(m 为任意正整数)，对应于特征值 λ^m 的特征向量是 $\boldsymbol{\xi}$；

②当 $\boldsymbol{A}$ 可逆时，$\dfrac{1}{\lambda}$ 是 $\boldsymbol{A}^{-1}$ 的特征值，对应于特征值 λ^{-1}的特征向量是 $\boldsymbol{\xi}$.

推论 5.2 设 λ 是 n 阶可逆矩阵 $\boldsymbol{A}$ 的特征值，则 $\dfrac{|\boldsymbol{A}|}{\lambda}$ 是 $\boldsymbol{A}^*$ 的特征值．

推论 5.3 设 λ 是方阵 $\boldsymbol{A}$ 的特征值，则 $\varphi(\lambda)$ 是 $\varphi(\boldsymbol{A})$ 的特征值．其中，$\varphi(\lambda)$ 是 λ 的多项式，$\varphi(\boldsymbol{A})$ 是方阵 $\boldsymbol{A}$ 的多项式．

例 5.4 设三阶矩阵 $\boldsymbol{A}$ 的特征值为 -1，1，2，求 $|\boldsymbol{A}^*+3\boldsymbol{A}-2\boldsymbol{E}|$.

解 依题意有

$$|A|=(-1)\times 1\times 2=-2,\ |A^{-1}|=\frac{1}{|A|}=-\frac{1}{2}$$

则

$$\begin{aligned}|A^*+3A-2E| &= ||A|A^{-1}+3A-2E|=|-2A^{-1}+3A-2E| \\ &= |A^{-1}(-2E+3A^2-2A)|=|A^{-1}||-2A+3A^2-2E|\end{aligned}$$

令 $\varphi(A)=-2A+3A^2-2E$，则 $\varphi(A)$ 的特征值为 $\varphi(-1)=3$，$\varphi(1)=-1$，$\varphi(2)=6$，所以 $|\varphi(A)|=\varphi(-1)\cdot\varphi(1)\cdot\varphi(3)=-18$，故

$$|A^*+3A-2E|=9$$

定理 5.1 设 $\boldsymbol{\xi}_1$，$\boldsymbol{\xi}_2$ 是方阵 $\boldsymbol{A}$ 的属于两个不同特征值 λ_1 和 λ_2 的特征向量，则 $\boldsymbol{\xi}_1$，$\boldsymbol{\xi}_2$ 线性无关．

证明 假设 $\boldsymbol{\xi}_1$，$\boldsymbol{\xi}_2$ 线性相关，则存在不全为零的数 k_1，k_2，使

$$k_1\boldsymbol{\xi}_1+k_2\boldsymbol{\xi}_2=\mathbf{0} \tag{5-4}$$

对式(5-4)两边左乘 $\boldsymbol{A}$，得

$$\boldsymbol{A}(k_1\boldsymbol{\xi}_1+k_2\boldsymbol{\xi}_2)=k_1\boldsymbol{A}\boldsymbol{\xi}_1+k_2\boldsymbol{A}\boldsymbol{\xi}_2=k_1\lambda_1\boldsymbol{\xi}_1+k_2\lambda_2\boldsymbol{\xi}_2=\mathbf{0} \tag{5-5}$$

对式(5-4)两边同乘 λ_1，得

$$k_1\lambda_1\boldsymbol{\xi}_1+k_2\lambda_1\boldsymbol{\xi}_2=\mathbf{0} \tag{5-6}$$

将式(5-5)与式(5-6)相减，可得 $k_2(\lambda_2-\lambda_1)\boldsymbol{\xi}_2=\mathbf{0}$，因 $\lambda_1\neq\lambda_2$ 及 $\boldsymbol{\xi}_2\neq\mathbf{0}$，得 $k_2=0$. 又由式(5-4)及 $\boldsymbol{\xi}_1\neq\mathbf{0}$，得 $k_1=0$. 这与假设矛盾，故 $\boldsymbol{\xi}_1$，$\boldsymbol{\xi}_2$ 线性无关．

推论 5.4 设 $\boldsymbol{\xi}_1$，$\boldsymbol{\xi}_2$，…，$\boldsymbol{\xi}_m$ 是 n 阶矩阵 $\boldsymbol{A}$ 的属于不同特征值 λ_1，λ_2，…，λ_m 的特征向量，则 $\boldsymbol{\xi}_1$，$\boldsymbol{\xi}_2$，…，$\boldsymbol{\xi}_m$ 线性无关．

定理 5.2 设 λ_1，λ_2，…，λ_m 是 n 阶矩阵 $\boldsymbol{A}$ 的不同特征值，而 $\boldsymbol{\xi}_{i1}$，$\boldsymbol{\xi}_{i2}$，…，$\boldsymbol{\xi}_{ik_i}$ 是 $\boldsymbol{A}$ 的属于特征值 $\lambda_i(i=1,2,\cdots,m)$ 的线性无关的特征向量，则向量组

$$\boldsymbol{\xi}_{11},\boldsymbol{\xi}_{12},\cdots,\boldsymbol{\xi}_{1k_1},\boldsymbol{\xi}_{21},\boldsymbol{\xi}_{22},\cdots,\boldsymbol{\xi}_{2k_2},\boldsymbol{\xi}_{m1},\boldsymbol{\xi}_{m2},\cdots,\boldsymbol{\xi}_{mk_m}$$

也线性无关．

例 5.5 设 λ_1，λ_2 是方阵 $\boldsymbol{A}$ 的两个不同的特征值，$\boldsymbol{\xi}_1$，$\boldsymbol{\xi}_2$ 是 $\boldsymbol{A}$ 的分别属于 λ_1，λ_2 的特征向量．证明 $\boldsymbol{\xi}_1+\boldsymbol{\xi}_2$ 不是 $\boldsymbol{A}$ 的特征向量．

证明 反证法．假设 $\boldsymbol{\xi}_1+\boldsymbol{\xi}_2$ 是矩阵 $\boldsymbol{A}$ 的属于特征值 λ 的特征向量，则有 $\boldsymbol{A}(\boldsymbol{\xi}_1+\boldsymbol{\xi}_2)=\lambda(\boldsymbol{\xi}_1+\boldsymbol{\xi}_2)$. 又由 $\boldsymbol{\xi}_1$，$\boldsymbol{\xi}_2$ 是 $\boldsymbol{A}$ 的分别属于 λ_1，λ_2 的特征向量，可得 $\boldsymbol{A}(\boldsymbol{\xi}_1+\boldsymbol{\xi}_2)=\lambda_1\boldsymbol{\xi}_1+\lambda_2\boldsymbol{\xi}_2$. 从而有

$$\lambda_1\boldsymbol{\xi}_1+\lambda_2\boldsymbol{\xi}_2=\lambda(\boldsymbol{\xi}_1+\boldsymbol{\xi}_2)$$

即

$$(\lambda_1-\lambda)\boldsymbol{\xi}_1+(\lambda_2-\lambda)\boldsymbol{\xi}_2=\mathbf{0}$$

由 $\boldsymbol{\xi}_1$，$\boldsymbol{\xi}_2$ 线性无关得 $\lambda_1=\lambda_2=\lambda$，这与已知矛盾，故 $\boldsymbol{\xi}_1+\boldsymbol{\xi}_2$ 不是 $\boldsymbol{A}$ 的特征向量．

例 5.6 设 $\boldsymbol{\xi}_1=\begin{pmatrix}1\\2\\0\end{pmatrix}$，$\boldsymbol{\xi}_2=\begin{pmatrix}1\\0\\1\end{pmatrix}$ 都是矩阵 $\boldsymbol{A}$ 的属于特征值 $\lambda=2$ 的特征向量，又向量 $\boldsymbol{\eta}=\begin{pmatrix}-1\\2\\-2\end{pmatrix}$，求 $\boldsymbol{A}\boldsymbol{\eta}$.

解 由题设条件有 $\boldsymbol{A}\boldsymbol{\xi}_i = 2\boldsymbol{\xi}_i (i=1, 2)$，又由于 $\boldsymbol{\eta} = \boldsymbol{\xi}_1 - 2\boldsymbol{\xi}_2$，故有

$$\boldsymbol{A}\boldsymbol{\eta} = \boldsymbol{A}(\boldsymbol{\xi}_1 - 2\boldsymbol{\xi}_2) = \boldsymbol{A}\boldsymbol{\xi}_1 - 2\boldsymbol{A}\boldsymbol{\xi}_2 = 2\boldsymbol{\xi}_1 - 2(2\boldsymbol{\xi}_2) = 2(\boldsymbol{\xi}_1 - 2\boldsymbol{\xi}_2) = 2\boldsymbol{\eta} = \begin{pmatrix} -2 \\ 4 \\ -4 \end{pmatrix}$$

习题 5.1

习题 5.1 解答

1. 求下列矩阵的特征值：

(1) $\boldsymbol{A} = \begin{pmatrix} 2 & -3 \\ -3 & 2 \end{pmatrix}$；　　(2) $\boldsymbol{A} = \begin{pmatrix} 1 & 2 \\ -1 & 4 \end{pmatrix}$；

(3) $\boldsymbol{A} = \begin{pmatrix} 6 & 2 & 4 \\ 2 & 3 & 2 \\ 4 & 2 & 6 \end{pmatrix}$；　　(4) $\boldsymbol{A} = \begin{pmatrix} 2 & -1 & 2 \\ 5 & -3 & 3 \\ -1 & 0 & -2 \end{pmatrix}$.

2. 已知三阶矩阵 $\boldsymbol{A}$ 的特征值为 1，-2，3，分别计算：(1) $|\boldsymbol{A}|$；(2) $\boldsymbol{A}^{-1}$ 的特征值；(3) $\boldsymbol{A}^2 + 2\boldsymbol{A} + \boldsymbol{E}$ 的特征值.

3. 已知 $\lambda_1 = 0$ 是三阶矩阵 $\boldsymbol{A} = \begin{pmatrix} 1 & 0 & 1 \\ 0 & 2 & 0 \\ 1 & 0 & a \end{pmatrix}$ 的特征值，求 a 和 $\boldsymbol{A}$ 的另外两个特征值.

4. 已知向量 $\boldsymbol{\alpha} = \begin{pmatrix} 1 \\ k \\ 1 \end{pmatrix}$ 是矩阵 $\boldsymbol{A} = \begin{pmatrix} 2 & 1 & 1 \\ 1 & 2 & 1 \\ 1 & 1 & 2 \end{pmatrix}$ 的逆矩阵的特征向量，求 k.

5.2 相似矩阵

相似矩阵理论是矩阵理论的重要组成部分，该理论不仅在数学的各个分支(如微分方程、概率统计、计算数学等)中有重要应用，而且在其他科学技术领域中有广泛的应用．本节介绍相似矩阵的有关内容．

5.2.1 相似矩阵的定义

定义 5.3 设 $\boldsymbol{A}$、$\boldsymbol{B}$ 为 n 阶矩阵，如果存在 n 阶可逆矩阵 $\boldsymbol{P}$，使 $\boldsymbol{P}^{-1}\boldsymbol{A}\boldsymbol{P} = \boldsymbol{B}$ 成立，则称矩阵 $\boldsymbol{A}$ 和 $\boldsymbol{B}$ 相似，记为 $\boldsymbol{A} \sim \boldsymbol{B}$.

矩阵的相似关系满足以下性质．

(1)反身性：$\boldsymbol{A} \sim \boldsymbol{A}$；

(2)对称性：若 $\boldsymbol{A} \sim \boldsymbol{B}$，则 $\boldsymbol{B} \sim \boldsymbol{A}$；

(3)传递性：若 $\boldsymbol{A} \sim \boldsymbol{B}$，$\boldsymbol{B} \sim \boldsymbol{C}$，则 $\boldsymbol{A} \sim \boldsymbol{C}$.

例 5.7 已知 $\boldsymbol{A} = \begin{pmatrix} 3 & 1 \\ 5 & -1 \end{pmatrix}$，$\boldsymbol{B} = \begin{pmatrix} 4 & 0 \\ 0 & -2 \end{pmatrix}$，$\boldsymbol{P} = \begin{pmatrix} 1 & 1 \\ 1 & -5 \end{pmatrix}$，矩阵 $\boldsymbol{A}$ 和 $\boldsymbol{B}$ 是否相似?

解 由题设可知 $\boldsymbol{P}^{-1} = \begin{pmatrix} \frac{5}{6} & \frac{1}{6} \\ \frac{1}{6} & -\frac{1}{6} \end{pmatrix}$，且

$$P^{-1}AP=\begin{pmatrix}\frac{5}{6} & \frac{1}{6}\\ \frac{1}{6} & -\frac{1}{6}\end{pmatrix}\begin{pmatrix}3 & 1\\ 5 & -1\end{pmatrix}\begin{pmatrix}1 & 1\\ 1 & -5\end{pmatrix}=\begin{pmatrix}4 & 0\\ 0 & -2\end{pmatrix}=B$$

所以 $A \sim B$.

例 5.8 如果 n 阶矩阵 A 与 n 阶单位矩阵 E 相似，则 $A=E$.

解 因为 $A \sim E$，所以必存在可逆矩阵 P，使 $P^{-1}AP=E$ 成立，由此可得

$$A=PEP^{-1}=PP^{-1}=E$$

5.2.2 相似矩阵的性质

相似矩阵有以下性质.

(1)若 n 阶矩阵 A 与 B 相似，则它们具有相同的特征值.

证明 因为 A 与 B 相似，即存在可逆矩阵 P，使 $P^{-1}AP=B$，所以

$$\begin{aligned}|\lambda E-B| &= |P^{-1}\lambda EP-P^{-1}AP|=|P^{-1}(\lambda E-A)P|\\ &=|P^{-1}|\cdot|\lambda E-A|\cdot|P|=|\lambda E-A|\end{aligned}$$

要注意的是，相似矩阵对于同一特征值不一定有相同的特征向量.

(2)若 n 阶矩阵 A 与 B 相似，则它们具有相同的行列式.

证明 因为 A 与 B 相似，即存在可逆矩阵 P，使 $P^{-1}AP=B$，两边求行列式得

$$|P^{-1}AP|=|B|\Rightarrow|P^{-1}|\cdot|A|\cdot|P|=|B|$$

所以 $|A|=|B|$.

(3)若 n 阶矩阵 A 与 B 相似，则它们具有相同的迹.

(4)若 n 阶矩阵 A 与 B 相似，则它们具有相同的秩.

(5)若 n 阶矩阵 A 与 B 相似，则 $A^k \sim B^k$，即存在可逆矩阵 P，使 $P^{-1}A^kP=B^k$. 其中，k 为任意非负整数.

证明 当 $k=1$ 时，$P^{-1}AP=B$ 成立，显然 $A \sim A$.

假设 $k=m$ 时成立，即有 $P^{-1}A^mP=B^m$，则当 $k=m+1$ 时，有

$$B^{m+1}=B^mB=(P^{-1}A^mP)(P^{-1}AP)=P^{-1}A^m(PP^{-1})AP=P^{-1}A^{m+1}P$$

即 $k=m+1$ 时也成立.

例 5.9 已知 n 阶矩阵 A 与 B 相似，且 $|A|=5$，求 $|B^{\mathrm{T}}|$，$|(A^{\mathrm{T}}B)^{-1}|$.

解 由于 $A \sim B$，所以有 $|A|=|B|$，又因为 $|B^{\mathrm{T}}|=|B|$，从而得 $|B^{\mathrm{T}}|=5$. 则

$$|(A^{\mathrm{T}}B)^{-1}|=|A^{\mathrm{T}}B|^{-1}=(|A^{\mathrm{T}}|\cdot|B|)^{-1}=(|A|\cdot|B|)^{-1}=\frac{1}{25}$$

例 5.10 若 $A=\begin{pmatrix}22 & 31\\ y & x\end{pmatrix}$ 与 $B=\begin{pmatrix}1 & 2\\ 3 & 4\end{pmatrix}$ 相似，求 x 和 y 的值.

解 因为 $A \sim B$，所以 $|A|=|B|$ 且 $\mathrm{tr}(A)=\mathrm{tr}(B)$，由此得

$$\begin{cases}22x-31y=-2\\ 22+x=1+4\end{cases}$$

解得 $x=-17$，$y=-12$.

例 5.11 如果矩阵 A 可逆，试证 AB 与 BA 的特征值相同.

证明 因为 $\boldsymbol{A}$ 可逆，所以 $\boldsymbol{A}^{-1}(\boldsymbol{AB})\boldsymbol{A}=(\boldsymbol{A}^{-1}\boldsymbol{A})\boldsymbol{BA}=\boldsymbol{BA}$. 即 $\boldsymbol{AB}$ 与 $\boldsymbol{BA}$ 相似，由性质(1)可知，$\boldsymbol{AB}$ 与 $\boldsymbol{BA}$ 的特征值相同.

5.2.3 方阵的相似对角化

定义 5.4 若 n 阶矩阵 $\boldsymbol{A}$ 与对角矩阵相似，则称矩阵 $\boldsymbol{A}$ **可相似对角化，简称可对角化.**

定理 5.3 n 阶矩阵 $\boldsymbol{A}$ 相似于对角矩阵的充要条件是 $\boldsymbol{A}$ 有 n 个线性无关的特征向量.

证明 **必要性** 设 $\boldsymbol{A}$ 与对角矩阵 $\boldsymbol{\Lambda}=\mathrm{diag}(\lambda_1,\lambda_2,\cdots,\lambda_n)$ 相似，即存在可逆矩阵 $\boldsymbol{P}$，使

$$\boldsymbol{P}^{-1}\boldsymbol{AP}=\boldsymbol{\Lambda}=\mathrm{diag}(\lambda_1,\lambda_2,\cdots,\lambda_n)=\begin{pmatrix}\lambda_1&&&\\&\lambda_2&&\\&&\ddots&\\&&&\lambda_n\end{pmatrix}\Rightarrow\boldsymbol{AP}=\boldsymbol{P\Lambda}$$

令 $\boldsymbol{P}=(\boldsymbol{\xi}_1,\boldsymbol{\xi}_2,\cdots,\boldsymbol{\xi}_n)$，则

$$\boldsymbol{A}(\boldsymbol{\xi}_1,\boldsymbol{\xi}_2,\cdots,\boldsymbol{\xi}_n)=(\boldsymbol{\xi}_1,\boldsymbol{\xi}_2,\cdots,\boldsymbol{\xi}_n)\begin{pmatrix}\lambda_1&&&\\&\lambda_2&&\\&&\ddots&\\&&&\lambda_n\end{pmatrix}$$

从而

$$\boldsymbol{A}(\boldsymbol{\xi}_1,\boldsymbol{\xi}_2,\cdots,\boldsymbol{\xi}_n)=(\lambda_1\boldsymbol{\xi}_1,\lambda_2\boldsymbol{\xi}_2,\cdots,\lambda_n\boldsymbol{\xi}_n)$$

即

$$\boldsymbol{A\xi}_i=\lambda_i\boldsymbol{\xi}_i(i=1,2,\cdots,n)$$

所以 $\boldsymbol{\xi}_i(i=1,2,\cdots,n)$ 是 $\boldsymbol{A}$ 的分别属于特征值 $\lambda_i(i=1,2,\cdots,n)$ 的特征向量，又因为 $\boldsymbol{P}$ 是可逆的，故 $\boldsymbol{\xi}_1,\boldsymbol{\xi}_2,\cdots,\boldsymbol{\xi}_n$ 线性无关.

充分性 设 $\boldsymbol{A}$ 有 n 个线性无关的分别属于特征值 $\lambda_i(i=1,2,\cdots,n)$ 的特征向量 $\boldsymbol{\xi}_i(i=1,2,\cdots,n)$，则有

$$\boldsymbol{A\xi}_i=\lambda_i\boldsymbol{\xi}_i(i=1,2,\cdots,n)$$

令 $\boldsymbol{P}=(\boldsymbol{\xi}_1,\boldsymbol{\xi}_2,\cdots,\boldsymbol{\xi}_n)$，于是

$$\begin{aligned}\boldsymbol{AP}&=\boldsymbol{A}(\boldsymbol{\xi}_1,\boldsymbol{\xi}_2,\cdots,\boldsymbol{\xi}_n)=(\lambda_1\boldsymbol{\xi}_1,\lambda_2\boldsymbol{\xi}_2,\cdots,\lambda_n\boldsymbol{\xi}_n)\\&=(\boldsymbol{\xi}_1,\boldsymbol{\xi}_2,\cdots,\boldsymbol{\xi}_n)\begin{pmatrix}\lambda_1&&&\\&\lambda_2&&\\&&\ddots&\\&&&\lambda_n\end{pmatrix}=\boldsymbol{P\Lambda}\end{aligned}$$

因为 $\boldsymbol{\xi}_1,\boldsymbol{\xi}_2,\cdots,\boldsymbol{\xi}_n$ 线性无关，所以 $\boldsymbol{P}$ 是可逆的，故

$$\boldsymbol{P}^{-1}\boldsymbol{AP}=\boldsymbol{\Lambda}=\mathrm{diag}(\lambda_1,\lambda_2,\cdots,\lambda_n)$$

即 $\boldsymbol{A}$ 相似于对角矩阵 $\boldsymbol{\Lambda}$.

由定理 5.3 可知，若一个 n 阶矩阵有 n 个线性无关的特征向量，则该矩阵与一个 n 阶对角矩阵相似，并且以这 n 个线性无关的特征向量作为列向量构成的可逆矩阵 $\boldsymbol{P}$，使 $\boldsymbol{P}^{-1}\boldsymbol{AP}$ 为对角矩阵，其主对角线上的元素就是这些特征向量按顺序对应的特征值.

由推论 5.4 及定理 5.3，可得如下推论．

推论 5.5　若 n 阶矩阵 $\boldsymbol{A}$ 有 n 个不同的特征值，则 $\boldsymbol{A}$ 一定可对角化．

值得注意的是，该推论是矩阵可对角化的充分条件，而并非必要条件，即可对角化的矩阵可以有重根，如单位矩阵．

定理 5.4　n 阶矩阵 $\boldsymbol{A}$ 与对角矩阵相似的充要条件是对于 $\boldsymbol{A}$ 的每一个 n_i 重特征值 $\lambda_i(i=1, 2, \cdots, m)$，齐次线性方程组 $(\lambda_i\boldsymbol{E}-\boldsymbol{A})\boldsymbol{X}=\boldsymbol{0}$ 的基础解系中恰有 n_i 个向量．

例 5.12　已知 $\boldsymbol{A}=\begin{pmatrix}1 & 2 & 2\\ 2 & 1 & -2\\ -2 & -2 & 1\end{pmatrix}$，$\boldsymbol{A}$ 是否可对角化？若可对角化，求出可逆矩阵 $\boldsymbol{P}$ 及对角矩阵 $\boldsymbol{\Lambda}$.

解　由 $|\lambda\boldsymbol{E}-\boldsymbol{A}|=(\lambda+1)(\lambda-1)(\lambda-3)=0$，得特征值 $\lambda_1=-1$，$\lambda_2=1$，$\lambda_3=3$. 由推论 5.5 可知，矩阵 $\boldsymbol{A}$ 可对角化．

(1) 当 $\lambda_1=-1$ 时，有

$$-\boldsymbol{E}-\boldsymbol{A}=\begin{pmatrix}-2 & -2 & -2\\ -2 & -2 & 2\\ 2 & 2 & -2\end{pmatrix}\to\begin{pmatrix}1 & 1 & 0\\ 0 & 0 & 1\\ 0 & 0 & 0\end{pmatrix}$$

得特征向量

$$\boldsymbol{\alpha}_1=\begin{pmatrix}-1\\ 1\\ 0\end{pmatrix}$$

(2) 当 $\lambda_2=1$ 时，有

$$\boldsymbol{E}-\boldsymbol{A}=\begin{pmatrix}0 & -2 & -2\\ -2 & 0 & 2\\ 2 & 2 & 0\end{pmatrix}\to\begin{pmatrix}1 & 0 & -1\\ 0 & 1 & 1\\ 0 & 0 & 0\end{pmatrix}$$

得特征向量

$$\boldsymbol{\alpha}_2=\begin{pmatrix}1\\ -1\\ 1\end{pmatrix}$$

(3) 当 $\lambda_3=3$ 时，有

$$3\boldsymbol{E}-\boldsymbol{A}=\begin{pmatrix}2 & -2 & -2\\ -2 & 2 & 2\\ 2 & 2 & 2\end{pmatrix}\to\begin{pmatrix}1 & 0 & 0\\ 0 & 1 & 1\\ 0 & 0 & 0\end{pmatrix}$$

得特征向量

$$\boldsymbol{\alpha}_3=\begin{pmatrix}0\\ -1\\ 1\end{pmatrix}$$

综上可知，$\boldsymbol{A}$ 可对角化. 令 $\boldsymbol{P}=(\boldsymbol{\alpha}_1, \boldsymbol{\alpha}_2, \boldsymbol{\alpha}_3)=\begin{pmatrix}-1 & 1 & 0\\ 1 & -1 & -1\\ 0 & 1 & 1\end{pmatrix}$，则有

$$P^{-1}AP=\Lambda=\begin{pmatrix}-1&0&0\\0&1&0\\0&0&3\end{pmatrix}$$

例 5.13 已知 $A=\begin{pmatrix}0&-1&-1\\-1&0&-1\\-1&-1&0\end{pmatrix}$，$A$ 是否可对角化？若可对角化，求出可逆矩阵 P 及对角矩阵 Λ.

解 由 $|\lambda E-A|=(\lambda+2)(\lambda-1)^2=0$，得特征值 $\lambda_1=\lambda_2=1$，$\lambda_3=-2$.

(1)当 $\lambda_1=\lambda_2=1$ 时，有

$$E-A=\begin{pmatrix}1&1&1\\1&1&1\\1&1&1\end{pmatrix}\rightarrow\begin{pmatrix}1&1&1\\0&0&0\\0&0&0\end{pmatrix}$$

得特征向量

$$\alpha_1=\begin{pmatrix}-1\\1\\0\end{pmatrix},\ \alpha_2=\begin{pmatrix}-1\\0\\1\end{pmatrix}$$

(2)当 $\lambda_3=-2$ 时，有

$$-2E-A=\begin{pmatrix}-2&1&1\\1&-2&1\\1&1&-2\end{pmatrix}\rightarrow\begin{pmatrix}1&0&-1\\0&1&-1\\0&0&0\end{pmatrix}$$

得特征向量

$$\alpha_3=\begin{pmatrix}1\\1\\1\end{pmatrix}$$

综上可知，A 可对角化. 令 $P=(\alpha_1,\ \alpha_2,\ \alpha_3)=\begin{pmatrix}-1&-1&1\\1&0&1\\0&1&1\end{pmatrix}$，则有

$$P^{-1}AP=\Lambda=\begin{pmatrix}1&0&0\\0&1&0\\0&0&-2\end{pmatrix}$$

例 5.14 已知 $A=\begin{pmatrix}3&-1&1\\2&0&1\\1&-1&2\end{pmatrix}$，$A$ 是否可对角化？若可对角化，求出可逆矩阵 P 及对角矩阵 Λ.

解 由 $|\lambda E-A|=(\lambda-1)(\lambda-2)^2=0$，得特征值 $\lambda_1=1$，$\lambda_2=\lambda_3=2$.

当 $\lambda_2=\lambda_3=2$ 时，有

$$2E-A=\begin{pmatrix}-1&1&-1\\-2&2&-1\\-1&1&0\end{pmatrix}\rightarrow\begin{pmatrix}1&-1&1\\0&0&1\\0&0&0\end{pmatrix}$$

因为 $R(2\boldsymbol{E}-\boldsymbol{A})=2$，所以方程组 $(2\boldsymbol{E}-\boldsymbol{A})\boldsymbol{X}=\boldsymbol{0}$ 的基础解系中恰有一个线性无关的特征向量，由定理5.4可知，矩阵 $\boldsymbol{A}$ 不能对角化.

例 5.15　已知 $\boldsymbol{A}=\begin{pmatrix}4 & 6 & 0\\ -3 & -5 & 0\\ -3 & -6 & 1\end{pmatrix}$，试计算 $\boldsymbol{A}^{10}$.

解　由 $|\lambda\boldsymbol{E}-\boldsymbol{A}|=(\lambda+2)(\lambda-1)^2=0$，得特征值 $\lambda_1=\lambda_2=1$，$\lambda_3=-2$.

当 $\lambda_1=\lambda_2=1$ 时，有

$$\boldsymbol{E}-\boldsymbol{A}=\begin{pmatrix}-3 & -6 & 0\\ 3 & 6 & 0\\ 3 & 6 & 0\end{pmatrix}\rightarrow\begin{pmatrix}1 & 2 & 0\\ 0 & 0 & 0\\ 0 & 0 & 0\end{pmatrix}$$

得特征向量

$$\boldsymbol{\alpha}_1=\begin{pmatrix}-2\\ 1\\ 0\end{pmatrix},\ \boldsymbol{\alpha}_2=\begin{pmatrix}0\\ 0\\ 1\end{pmatrix}$$

当 $\lambda_3=-2$ 时，有

$$-2\boldsymbol{E}-\boldsymbol{A}=\begin{pmatrix}-6 & -6 & 0\\ 3 & 3 & 0\\ 3 & 6 & -3\end{pmatrix}\rightarrow\begin{pmatrix}1 & 0 & 1\\ 0 & 1 & -1\\ 0 & 0 & 0\end{pmatrix}$$

得特征向量

$$\boldsymbol{\alpha}_3=\begin{pmatrix}-1\\ 1\\ 1\end{pmatrix}$$

综上可知，$\boldsymbol{A}$ 可对角化．令 $\boldsymbol{P}=(\boldsymbol{\alpha}_1,\ \boldsymbol{\alpha}_2,\ \boldsymbol{\alpha}_3)=\begin{pmatrix}-2 & 0 & -1\\ 1 & 0 & 1\\ 0 & 1 & 1\end{pmatrix}$，则有

$$\boldsymbol{P}^{-1}\boldsymbol{A}\boldsymbol{P}=\boldsymbol{\Lambda}=\begin{pmatrix}1 & 0 & 0\\ 0 & 1 & 0\\ 0 & 0 & -2\end{pmatrix}$$

从而

$$\boldsymbol{A}^{10}=\boldsymbol{P}\boldsymbol{\Lambda}^{10}\boldsymbol{P}^{-1}=\begin{pmatrix}-2 & 0 & -1\\ 1 & 0 & 1\\ 0 & 0 & 1\end{pmatrix}\begin{pmatrix}1 & 0 & 0\\ 0 & 1 & 0\\ 0 & 0 & -2\end{pmatrix}^{10}\begin{pmatrix}-1 & -1 & 0\\ -1 & -2 & 1\\ 1 & 2 & 0\end{pmatrix}=\begin{pmatrix}-1\,022 & -2\,046 & 0\\ 1\,023 & 2\,047 & 0\\ 1\,023 & 2\,046 & 1\end{pmatrix}$$

例 5.16　设方阵 $\boldsymbol{A}=\begin{pmatrix}2 & 0 & 0\\ 0 & 0 & 1\\ 0 & 1 & x\end{pmatrix}$ 与 $\boldsymbol{B}=\begin{pmatrix}2 & 0 & 0\\ 0 & y & 0\\ 0 & 0 & -1\end{pmatrix}$ 相似，求 x 和 y 的值，并求可逆矩阵 $\boldsymbol{P}$，使 $\boldsymbol{P}^{-1}\boldsymbol{A}\boldsymbol{P}=\boldsymbol{B}$.

解　因为 $\boldsymbol{A}$ 与 $\boldsymbol{B}$ 相似，所以 $|\boldsymbol{A}|=|\boldsymbol{B}|\Rightarrow -2=-2y\Rightarrow y=1$. 又有

$$\mathrm{tr}(\boldsymbol{A})=\mathrm{tr}(\boldsymbol{B})\Rightarrow 2+x=2+y+(-1)\Rightarrow x=0$$

由

$$|\lambda E - A| = (\lambda - 2)(\lambda - 1)(\lambda + 1) = 0$$

得 A 的特征值 $\lambda_1 = 2$，$\lambda_2 = 1$，$\lambda_3 = -1$.

(1) 当 $\lambda_1 = 2$ 时，对应的特征向量为 $\alpha_1 = \begin{pmatrix} 1 \\ 0 \\ 0 \end{pmatrix}$.

(2) 当 $\lambda_2 = 1$ 时，对应的特征向量为 $\alpha_2 = \begin{pmatrix} 0 \\ 1 \\ 1 \end{pmatrix}$.

(3) 当 $\lambda_3 = -1$ 时，对应的特征向量为 $\alpha_3 = \begin{pmatrix} 0 \\ 1 \\ -1 \end{pmatrix}$.

所以存在可逆矩阵 $P = (\alpha_1, \alpha_2, \alpha_3) = \begin{pmatrix} 1 & 0 & 0 \\ 0 & 1 & 1 \\ 0 & 1 & -1 \end{pmatrix}$，使 $P^{-1}AP = \begin{pmatrix} 2 & 0 & 0 \\ 0 & 1 & 0 \\ 0 & 0 & -1 \end{pmatrix} = B$.

习题 5.2

习题 5.2 解答

1. 下列各组矩阵是否相似？

(1) $\begin{pmatrix} 1 & 1 & 1 \\ 2 & 2 & 2 \\ 3 & 3 & 3 \end{pmatrix}$ 与 $\begin{pmatrix} 1 & 0 & 0 \\ 0 & 2 & 0 \\ 0 & 0 & 0 \end{pmatrix}$；　(2) $\begin{pmatrix} 1 & 0 & 0 \\ 1 & 2 & 0 \\ 1 & 1 & 3 \end{pmatrix}$ 与 $\begin{pmatrix} 1 & 1 & 1 \\ 0 & 2 & 1 \\ 0 & 0 & 3 \end{pmatrix}$；

(3) $\begin{pmatrix} 2 & 1 & 1 \\ 1 & 2 & 1 \\ 1 & 1 & 2 \end{pmatrix}$ 与 $\begin{pmatrix} 2 & 0 & 0 \\ 0 & 2 & 0 \\ 0 & 0 & 2 \end{pmatrix}$；　(4) $\begin{pmatrix} 2 & 1 & 1 \\ 1 & 2 & 1 \\ 1 & 1 & 2 \end{pmatrix}$ 与 $\begin{pmatrix} 1 & 0 & 0 \\ 0 & 1 & 0 \\ 0 & 0 & 2 \end{pmatrix}$.

2. 已知 $A = \begin{pmatrix} 2 & a & 2 \\ 5 & b & 3 \\ -1 & 1 & -1 \end{pmatrix}$ 有特征值 ± 1，A 是否可对角化？并说明理由 .

3. 设矩阵 A 与 B 相似，其中，$A = \begin{pmatrix} -1 & -2 & 2 \\ 0 & 1 & 0 \\ 0 & 0 & x \end{pmatrix}$，$B = \begin{pmatrix} y & 0 & 0 \\ 0 & 1 & 0 \\ 0 & 0 & 1 \end{pmatrix}$，求：(1) x 和 y 的值；(2) 可逆矩阵 P，使 $P^{-1}AP = B$.

4. 设 $A = \begin{pmatrix} 1 & 4 & -2 \\ 0 & -1 & 0 \\ 1 & 2 & -2 \end{pmatrix}$，求 A^{2020}.

5.3　实对称矩阵的对角化

实数域上的对称矩阵称为实对称矩阵，从上一节可以看到，并不是所有的矩阵都可对角化，但实对称矩阵却一定可对角化，其特征值和特征向量具有一些特殊性质 .

5.3.1 实对称矩阵特征值与特征向量的性质

(1)实对称矩阵的特征值都是实数.

证明 设 $\boldsymbol{A}$ 为实对称矩阵, λ 为 $\boldsymbol{A}$ 在复数域上的任意一个特征值，只需要证明 $\lambda=\overline{\lambda}$. 其中, $\overline{\lambda}$ 是 λ 的共轭复数.

设 $\boldsymbol{\xi}=(a_1, a_2, \cdots, a_n)^{\mathrm{T}}\neq\boldsymbol{0}$ 是属于特征值 λ 的特征向量，故有 $\boldsymbol{A\xi}=\lambda\boldsymbol{\xi}$， 两端取共轭得 $\overline{\boldsymbol{A\xi}}=\overline{\lambda\boldsymbol{\xi}}$， 两端再取转置得 $(\overline{\boldsymbol{\xi}})^{\mathrm{T}}(\overline{\boldsymbol{A}})^{\mathrm{T}}=\overline{\lambda}(\overline{\boldsymbol{\xi}})^{\mathrm{T}}$. 注意到 $\overline{\boldsymbol{A}}=\boldsymbol{A}$ 和 $\boldsymbol{A}^{\mathrm{T}}=\boldsymbol{A}$， 则

$$(\overline{\boldsymbol{\xi}})^{\mathrm{T}}(\overline{\boldsymbol{A}})^{\mathrm{T}}\boldsymbol{\xi}=(\overline{\boldsymbol{\xi}})^{\mathrm{T}}\boldsymbol{A\xi}=(\overline{\boldsymbol{\xi}})^{\mathrm{T}}\lambda\boldsymbol{\xi}=\lambda(\overline{\boldsymbol{\xi}})^{\mathrm{T}}\boldsymbol{\xi}$$

又因为

$$(\overline{\boldsymbol{\xi}})^{\mathrm{T}}(\overline{\boldsymbol{A}})^{\mathrm{T}}\boldsymbol{\xi}=\overline{\lambda}(\overline{\boldsymbol{\xi}})^{\mathrm{T}}\boldsymbol{\xi}$$

所以

$$(\lambda-\overline{\lambda})(\overline{\boldsymbol{\xi}})^{\mathrm{T}}\boldsymbol{\xi}=0$$

又因为 $\boldsymbol{\xi}\neq\boldsymbol{0}$， 故有

$$\overline{\boldsymbol{\xi}}^{\mathrm{T}}\boldsymbol{\xi}=(\overline{a}_1, \overline{a}_2, \cdots, \overline{a}_n)\begin{pmatrix}a_1\\a_2\\\vdots\\a_n\end{pmatrix}=|a_1|^2+|a_2|^2+\cdots+|a_n|^2>0$$

从而有 $\lambda=\overline{\lambda}$， 即 λ 是实数. 由于实对称矩阵的特征值都是实数，因此特征向量也都是实向量.

(2)实对称矩阵的属于不同特征值的特征向量是正交的.

证明 设 $\lambda_1, \lambda_2(\lambda_1\neq\lambda_2)$ 是实对称矩阵 $\boldsymbol{A}$ 的不同特征值, $\boldsymbol{\xi}_1, \boldsymbol{\xi}_2$ 分别为 $\boldsymbol{A}$ 的属于特征值 λ_1, λ_2 的特征向量，于是

$$\boldsymbol{A\xi}_1=\lambda_1\boldsymbol{\xi}_1, \boldsymbol{A\xi}_2=\lambda_2\boldsymbol{\xi}_2$$

给上面第 1 式两边左乘 $\boldsymbol{\xi}_2^{\mathrm{T}}$， 得

$$\boldsymbol{\xi}_2^{\mathrm{T}}\boldsymbol{A\xi}_1=\lambda_1\boldsymbol{\xi}_2^{\mathrm{T}}\boldsymbol{\xi}_1$$

又

$$\boldsymbol{\xi}_2^{\mathrm{T}}\boldsymbol{A\xi}_1=(\boldsymbol{A}^{\mathrm{T}}\boldsymbol{\xi}_2)^{\mathrm{T}}\boldsymbol{\xi}_1=(\boldsymbol{A\xi}_2)^{\mathrm{T}}\boldsymbol{\xi}_1=\lambda_2\boldsymbol{\xi}_2^{\mathrm{T}}\boldsymbol{\xi}_1$$

所以

$$(\lambda_1-\lambda_2)\boldsymbol{\xi}_2^{\mathrm{T}}\boldsymbol{\xi}_1=0$$

由于 $\lambda_1\neq\lambda_2$， 因此 $\boldsymbol{\xi}_2^{\mathrm{T}}\boldsymbol{\xi}_1=0$， 即 $\boldsymbol{\xi}_1, \boldsymbol{\xi}_2$ 正交.

(3)实对称矩阵 $\boldsymbol{A}$ 的 k 重特征值恰好对应 k 个线性无关的特征向量.

性质(3)的证明略.

5.3.2 实对称矩阵的对角化

定理 5.5 设 $\boldsymbol{A}$ 为 n 阶实对称矩阵，则存在 n 阶正交矩阵 $\boldsymbol{Q}$， 使

$$\boldsymbol{Q}^{-1}\boldsymbol{AQ}=\boldsymbol{Q}^{\mathrm{T}}\boldsymbol{AQ}=\boldsymbol{\Lambda}$$

证明 假设 n 阶实对称矩阵 $\boldsymbol{A}$ 有 m 个不同的特征值 $\lambda_1, \lambda_2, \cdots, \lambda_m(m\leqslant n)$， 其重数

分别为 k_1，k_2，…，k_m 且满足 $k_1+k_2+\cdots+k_m=n$.

由上述假设可知，对于同一特征值 $\lambda_i(i=1,2,\cdots,m)$，相应有 k_i 个正交的特征向量，而不同特征值对应的特征向量也是正交的，因此 $\boldsymbol{A}$ 一定有 n 个正交特征向量，再将这 n 个正交的特征向量单位化，记为 $\boldsymbol{\xi}_1$，$\boldsymbol{\xi}_2$，…，$\boldsymbol{\xi}_n$，令 $\boldsymbol{Q}=(\boldsymbol{\xi}_1,\boldsymbol{\xi}_2,\cdots,\boldsymbol{\xi}_n)$，则 $\boldsymbol{Q}$ 为正交矩阵，且有

$$\boldsymbol{Q}^{-1}\boldsymbol{A}\boldsymbol{Q}=\boldsymbol{Q}^{\mathrm{T}}\boldsymbol{A}\boldsymbol{Q}=\boldsymbol{\Lambda}$$

其中，对角矩阵 $\boldsymbol{\Lambda}$ 的主对角线上有 k_1 个 λ_1，k_2 个 λ_2，…，k_m 个 λ_m，恰好是 $\boldsymbol{A}$ 的 n 个特征值.

由此可以总结出实对称矩阵对角化的步骤如下：

(1)求 $|\lambda\boldsymbol{E}-\boldsymbol{A}|=0$ 的根，即求 $\boldsymbol{A}$ 的特征值；

(2)对于每个特征值，求齐次线性方程组 $(\lambda\boldsymbol{E}-\boldsymbol{A})\boldsymbol{X}=\boldsymbol{0}$ 的基础解系；

(3)利用施密特正交化方法将特征向量正交化、单位化；

(4)将正交化、单位化后的特征向量作为矩阵的列，构成正交矩阵 $\boldsymbol{Q}$. 有 $\boldsymbol{Q}^{-1}\boldsymbol{A}\boldsymbol{Q}=\boldsymbol{Q}^{\mathrm{T}}\boldsymbol{A}\boldsymbol{Q}=\boldsymbol{\Lambda}$，$\boldsymbol{\Lambda}$ 的主对角线元素依次为

$$\underbrace{\lambda_1,\cdots,\lambda_1}_{k_1个},\underbrace{\lambda_2,\cdots,\lambda_2}_{k_2个},\cdots,\underbrace{\lambda_m,\cdots,\lambda_m}_{k_m个}$$

注意 $\boldsymbol{\Lambda}$ 中对角元素的排列次序应与 $\boldsymbol{Q}$ 中列向量排列次序相对应.

例 5.17 求正交矩阵 $\boldsymbol{Q}$，使 $\boldsymbol{Q}^{\mathrm{T}}\boldsymbol{A}\boldsymbol{Q}$ 为对角矩阵，其中

$$\boldsymbol{A}=\begin{pmatrix}2&-2&0\\-2&1&-2\\0&-2&0\end{pmatrix}$$

解 由 $|\lambda\boldsymbol{E}-\boldsymbol{A}|=\begin{vmatrix}\lambda-2&2&0\\2&\lambda-1&2\\0&2&\lambda\end{vmatrix}=(\lambda-1)(\lambda-4)(\lambda+2)$，求得矩阵 $\boldsymbol{A}$ 的特征值为 $\lambda_1=1$，$\lambda_2=4$，$\lambda_3=-2$.

分别求出对于 λ_1、λ_2、λ_3 的线性无关的特征向量

$$\boldsymbol{\xi}_1=\begin{pmatrix}-2\\-1\\2\end{pmatrix},\ \boldsymbol{\xi}_2=\begin{pmatrix}2\\-2\\1\end{pmatrix},\ \boldsymbol{\xi}_3=\begin{pmatrix}1\\2\\2\end{pmatrix}$$

则 $\boldsymbol{\xi}_1$，$\boldsymbol{\xi}_2$，$\boldsymbol{\xi}_3$ 是正交的，再将 $\boldsymbol{\xi}_1$，$\boldsymbol{\xi}_2$，$\boldsymbol{\xi}_3$ 单位化，得

$$\boldsymbol{\eta}_1=\frac{1}{3}\begin{pmatrix}-2\\-1\\2\end{pmatrix},\ \boldsymbol{\eta}_2=\frac{1}{3}\begin{pmatrix}2\\-2\\1\end{pmatrix},\ \boldsymbol{\eta}_3=\frac{1}{3}\begin{pmatrix}1\\2\\2\end{pmatrix}$$

令

$$\boldsymbol{Q}=(\boldsymbol{\eta}_1,\boldsymbol{\eta}_2,\boldsymbol{\eta}_3)=\frac{1}{3}\begin{pmatrix}-2&2&1\\-1&-2&2\\2&1&2\end{pmatrix}$$

则

$$\boldsymbol{Q}^{-1}\boldsymbol{A}\boldsymbol{Q}=\boldsymbol{Q}^{\mathrm{T}}\boldsymbol{A}\boldsymbol{Q}=\begin{pmatrix}1&0&0\\0&4&0\\0&0&-2\end{pmatrix}$$

例 5.18 求正交矩阵 $\boldsymbol{Q}$，使 $\boldsymbol{Q}^{\mathrm{T}}\boldsymbol{A}\boldsymbol{Q}$ 为对角矩阵，其中

$$\boldsymbol{A}=\begin{pmatrix}1&-2&2\\-2&-2&4\\2&4&-2\end{pmatrix}$$

解 由 $|\lambda\boldsymbol{E}-\boldsymbol{A}|=\begin{vmatrix}\lambda-1&2&-2\\2&\lambda+2&-4\\-2&-4&\lambda+2\end{vmatrix}=(\lambda+7)(\lambda-2)^2=0$，得特征值为 $\lambda_1=-7$，$\lambda_2=\lambda_3=2$.

对于 $\lambda_1=-7$，得特征向量 $\boldsymbol{\xi}_1=\begin{pmatrix}1\\2\\-2\end{pmatrix}$，将其单位化得 $\boldsymbol{\eta}_1=\dfrac{1}{3}\begin{pmatrix}1\\2\\-2\end{pmatrix}$.

对于 $\lambda_2=\lambda_3=2$，得特征向量 $\boldsymbol{\xi}_2=\begin{pmatrix}-2\\1\\0\end{pmatrix}$，$\boldsymbol{\xi}_3=\begin{pmatrix}2\\0\\1\end{pmatrix}$，将 $\boldsymbol{\xi}_2$，$\boldsymbol{\xi}_3$ 正交化，得

$$\boldsymbol{\beta}_2=\boldsymbol{\xi}_2=\begin{pmatrix}-2\\1\\0\end{pmatrix},\ \boldsymbol{\beta}_3=\boldsymbol{\xi}_3-\frac{[\boldsymbol{\xi}_3,\ \boldsymbol{\beta}_2]}{[\boldsymbol{\beta}_2,\ \boldsymbol{\beta}_2]}\boldsymbol{\beta}_2=\frac{1}{5}\begin{pmatrix}2\\4\\5\end{pmatrix}$$

再将 $\boldsymbol{\beta}_2$，$\boldsymbol{\beta}_3$ 单位化，得

$$\boldsymbol{\eta}_2=\frac{1}{\sqrt{5}}\begin{pmatrix}-2\\1\\0\end{pmatrix},\ \boldsymbol{\eta}_3=\frac{1}{3\sqrt{5}}\begin{pmatrix}2\\4\\5\end{pmatrix}$$

令

$$\boldsymbol{Q}=(\boldsymbol{\eta}_1,\ \boldsymbol{\eta}_2,\ \boldsymbol{\eta}_3)=\begin{pmatrix}\frac{1}{3}&-\frac{2}{\sqrt{5}}&\frac{2}{3\sqrt{5}}\\\frac{2}{3}&\frac{1}{\sqrt{5}}&\frac{4}{3\sqrt{5}}\\-\frac{2}{3}&0&\frac{5}{3\sqrt{5}}\end{pmatrix}$$

则

$$\boldsymbol{Q}^{-1}\boldsymbol{A}\boldsymbol{Q}=\boldsymbol{Q}^{\mathrm{T}}\boldsymbol{A}\boldsymbol{Q}=\begin{pmatrix}-7&0&0\\0&2&0\\0&0&2\end{pmatrix}$$

例 5.19 设三阶实对称矩阵 $\boldsymbol{A}$ 的特征值是 1，2，3，矩阵 $\boldsymbol{A}$ 的属于特征值 1，2 的特征向量分别为 $\boldsymbol{\xi}_1=\begin{pmatrix}-1\\-1\\1\end{pmatrix}$ 和 $\boldsymbol{\xi}_2=\begin{pmatrix}1\\-2\\-1\end{pmatrix}$. 求：(1) $\boldsymbol{A}$ 的对于特征值 3 的特征向量；(2)矩阵 $\boldsymbol{A}$.

解 (1)设 $\boldsymbol{A}$ 的对于特征值 3 的特征向量为 $\boldsymbol{\xi}_3=(x_1,\ x_2,\ x_3)^{\mathrm{T}}$，因为 $\boldsymbol{\xi}_1$，$\boldsymbol{\xi}_2$，$\boldsymbol{\xi}_3$ 是实对称矩阵 $\boldsymbol{A}$ 的对于不同特征值的特征向量，所以 $\boldsymbol{\xi}_1$，$\boldsymbol{\xi}_2$，$\boldsymbol{\xi}_3$ 两两正交，故 $\boldsymbol{\xi}_1^{\mathrm{T}}\boldsymbol{\xi}_3=0$，$\boldsymbol{\xi}_2^{\mathrm{T}}\boldsymbol{\xi}_3=$

0. 即得线性方程组

$$\begin{cases} -x_1-x_2+x_3=0 \\ x_1-2x_2-x_3=0 \end{cases}$$

解得

$$\boldsymbol{\xi}_3=\begin{pmatrix}1\\0\\1\end{pmatrix}$$

则 $\boldsymbol{A}$ 的对于特征值 3 的特征向量为

$$k\begin{pmatrix}1\\0\\1\end{pmatrix}$$

其中，k 为非零常数.

(2)将 $\boldsymbol{\xi}_1$，$\boldsymbol{\xi}_2$，$\boldsymbol{\xi}_3$ 单位化，得

$$\boldsymbol{\eta}_1=\frac{1}{\sqrt{3}}\begin{pmatrix}-1\\-1\\1\end{pmatrix},\ \boldsymbol{\eta}_2=\frac{1}{\sqrt{6}}\begin{pmatrix}1\\-2\\-1\end{pmatrix},\ \boldsymbol{\eta}_3=\frac{1}{\sqrt{2}}\begin{pmatrix}1\\0\\1\end{pmatrix}$$

令

$$\boldsymbol{Q}=(\boldsymbol{\eta}_1,\ \boldsymbol{\eta}_2,\ \boldsymbol{\eta}_3)=\begin{pmatrix}-\frac{1}{\sqrt{3}} & \frac{1}{\sqrt{6}} & \frac{1}{\sqrt{2}} \\ -\frac{1}{\sqrt{3}} & -\frac{2}{\sqrt{6}} & 0 \\ \frac{1}{\sqrt{3}} & -\frac{1}{\sqrt{6}} & \frac{1}{\sqrt{2}}\end{pmatrix}$$

则

$$\boldsymbol{Q}^{-1}\boldsymbol{A}\boldsymbol{Q}=\boldsymbol{Q}^{\mathrm{T}}\boldsymbol{A}\boldsymbol{Q}=\boldsymbol{\Lambda}=\begin{pmatrix}1&0&0\\0&2&0\\0&0&3\end{pmatrix}$$

故

$$\boldsymbol{A}=\boldsymbol{Q}\boldsymbol{\Lambda}\boldsymbol{Q}^{-1}=\frac{1}{6}\begin{pmatrix}13&-2&5\\-2&10&2\\5&2&13\end{pmatrix}$$

习题 5.3

习题 5.3 解答

1. 求正交矩阵 $\boldsymbol{Q}$，使 $\boldsymbol{Q}^{\mathrm{T}}\boldsymbol{A}\boldsymbol{Q}$ 为对角矩阵：

(1) $\boldsymbol{A}=\begin{pmatrix}3&-2&0\\-2&2&-2\\0&-2&1\end{pmatrix}$；　　(2) $\boldsymbol{A}=\begin{pmatrix}2&1&-1\\1&2&-1\\-1&-1&2\end{pmatrix}$.

2. 设矩阵 $\boldsymbol{A}=\begin{pmatrix}1&1&a\\1&a&1\\a&1&1\end{pmatrix}$，$\boldsymbol{\beta}=\begin{pmatrix}1\\1\\-2\end{pmatrix}$，已知线性方程组 $\boldsymbol{AX}=\boldsymbol{\beta}$ 有解但不唯一，求：(1) a 的值；(2) 正交矩阵 $\boldsymbol{Q}$，使 $\boldsymbol{Q}^{\mathrm{T}}\boldsymbol{AQ}$ 为对角矩阵．

3. 设 $\boldsymbol{A}$ 是四阶实对称矩阵，且 $\boldsymbol{A}^2+\boldsymbol{A}=\boldsymbol{0}$，若 $R(\boldsymbol{A})=3$，求 $\boldsymbol{A}$ 的特征值．

4. 三阶实对称矩阵 $\boldsymbol{A}$ 的特征值为 $\lambda_1=\lambda_2=1$，$\lambda_3=-1$，且对于特征值 1 的特征向量为 $\boldsymbol{\xi}_1=\begin{pmatrix}1\\1\\1\end{pmatrix}$，$\boldsymbol{\xi}_2=\begin{pmatrix}2\\2\\1\end{pmatrix}$，试求 $\boldsymbol{A}$.

*5.4　若尔当标准形

矩阵对角化之后，能够简化矩阵的一些运算．并非每一个矩阵都可对角化，但总可以与若尔当标准形相似．本节将简单介绍若尔当标准形的概念及求解．

5.4.1　若尔当标准形的概念

定义 5.5　设 λ 是一个实数，矩阵

$$\begin{pmatrix}\lambda&1&0&\cdots&0&0\\0&\lambda&1&\cdots&0&0\\0&0&\lambda&\cdots&0&0\\\vdots&\vdots&\vdots&&\vdots&\vdots\\0&0&0&0&\lambda&1\\0&0&0&0&0&\lambda\end{pmatrix}_{k\times k}$$

中主对角线上的元素都是 λ，紧邻主对角线上方的元素都是 1，其他位置都是零，称之为属于 λ 的一个 k **阶若尔当块**．当然，λ 也可以为复数，这里不再赘述．当 $\lambda=0$ 时，就是所谓的**幂零若尔当矩阵**．

例如

$$\begin{pmatrix}-1&1\\0&-1\end{pmatrix},\begin{pmatrix}2&1&0\\0&2&1\\0&0&2\end{pmatrix},\begin{pmatrix}0&1&0&0\\0&0&1&0\\0&0&0&1\\0&0&0&0\end{pmatrix}$$

分别是二阶、三阶、四阶若尔当块．

定义 5.6　如果准对角矩阵

$$\boldsymbol{J}=\begin{pmatrix}\boldsymbol{J}_1&&&\\&\boldsymbol{J}_2&&\\&&\ddots&\\&&&\boldsymbol{J}_m\end{pmatrix}$$

的每一个子块 $\boldsymbol{J}_i(i=1,2,\cdots,m)$ 都是若尔当块，则称分块矩阵 $\boldsymbol{J}$ 为一个**若尔当形矩阵**.

例如

$$\left(\begin{array}{cc:ccc} 0 & 1 & 0 & 0 & 0 \\ 0 & 0 & 0 & 0 & 0 \\ \hdashline 0 & 0 & 2 & 1 & 0 \\ 0 & 0 & 0 & 2 & 1 \\ 0 & 0 & 0 & 0 & 2 \end{array}\right), \quad \left(\begin{array}{cc:ccc:c} -1 & 1 & 0 & 0 & 0 & 0 \\ 0 & -1 & 0 & 0 & 0 & 0 \\ \hdashline 0 & 0 & 4 & 1 & 0 & 0 \\ 0 & 0 & 0 & 4 & 1 & 0 \\ 0 & 0 & 0 & 0 & 4 & 0 \\ \hdashline 0 & 0 & 0 & 0 & 0 & 5 \end{array}\right)$$

都是若尔当形矩阵.

定理 5.6 任意一个 n 阶矩阵 $\boldsymbol{A}$，都与一个 n 阶若尔当形矩阵相似，即对于任意一个 n 阶矩阵 $\boldsymbol{A}$，都存在一个 n 阶可逆矩阵 $\boldsymbol{P}$，使

$$\boldsymbol{P}^{-1}\boldsymbol{A}\boldsymbol{P} = \begin{pmatrix} \boldsymbol{J}_1 & & & \\ & \boldsymbol{J}_2 & & \\ & & \ddots & \\ & & & \boldsymbol{J}_m \end{pmatrix}$$

称若尔当形矩阵 $\begin{pmatrix} \boldsymbol{J}_1 & & & \\ & \boldsymbol{J}_2 & & \\ & & \ddots & \\ & & & \boldsymbol{J}_m \end{pmatrix}$ 为矩阵 $\boldsymbol{A}$ 的**若尔当标准形**.

例如，设 $\boldsymbol{A} = \begin{pmatrix} 1 & 1 & 1 \\ 0 & 3 & 1 \\ 0 & -1 & 1 \end{pmatrix}$，则矩阵 $\boldsymbol{A}$ 有特征值 $\lambda_1 = 1$，$\lambda_2 = \lambda_3 = 2$. 因为对于 $\lambda = 2$ 只有一个线性无关的特征向量，故 $\boldsymbol{A}$ 不可对角化. 但若取 $\boldsymbol{P} = \begin{pmatrix} 1 & 0 & 1 \\ 0 & 1 & 0 \\ 0 & -1 & 1 \end{pmatrix}$，则容易验证

$$\boldsymbol{P}^{-1}\boldsymbol{A}\boldsymbol{P} = \left(\begin{array}{c:cc} 1 & 0 & 0 \\ \hdashline 0 & 2 & 1 \\ 0 & 0 & 2 \end{array}\right) = \begin{pmatrix} \boldsymbol{J}_1 & \\ & \boldsymbol{J}_2 \end{pmatrix}$$

其中，$\boldsymbol{J}_1 = (1)$，$\boldsymbol{J}_2 = \begin{pmatrix} 2 & 1 \\ 0 & 2 \end{pmatrix}$. 即矩阵 $\boldsymbol{A}$ 与若尔当形矩阵 $\boldsymbol{J} = \begin{pmatrix} \boldsymbol{J}_1 & \\ & \boldsymbol{J}_2 \end{pmatrix}$ 相似.

5.4.2 若尔当标准形的求解

矩阵的若尔当标准形的求解步骤如下：

(1)求矩阵的特征值；

(2)求每个特征值的几何重数，几何重数代表该特征值对应的若尔当块的个数，几何重数 = 特征矩阵的列数 − $R(\lambda\boldsymbol{E} - \boldsymbol{A})$；

(3)求每个特征值对应的若尔当块的最大阶数；

(4)写出矩阵的若尔当标准形.

例 5.20 求矩阵 $\boldsymbol{A}=\begin{pmatrix}-1&-2&6\\-1&0&3\\-1&-1&4\end{pmatrix}$ 的若尔当标准形.

解 由 $|\lambda\boldsymbol{E}-\boldsymbol{A}|=(\lambda-1)^3=0$，解得 $\lambda_1=\lambda_2=\lambda_3=1$. 则特征值 1 的几何重数为

$$3-R(\lambda_1\boldsymbol{E}-\boldsymbol{A})=3-1=2$$

故特征值为 1 对应的若尔当块的最大阶数为 2，所以特征值 1 对应 2 个若尔当块，1 个一阶的，1 个二阶的，即

$$\boldsymbol{J}_1=(1)\ 和\ \boldsymbol{J}_2=\begin{pmatrix}1&1\\0&1\end{pmatrix}$$

从而矩阵 $\boldsymbol{A}$ 的若尔当标准形为

$$\boldsymbol{J}=\begin{pmatrix}\boldsymbol{J}_1&0\\0&\boldsymbol{J}_2\end{pmatrix}=\begin{pmatrix}1&0&0\\0&1&1\\0&0&1\end{pmatrix}$$

最后给出如下定理.

定理 5.7 任意 n 阶矩阵 $\boldsymbol{A}$ 都与一个若尔当形矩阵 $\boldsymbol{J}$ 相似. 其中，$\boldsymbol{J}$ 的主对角元恰好是 $\boldsymbol{A}$ 的特征值，且某一特征值出现的个数等于它的重数.

习题 5.4

习题 5.4 解答

1. 判断下列矩阵是否为若尔当形矩阵：

(1) $\begin{pmatrix}3&1&0\\0&3&0\\0&0&2\end{pmatrix}$； (2) $\begin{pmatrix}3&1&0\\0&3&1\\0&0&3\end{pmatrix}$；

(3) $\begin{pmatrix}3&1&0\\0&2&1\\0&0&2\end{pmatrix}$； (4) $\begin{pmatrix}1&0&1\\0&2&0\\0&0&3\end{pmatrix}$.

2. 求下列矩阵的若尔当标准形：

(1) $\boldsymbol{A}=\begin{pmatrix}-1&1&0\\-4&3&0\\1&0&2\end{pmatrix}$； (2) $\boldsymbol{A}=\begin{pmatrix}1&-3&4\\4&-7&8\\6&-7&7\end{pmatrix}$.

5.5 特征值与特征向量的应用

5.5.1 方阵的幂

若 $\boldsymbol{A}$ 可对角化，即存在可逆矩阵 $\boldsymbol{P}$，使 $\boldsymbol{P}^{-1}\boldsymbol{A}\boldsymbol{P}=\boldsymbol{\Lambda}$，则 $\boldsymbol{A}=\boldsymbol{P}\boldsymbol{\Lambda}\boldsymbol{P}^{-1}$，所以

$$\begin{aligned}\boldsymbol{A}^k=(\boldsymbol{P}\boldsymbol{\Lambda}\boldsymbol{P}^{-1})^k&=\underbrace{(\boldsymbol{P}\boldsymbol{\Lambda}\boldsymbol{P}^{-1})(\boldsymbol{P}\boldsymbol{\Lambda}\boldsymbol{P}^{-1})\cdots(\boldsymbol{P}\boldsymbol{\Lambda}\boldsymbol{P}^{-1})}_{k个}\\&=\boldsymbol{P}\boldsymbol{\Lambda}(\boldsymbol{P}^{-1}\boldsymbol{P})\boldsymbol{\Lambda}(\boldsymbol{P}^{-1}\boldsymbol{P})\boldsymbol{\Lambda}\cdots(\boldsymbol{P}^{-1}\boldsymbol{P})\boldsymbol{\Lambda}\boldsymbol{P}^{-1}=\boldsymbol{P}\boldsymbol{\Lambda}^k\boldsymbol{P}^{-1}\end{aligned}$$

其中，$\boldsymbol{\Lambda}^k=\mathrm{diag}(\lambda_1^k,\ \lambda_2^k,\ \cdots,\ \lambda_n^k)$.

例 5.21 已知矩阵 $\boldsymbol{A}=\begin{pmatrix}1&2&2\\2&1&2\\2&2&1\end{pmatrix}$，求 $\boldsymbol{A}^k$(k 是正整数).

解 因为 $\boldsymbol{A}$ 是对称矩阵，所以 $\boldsymbol{A}$ 可对角化，即存在可逆矩阵 $\boldsymbol{P}$，使 $\boldsymbol{P}^{-1}\boldsymbol{AP}=\boldsymbol{\Lambda}$，则 $\boldsymbol{A}=\boldsymbol{P\Lambda P}^{-1}$，从而 $\boldsymbol{A}^k=\boldsymbol{P\Lambda}^k\boldsymbol{P}^{-1}$.

求得矩阵 $\boldsymbol{A}$ 的特征值为 $\lambda_1=\lambda_2=-1$，$\lambda_3=5$，依次对应的特征向量为

$$\boldsymbol{\xi}_1=\begin{pmatrix}1\\0\\-1\end{pmatrix},\ \boldsymbol{\xi}_2=\begin{pmatrix}0\\1\\-1\end{pmatrix},\ \boldsymbol{\xi}_3=\begin{pmatrix}1\\1\\1\end{pmatrix}$$

令 $\boldsymbol{P}=(\boldsymbol{\xi}_1,\ \boldsymbol{\xi}_2,\ \boldsymbol{\xi}_3)=\begin{pmatrix}1&0&1\\0&1&1\\-1&-1&1\end{pmatrix}$，则 $\boldsymbol{P}^{-1}=\dfrac{1}{3}\begin{pmatrix}2&-1&-1\\-1&2&-1\\1&1&1\end{pmatrix}$. 于是

$$\boldsymbol{A}^k=\boldsymbol{P\Lambda}^k\boldsymbol{P}^{-1}=\boldsymbol{P}\begin{pmatrix}(-1)^k&0&0\\0&(-1)^k&0\\0&0&5^k\end{pmatrix}\boldsymbol{P}^{-1}$$

$$=\frac{1}{3}\begin{pmatrix}2(-1)^k+5^k&(-1)^{k+1}+5^k&(-1)^{k+1}+5^k\\(-1)^{k+1}+5^k&2(-1)^k+5^k&(-1)^{k+1}+5^k\\(-1)^{k+1}+5^k&(-1)^{k+1}+5^k&2(-1)^k+5^k\end{pmatrix}$$

5.5.2 线性微分方程组的求解

设微分方程组

$$\begin{cases}\dfrac{\mathrm{d}x_1}{\mathrm{d}t}=a_{11}x_1+a_{12}x_2+\cdots+a_{1n}x_n\\\dfrac{\mathrm{d}x_2}{\mathrm{d}t}=a_{21}x_1+a_{22}x_2+\cdots+a_{2n}x_n\\\qquad\vdots\\\dfrac{\mathrm{d}x_n}{\mathrm{d}t}=a_{n1}x_1+a_{n2}x_2+\cdots+a_{nn}x_n\end{cases}\tag{5-7}$$

记

$$\boldsymbol{X}=(x_1,\ x_2,\ \cdots,\ x_n)^{\mathrm{T}},\ \frac{\mathrm{d}\boldsymbol{X}}{\mathrm{d}t}=\left(\frac{\mathrm{d}x_1}{\mathrm{d}t},\ \frac{\mathrm{d}x_2}{\mathrm{d}t},\ \cdots,\ \frac{\mathrm{d}x_n}{\mathrm{d}t}\right)^{\mathrm{T}}$$

系数矩阵 $\boldsymbol{A}=(a_{ij})_{n\times n}$，则微分方程组(5-7)可以写成矩阵的形式

$$\frac{\mathrm{d}\boldsymbol{X}}{\mathrm{d}t}=\boldsymbol{AX}$$

若 $\boldsymbol{A}$ 可对角化，即存在可逆矩阵 $\boldsymbol{P}$，使 $\boldsymbol{P}^{-1}\boldsymbol{AP}=\boldsymbol{\Lambda}=\mathrm{diag}(\lambda_1,\ \lambda_2,\ \cdots,\ \lambda_n)$. 令 $\boldsymbol{X}=\boldsymbol{PY}$，其中，$\boldsymbol{Y}=(y_1,\ y_2,\ \cdots,\ y_n)^{\mathrm{T}}$，则

$$\boldsymbol{P}\frac{\mathrm{d}\boldsymbol{Y}}{\mathrm{d}t}=\boldsymbol{APY}\Rightarrow\frac{\mathrm{d}\boldsymbol{Y}}{\mathrm{d}t}=\boldsymbol{P}^{-1}\boldsymbol{APY}\Rightarrow\frac{\mathrm{d}\boldsymbol{Y}}{\mathrm{d}t}=\boldsymbol{\Lambda Y}$$

即

$$\begin{cases}\dfrac{dy_1}{dt}=\lambda_1 y_1\\ \dfrac{dy_2}{dt}=\lambda_2 y_2\\ \quad\vdots\\ \dfrac{dy_n}{dt}=\lambda_n y_n\end{cases}\tag{5-8}$$

解方程组(5-8)可得

$$\begin{pmatrix}y_1\\y_2\\\vdots\\y_n\end{pmatrix}=\begin{pmatrix}C_1e^{\lambda_1 t}\\C_2e^{\lambda_2 t}\\\vdots\\C_ne^{\lambda_n t}\end{pmatrix}\ (C_1,\ C_2,\ \cdots,\ C_n\ 为任意常数)$$

再由 $\boldsymbol{X}=\boldsymbol{PY}$，可得微分方程组(5-7)的解.

下面就 $\boldsymbol{A}$ 的特征值的具体情况加以讨论.

1. 矩阵特征值为单根的情形

设特征值 λ_1，λ_2，…，λ_n 所对应的特征向量分别为 $\boldsymbol{\xi}_1$，$\boldsymbol{\xi}_2$，…，$\boldsymbol{\xi}_n$，令 $\boldsymbol{P}=(\boldsymbol{\xi}_1,\ \boldsymbol{\xi}_2,\ \cdots,\ \boldsymbol{\xi}_n)$，则微分方程组(5-7)的解为

$$\begin{pmatrix}x_1\\x_2\\\vdots\\x_n\end{pmatrix}=\boldsymbol{P}\begin{pmatrix}C_1e^{\lambda_1 t}\\C_2e^{\lambda_2 t}\\\vdots\\C_ne^{\lambda_n t}\end{pmatrix}=(\boldsymbol{\xi}_1,\ \boldsymbol{\xi}_2,\ \cdots,\ \boldsymbol{\xi}_n)\begin{pmatrix}C_1e^{\lambda_1 t}\\C_2e^{\lambda_2 t}\\\vdots\\C_ne^{\lambda_n t}\end{pmatrix}\ (C_1,\ C_2,\ \cdots,\ C_n\ 为任意常数)$$

例 5.22　求一阶线性常微分方程组

$$\begin{cases}\dfrac{dx_1}{dt}=-\dfrac{5}{6}x_1-\dfrac{1}{2}x_2\\ \dfrac{dx_2}{dt}=-\dfrac{1}{4}x_1-\dfrac{1}{4}x_2\end{cases}$$

的通解.

解　先将方程组改写为矩阵的形式，令 $\boldsymbol{X}=\begin{pmatrix}x_1\\x_2\end{pmatrix}$，则

$$\frac{d\boldsymbol{X}}{dt}=\begin{pmatrix}\dfrac{dx_1}{dt}\\ \dfrac{dx_2}{dt}\end{pmatrix}=\boldsymbol{AX}$$

其中, $\boldsymbol{A}=\begin{pmatrix}-\dfrac{5}{6}&-\dfrac{1}{2}\\-\dfrac{1}{4}&-\dfrac{1}{4}\end{pmatrix}$. 由特征方程 $|\lambda\boldsymbol{E}-\boldsymbol{A}|=\begin{vmatrix}\lambda+\dfrac{5}{6}&\dfrac{1}{2}\\\dfrac{1}{4}&\lambda+\dfrac{1}{4}\end{vmatrix}=(\lambda+1)\left(\lambda+\dfrac{1}{12}\right)=0$,

可得特征值 $\lambda_1=-1$，$\lambda_2=-\dfrac{1}{12}$，对应的特征向量分别为 $\boldsymbol{\xi}_1=\begin{pmatrix}3\\1\end{pmatrix}$，$\boldsymbol{\xi}_2=\begin{pmatrix}2\\-3\end{pmatrix}$.

令 $\boldsymbol{P}=(\boldsymbol{\xi}_1, \boldsymbol{\xi}_2)=\begin{pmatrix}3 & 2\\1 & -3\end{pmatrix}$，则方程组的通解为

$$\boldsymbol{X}=\begin{pmatrix}3 & 2\\1 & -3\end{pmatrix}\begin{pmatrix}C_1\mathrm{e}^{-t}\\C_2\mathrm{e}^{-\frac{1}{12}t}\end{pmatrix}\ (C_1,\ C_2\text{ 为任意常数})$$

即

$$\begin{cases}x_1=3C_1\mathrm{e}^{-t}+2C_2\mathrm{e}^{-\frac{t}{12}}\\x_2=C_1\mathrm{e}^{-t}-3C_2\mathrm{e}^{-\frac{t}{12}}\end{cases}$$

2. 矩阵特征值有重根的情形

设矩阵 $\boldsymbol{A}$ 有 m 个不同的特征值 $\lambda_1, \lambda_2, \cdots, \lambda_m$，其重数分别为 $k_1, k_2, \cdots, k_m$，对应的特征向量为 $\boldsymbol{\xi}_{i1}, \boldsymbol{\xi}_{i2}, \cdots, \boldsymbol{\xi}_{ik_i}(i=1, 2, \cdots, m)$，令

$$\boldsymbol{P}=(\boldsymbol{\xi}_{11}, \cdots, \boldsymbol{\xi}_{1k_1}, \boldsymbol{\xi}_{21}, \cdots, \boldsymbol{\xi}_{2k_2}, \cdots, \boldsymbol{\xi}_{m1}, \cdots, \boldsymbol{\xi}_{mk_m})$$

则微分方程组(5-7)的通解为

$$\begin{pmatrix}x_1\\x_2\\\vdots\\x_n\end{pmatrix}=\boldsymbol{P}\begin{pmatrix}C_1\mathrm{e}^{\lambda_1 t}\\C_2\mathrm{e}^{\lambda_2 t}\\\vdots\\C_n\mathrm{e}^{\lambda_n t}\end{pmatrix}\ (C_1, C_2, \cdots, C_n\text{ 为任意常数})$$

例 5.23 求一阶常系数线性微分方程组

$$\begin{cases}\dfrac{\mathrm{d}x_1}{\mathrm{d}t}=x_2+x_3\\\dfrac{\mathrm{d}x_2}{\mathrm{d}t}=x_1+x_3\\\dfrac{\mathrm{d}x_3}{\mathrm{d}t}=x_1+x_2\end{cases}$$

的通解.

解 系数矩阵 $\boldsymbol{A}=\begin{pmatrix}0 & 1 & 1\\1 & 0 & 1\\1 & 1 & 0\end{pmatrix}$，由 $|\lambda\boldsymbol{E}-\boldsymbol{A}|=\begin{vmatrix}\lambda & -1 & -1\\-1 & \lambda & -1\\-1 & -1 & \lambda\end{vmatrix}=(\lambda-2)(\lambda+1)^2=0$，得矩阵 $\boldsymbol{A}$ 的特征值为 $\lambda_1=2, \lambda_2=\lambda_3=-1$.

(1) 当 $\lambda_1=2$ 时，得特征向量

$$\boldsymbol{\xi}_1=\begin{pmatrix}1\\1\\1\end{pmatrix}$$

(2) 当 $\lambda_2=\lambda_3=-1$ 时，得特征向量

$$\boldsymbol{\xi}_2=\begin{pmatrix}-1\\1\\0\end{pmatrix},\ \boldsymbol{\xi}_3=\begin{pmatrix}-1\\0\\1\end{pmatrix}$$

令

$$P=(\boldsymbol{\xi}_1,\ \boldsymbol{\xi}_2,\ \boldsymbol{\xi}_3)=\begin{pmatrix}1 & -1 & -1\\ 1 & 1 & 0\\ 1 & 0 & 1\end{pmatrix}$$

则方程组的通解为

$$X=\begin{pmatrix}1 & -1 & -1\\ 1 & 1 & 0\\ 1 & 0 & 1\end{pmatrix}\begin{pmatrix}C_1\mathrm{e}^{2t}\\ C_2\mathrm{e}^{-t}\\ C_3\mathrm{e}^{-t}\end{pmatrix}\ (C_1,\ C_2,\ C_3\text{ 为任意常数})$$

即

$$\begin{cases}x_1=C_1\mathrm{e}^{2t}-C_2\mathrm{e}^{-t}-C_3\mathrm{e}^{-t}\\ x_2=C_1\mathrm{e}^{2t}+C_2\mathrm{e}^{-t}\\ x_3=C_1\mathrm{e}^{2t}+C_3\mathrm{e}^{-t}\end{cases}$$

5.5.3 特征向量在基因分布中的应用

例 5.24 在农场的植物中，有某种植物的基因型为 AA，Aa，aa. 农场拟采用 AA 型植物与每种基因型植物相结合的方案培育植物后代，已知双亲基因型与后代基因型的概率，如表 5-1 所示 .

表 5-1 双亲基因型与后代基因型的概率

后代基因型	父体-母体基因型		
	AA-AA	AA-Aa	AA-aa
AA	1	1/2	0
Aa	0	1/2	1
aa	0	0	0

问经过若干年后，3 种基因型的分布如何?

解 用 a_n，b_n，$c_n(n=0,\ 1,\ 2,\ \cdots)$ 分别代表第 n 代植物中基因型为 AA，Aa，aa 的植物占植物总数的比例.

令 $\boldsymbol{x}_n=(a_n,\ b_n,\ c_n)^{\mathrm{T}}$ 为第 n 代植物基因型的分布，当 $n=0$ 时，$\boldsymbol{x}_0=(a_0,\ b_0,\ c_0)^{\mathrm{T}}$ 表示植物基因型的初始分布，显然有 $a_0+b_0+c_0=1$. 由表 5-1 可知

$$\begin{cases}a_n=1\cdot a_{n-1}+\dfrac{1}{2}b_{n-1}+0\cdot c_{n-1}\\ b_n=0\cdot a_{n-1}+\dfrac{1}{2}b_{n-1}+c_{n-1}\\ c_n=0\cdot a_{n-1}+0\cdot b_{n-1}+0\cdot c_{n-1}\end{cases}\quad(n=1,\ 2,\ \cdots)$$

对上式采用矩阵形式表示

$$\boldsymbol{x}_n=\boldsymbol{A}\boldsymbol{x}_{n-1}(n=1,\ 2,\ \cdots)$$

其中，$A=\begin{pmatrix}1 & \frac{1}{2} & 0\\ 0 & \frac{1}{2} & 1\\ 0 & 0 & 0\end{pmatrix}$，由 $x_n=Ax_{n-1}$ 递推得 $x_n=Ax_{n-1}=A^2x_{n-2}=\cdots=A^nx_0$.

下面利用矩阵对角化计算 A^n.

由 $|\lambda E-A|=-\lambda(\lambda-1)\left(\lambda-\frac{1}{2}\right)=0$，得 A 的特征值 $\lambda_1=1$，$\lambda_2=\frac{1}{2}$，$\lambda_3=0$，求得对应的线性无关的特征向量分别为

$$\xi_1=\begin{pmatrix}1\\0\\0\end{pmatrix},\ \xi_2=\begin{pmatrix}1\\-1\\0\end{pmatrix},\ \xi_3=\begin{pmatrix}1\\-2\\1\end{pmatrix}$$

令 $Q=(\xi_1,\ \xi_2,\ \xi_3)$，则

$$x_n=Q\Lambda^nQ^{-1}x_0=\begin{pmatrix}1 & 1 & 1\\ 0 & -1 & -2\\ 0 & 0 & 1\end{pmatrix}\begin{pmatrix}1^n & 0 & 0\\ 0 & \frac{1}{2^n} & 0\\ 0 & 0 & 0\end{pmatrix}\begin{pmatrix}1 & 1 & 1\\ 0 & -1 & -2\\ 0 & 0 & 1\end{pmatrix}^{-1}\begin{pmatrix}a_0\\ b_0\\ c_0\end{pmatrix}$$

$$=\begin{pmatrix}a_0+b_0+c_0-\frac{1}{2^n}b_0-\frac{1}{2^{n-1}}c_0\\ \frac{1}{2^n}b_0+\frac{1}{2^{n-1}}c_0\\ 0\end{pmatrix}=\begin{pmatrix}1-\frac{1}{2^n}b_0-\frac{1}{2^{n-1}}c_0\\ \frac{1}{2^n}b_0+\frac{1}{2^{n-1}}c_0\\ 0\end{pmatrix}$$

当 $n\to+\infty$ 时，$a_n\to1$，$b_n\to0$，$c_n\to0$，即在足够长的时间后，培养出的植物基本上呈现 AA 型.

5.5.4 特征向量在环境保护中的应用

例 5.25 为了定量分析工业发展与环境污染的关系，某地区提出如下增长模型：设 $x_k(k=0,\ 1,\ 2,\ \cdots)$ 是该地区第 k 个发展周期的污染损失，$y_k(k=0,\ 1,\ 2,\ \cdots)$ 是该地区第 k 个发展周期的工业产值，它们之间的关系为

$$\begin{cases}x_k=\frac{8}{3}x_{k-1}-\frac{1}{3}y_{k-1}\\ y_k=-\frac{2}{3}x_{k-1}+\frac{7}{3}y_{k-1}\end{cases}\quad(k=1,\ 2,\ \cdots)$$

写成矩阵的形式为

$$\begin{pmatrix}x_k\\ y_k\end{pmatrix}=\begin{pmatrix}\frac{8}{3} & -\frac{1}{3}\\ -\frac{2}{3} & \frac{7}{3}\end{pmatrix}\begin{pmatrix}x_{k-1}\\ y_{k-1}\end{pmatrix}$$

即

$$\boldsymbol{\alpha}_k = \boldsymbol{A}\boldsymbol{\alpha}_{k-1}$$

其中

$$\boldsymbol{\alpha}_k = \begin{pmatrix} x_k \\ y_k \end{pmatrix}, \quad \boldsymbol{A} = \begin{pmatrix} \frac{8}{3} & -\frac{1}{3} \\ -\frac{2}{3} & \frac{7}{3} \end{pmatrix}$$

试由此模型及当前的发展状态 $\boldsymbol{\alpha}_0 = \begin{pmatrix} x_0 \\ y_0 \end{pmatrix}$，预测第 k 个发展周期的状态 $\boldsymbol{\alpha}_k = \begin{pmatrix} x_k \\ y_k \end{pmatrix}$.

解 根据题设可知 $\boldsymbol{\alpha}_1 = \boldsymbol{A}\boldsymbol{\alpha}_0$，$\boldsymbol{\alpha}_2 = \boldsymbol{A}\boldsymbol{\alpha}_1 = \boldsymbol{A}^2\boldsymbol{\alpha}_0$，$\cdots$，$\boldsymbol{\alpha}_k = \boldsymbol{A}^k\boldsymbol{\alpha}_0$.

接下来计算 $\boldsymbol{A}$ 的特征值．由

$$|\lambda \boldsymbol{E} - \boldsymbol{A}| = \begin{pmatrix} \lambda - \frac{8}{3} & \frac{1}{3} \\ \frac{2}{3} & \lambda - \frac{7}{3} \end{pmatrix} = (\lambda - 2)(\lambda - 3) = 0$$

得特征值 $\lambda_1 = 2$，$\lambda_2 = 3$，所对应的特征向量分别为

$$\boldsymbol{\xi}_1 = \begin{pmatrix} 1 \\ 2 \end{pmatrix}, \quad \boldsymbol{\xi}_2 = \begin{pmatrix} 1 \\ -1 \end{pmatrix}$$

如果当前的发展状态 $\boldsymbol{\alpha}_0 = \boldsymbol{\xi}_1 = \begin{pmatrix} 1 \\ 2 \end{pmatrix}$，那么

$$\boldsymbol{\alpha}_k = \boldsymbol{A}^k\boldsymbol{\alpha}_0 = \boldsymbol{A}^k\boldsymbol{\xi}_1 = \lambda_1^k\boldsymbol{\xi}_1 = 2^k\begin{pmatrix} 1 \\ 2 \end{pmatrix}$$

即 $x_k = 2^k$，$y_k = 2^{k+1}$. 这表明，经过 k 个发展周期后，工业产值已经达到了一个相当高的规模 2^{k+1}，但其中一半被污染损失 2^k 抵消，造成了资源的严重浪费．

如果当前的发展状态 $\boldsymbol{\alpha}_0 \neq \boldsymbol{\xi}_1$，不妨设 $\boldsymbol{\alpha}_0 = \begin{pmatrix} 11 \\ 19 \end{pmatrix}$，则不能直接应用上述方法分析，此时由于 $\boldsymbol{\alpha}_0 = 10\boldsymbol{\xi}_1 + \boldsymbol{\xi}_2$，于是

$$\boldsymbol{\alpha}_k = \boldsymbol{A}^k\boldsymbol{\alpha}_0 = 10\boldsymbol{A}^k\boldsymbol{\xi}_1 + \boldsymbol{A}^k\boldsymbol{\xi}_2 = 10 \times \lambda_1^k\boldsymbol{\xi}_1 + \lambda_2^k\boldsymbol{\xi}_2 = \begin{pmatrix} 10 \times 2^k + 3^k \\ 20 \times 2^k - 3^k \end{pmatrix}$$

特别地，当 $k = 4$ 时，污染损失 $x_k = 241$，工业产值为 $y_k = 239$，损失已经超过了产值，经济将出现负增长．

由上述的分析可以看出，尽管 $\boldsymbol{A}$ 的特征向量 $\boldsymbol{\xi}_2$ 中含有负分量，没有实际意义，但任何一个具有实际意义的向量 $\boldsymbol{\alpha}_0$ 都可以表示为 $\boldsymbol{\xi}_1$，$\boldsymbol{\xi}_2$ 的线性组合，因此在分析过程中 $\boldsymbol{\xi}_2$ 仍具有重要作用．

习题 5.5

习题 5.5 解答

1. 已知矩阵 $\boldsymbol{A}=\begin{pmatrix}1 & 4 & 2\\ 0 & -3 & 4\\ 0 & 4 & 3\end{pmatrix}$，求 $\boldsymbol{A}^{100}$.

2. 求微分方程组 $\begin{cases}\dfrac{dx_1}{dt}=7x_1-x_2\\ \dfrac{dx_2}{dt}=3x_1+3x_2\end{cases}$ 的通解 .

3. 某城市有 15 万人具有本科以上学历，其中有 2 万人是教师 . 据调查，平均每年有 10% 的人从教师职业转为其他职业，又有 1% 的人从其他职业转为教师职业 . 预测 10 年以后，这 15 万人中有多少万人在从事教师职业 .

5.6 软件应用——运用 MATLAB 求解特征值与特征向量问题

5.6.1 方阵的特征多项式

若 $\boldsymbol{A}$ 为数值矩阵，可以用函数命令 poly( ) 计算特征多项式；若 $\boldsymbol{A}$ 为符号矩阵，可以用函数命令 charpoly( ) 计算特征多项式 . 函数命令 charpoly( ) 有两种调用格式：

(1) charpoly(A)：返回特征多项式系数向量，其分量为按降幂排列的多项式系数；

(2) charpoly(A,x)：返回特征多项式关于变量 x 的符号表达式 .

例 5.26 求矩阵 $\boldsymbol{A}=\begin{pmatrix}2 & 0 & 1\\ 3 & 1 & 3\\ 4 & 0 & 5\end{pmatrix}$ 的特征多项式 .

解 使用 charpoly( ) 函数命令求解，输入命令和运行结果如下：

```
>> A=[2,0,1;3,1,3;4,0,5];
>> syms x
>> P=charpoly(A,x)
P=
    x^3-8*x^2+13*x-6
```

因此矩阵 $\boldsymbol{A}$ 的特征多项式为 $P(x)=x^3-8x^2+13x-6$. 为了方便求特征值，可以将该多项式进行因式分解，使用函数命令 factor( ) 完成，输入命令和运行结果如下：

```
>> factor(P)
ans=
    (x-6)*(x-1)^2
```

即 $x^3-8x^2+13x-6=(x-6)(x-1)^2$.

5.6.2 方阵的特征值与特征向量

在 MATLAB 中，要求一个方阵的特征值与特征向量，可以使用函数命令 eig( )，其调用格式如下：

(1) d=eig(A)：返回 $\boldsymbol{A}$ 所有特征值组成的列向量 $\boldsymbol{d}$；

(2) [P,D]=eig(A)：返回 $\boldsymbol{A}$ 所有特征向量组成的矩阵 $\boldsymbol{P}$ 和特征值组成的矩阵 $\boldsymbol{D}$；

(3) [P,D]=eigs(A)：返回 $\boldsymbol{A}$ 所有特征向量组成的矩阵 $\boldsymbol{P}$ 和特征值(按大小次序)组成的对角矩阵 $\boldsymbol{D}$，且满足 $\boldsymbol{D}=\boldsymbol{P}^{-1}\boldsymbol{AP}$；

(4) d=eig(A,B)：返回复数矩阵 $\boldsymbol{A}+\boldsymbol{B}\mathrm{i}$ 所有特征值组成的向量 $\boldsymbol{d}$；

(5) [P,D]=eig(A,B)：返回复数矩阵 $\boldsymbol{A}+\boldsymbol{B}\mathrm{i}$ 所有特征向量组成的矩阵 $\boldsymbol{P}$ 和特征值组成的矩阵 $\boldsymbol{D}$.

例 5.27 求例 5.26 中矩阵 $\boldsymbol{A}$ 的特征值与特征向量.

解 输入命令和运行结果如下：

```
>>A=[2,0,1;3,1,3;4,0,5];
>>[P,D]=eig(sym(A))
P=
[1/4, 0, -1]
[3/4, 1,  0]
[  1, 0,  1]
D=
[6,0,0]
[0,1,0]
[0,0,1]
```

因此矩阵 $\boldsymbol{A}$ 的特征值为 $\lambda_1=6$，$\lambda_2=\lambda_3=1$. 对于 $\lambda_1=6$ 的所有特征向量为 $k_1\begin{pmatrix}1/4\\3/4\\1\end{pmatrix}$ $(k_1\neq 0)$，对于特征值 $\lambda_2=\lambda_3=1$ 的所有特征向量为 $k_2\begin{pmatrix}0\\1\\0\end{pmatrix}+k_3\begin{pmatrix}-1\\0\\1\end{pmatrix}$ (k_2、k_3 不全为零).

5.6.3 判断矩阵是否可对角化

在 MATLAB 中，可以利用函数命令 eig( )求出矩阵的特征向量，若 n 阶矩阵 $\boldsymbol{A}$ 有 n 个线性无关的特征向量，则方阵 $\boldsymbol{A}$ 可对角化.

例 5.28 判断矩阵 $\boldsymbol{A}=\begin{pmatrix}1&1&-1\\0&2&1\\0&0&3\end{pmatrix}$ 和 $\boldsymbol{B}=\begin{pmatrix}-1&1&0\\-4&3&0\\1&0&2\end{pmatrix}$ 是否可对角化？若可对角化，求可逆矩阵 $\boldsymbol{P}$，使该矩阵相似于对角矩阵.

解 对于矩阵 $\boldsymbol{A}$，输入命令和运行结果如下：

```
>> A=[1,1,-1;0,2,1;0,0,3];
>> [P,D]=eig(sym(A))
P=
   [0, 1, 1]
   [1, 0, 1]
   [1, 0, 0]

D=
   [3, 0, 0]
   [0, 1, 0]
   [0, 0, 2]
```

根据运行结果可知，矩阵 $\boldsymbol{A}$ 有 3 个线性无关的特征向量

$$\boldsymbol{\xi}_1=\begin{pmatrix}0\\1\\1\end{pmatrix},\ \boldsymbol{\xi}_2=\begin{pmatrix}1\\0\\0\end{pmatrix},\ \boldsymbol{\xi}_3=\begin{pmatrix}1\\1\\0\end{pmatrix}$$

故矩阵 $\boldsymbol{A}$ 可对角化．令 $\boldsymbol{P}=(\boldsymbol{\xi}_1,\boldsymbol{\xi}_2,\boldsymbol{\xi}_3)$，则 $\boldsymbol{P}^{-1}\boldsymbol{AP}=\boldsymbol{\Lambda}=\begin{pmatrix}3&&\\&1&\\&&2\end{pmatrix}$.

对于矩阵 $\boldsymbol{B}$，输入命令和运行结果如下：

```
>>B=[-1,1,0;-4,3,0;1,0,2];
>> [P,D]=eig(sym(B))
P=
   [0, -1]
   [0, -2]
   [1,  1]
D=
   [2, 0, 0]
   [0, 1, 0]
   [0, 0, 1]
```

根据运行结果可知，矩阵 $\boldsymbol{B}$ 有 2 个线性无关的特征向量

$$\boldsymbol{\xi}_1=\begin{pmatrix}0\\0\\1\end{pmatrix},\ \boldsymbol{\xi}_2=\begin{pmatrix}-1\\-2\\1\end{pmatrix}$$

故矩阵 $\boldsymbol{B}$ 不可对角化．

5.6.4 实对称矩阵对角化

例 5.29 已知矩阵 $\boldsymbol{A}=\begin{pmatrix}4&0&0\\0&3&1\\0&1&3\end{pmatrix}$，求正交矩阵 $\boldsymbol{Q}$，使 $\boldsymbol{Q}^{\mathrm{T}}\boldsymbol{AQ}=\boldsymbol{\Lambda}$.

解 输入命令和运行结果如下：

```
>> A=[4,0,0;0,3,1;0,1,3];
>> [P,D]=eig(sym(A))
P=
  [ 0, 1, 0]
  [-1, 0, 1]
  [ 1, 0, 1]
D=
  [2, 0, 0]
  [0, 4, 0]
  [0, 0, 4]
>> Q=orth(sym(P))
Q=
  [          0,1,          0]
  [-2^(1/2)/2, 0, 2^(1/2)/2]
  [ 2^(1/2)/2, 0, 2^(1/2)/2]
```

故所求正交矩阵 $\boldsymbol{Q}=\begin{pmatrix}0 & 1 & 0\\ -\frac{\sqrt{2}}{2} & 0 & \frac{\sqrt{2}}{2}\\ \frac{\sqrt{2}}{2} & 0 & \frac{\sqrt{2}}{2}\end{pmatrix}$.

第5章习题

第5章习题解答

一、选择题

1. n 阶矩阵 $\boldsymbol{A}$ 与对角矩阵相似的充要条件是(　　).

A. 矩阵 $\boldsymbol{A}$ 有 n 个特征值　　B. 矩阵 $\boldsymbol{A}$ 的行列式 $|\boldsymbol{A}|\neq 0$

C. 矩阵 $\boldsymbol{A}$ 有 n 个线性无关的特征向量　　D. 矩阵 $\boldsymbol{A}$ 的秩为 n

2. 设 $\boldsymbol{\alpha}$ 是矩阵 $\boldsymbol{A}$ 的对于特征值 λ 的特征向量，则 $\boldsymbol{P}^{-1}\boldsymbol{A}\boldsymbol{P}$ 的对于特征值 λ 的特征向量为(　　).

A. $\boldsymbol{P}^{-1}\boldsymbol{\alpha}$　　B. $\boldsymbol{P}\boldsymbol{\alpha}$　　C. $\boldsymbol{P}^{\mathrm{T}}\boldsymbol{\alpha}$　　D. $\boldsymbol{\alpha}$

3. 下列矩阵中与 $\boldsymbol{A}=\begin{pmatrix}1 & 0 & 0\\ 0 & 1 & 0\\ 0 & 0 & 2\end{pmatrix}$ 相似的是(　　).

A. $\begin{pmatrix}1 & 0 & 0\\ 0 & 3 & 0\\ 0 & 0 & 1\end{pmatrix}$　　B. $\begin{pmatrix}1 & 1 & 0\\ 0 & 1 & 0\\ 0 & 0 & 2\end{pmatrix}$　　C. $\begin{pmatrix}1 & 0 & 0\\ 0 & 1 & 1\\ 0 & 0 & 2\end{pmatrix}$　　D. $\begin{pmatrix}1 & 0 & 1\\ 0 & 2 & 0\\ 0 & 0 & 1\end{pmatrix}$

4. 若 $\boldsymbol{A}$ 与 $\boldsymbol{B}$ 是两个相似的 n 阶矩阵，则(　　).

A. 存在可逆矩阵 $\boldsymbol{P}$，使 $\boldsymbol{P}^{-1}\boldsymbol{A}\boldsymbol{P}=\boldsymbol{B}$

B. $|\boldsymbol{A}|=|\boldsymbol{B}^{-1}|$

C. 存在对角矩阵 $\boldsymbol{D}$，使 $\boldsymbol{A}$ 与 $\boldsymbol{B}$ 都相似于 $\boldsymbol{D}$

D. $\lambda\boldsymbol{E}-\boldsymbol{A}=\lambda\boldsymbol{E}-\boldsymbol{B}$

5. 设三阶矩阵 $\boldsymbol{A}$ 有特征值 $\lambda_1 = 1$，$\lambda_2 = -1$，$\lambda_3 = 2$，其对应的特征向量分别是 $\boldsymbol{\xi}_1$，$\boldsymbol{\xi}_2$，$\boldsymbol{\xi}_3$，又 $\boldsymbol{P} = (\boldsymbol{\xi}_3, \boldsymbol{\xi}_2, \boldsymbol{\xi}_1)$，则 $\boldsymbol{P}^{-1}\boldsymbol{AP} = ($　　$)$.

A. $\begin{pmatrix} 1 & 0 & 0 \\ 0 & -1 & 0 \\ 0 & 0 & 2 \end{pmatrix}$　B. $\begin{pmatrix} -1 & 0 & 0 \\ 0 & 1 & 0 \\ 0 & 0 & 2 \end{pmatrix}$　C. $\begin{pmatrix} 2 & 0 & 0 \\ 0 & -1 & 0 \\ 0 & 0 & 1 \end{pmatrix}$　D. $\begin{pmatrix} 2 & 0 & 0 \\ 0 & 1 & 0 \\ 0 & 0 & -1 \end{pmatrix}$

6. 设 $\boldsymbol{A}$ 为可逆矩阵，则 $\boldsymbol{A}$ 的特征值(　　).

A. 全部为零　B. 不全为零　C. 全部非零　D. 全为正数

7. 设 $\boldsymbol{A}$ 为 n 阶可逆矩阵，λ 是 $\boldsymbol{A}$ 的一个特征值，$\boldsymbol{A}^*$ 为 $\boldsymbol{A}$ 的伴随矩阵，则 $\boldsymbol{A}^*$ 的特征值是(　　).

A. $\lambda^{-1}|\boldsymbol{A}|^n$　B. $\lambda^{-1}|\boldsymbol{A}|$　C. $\lambda|\boldsymbol{A}|$　D. $\lambda|\boldsymbol{A}|^n$

8. 设有矩阵 $\boldsymbol{A}_1 = \begin{pmatrix} a & 0 & 0 \\ 0 & a & 0 \\ 0 & 0 & a \end{pmatrix}$，$\boldsymbol{A}_2 = \begin{pmatrix} a & 0 & 0 \\ 0 & a & 1 \\ 0 & 0 & a \end{pmatrix}$，$\boldsymbol{A}_3 = \begin{pmatrix} a & 1 & 0 \\ 0 & a & 1 \\ 0 & 0 & a \end{pmatrix}$，则下列结论中正确的是(　　).

A. $\boldsymbol{A}_1$ 与 $\boldsymbol{A}_2$ 相似　B. $\boldsymbol{A}_1$ 与 $\boldsymbol{A}_3$ 相似

C. $\boldsymbol{A}_2$ 与 $\boldsymbol{A}_3$ 相似　D. 两两都不相似

9. 已知 λ_0 是矩阵 $\boldsymbol{A}$ 的特征值，$\boldsymbol{\alpha}_0$ 是矩阵 $\boldsymbol{A}$ 的对于特征值 λ_0 的特征向量，若存在 λ_1，使 $\boldsymbol{A\alpha}_0 = \lambda_1\boldsymbol{\alpha}_0$ 成立，则(　　).

A. 对于任意常数 c，有 $\lambda_0 = c\lambda_1$　B. 对于任意常数 c，有 $\lambda_0 \neq c\lambda_1$

C. $\lambda_0 = \lambda_1$　D. $\lambda_0 \neq \lambda_1$

二、填空题

1. 矩阵 $\boldsymbol{A} = \begin{pmatrix} 3 & -1 \\ -1 & 3 \end{pmatrix}$ 的特征值和特征向量分别为________.

2. 设三阶矩阵 $\boldsymbol{A}$ 的特征值为 1，-1，2，则 $\boldsymbol{B} = \boldsymbol{A}^3 - \boldsymbol{A}^2$ 的特征值为________.

3. 设三阶矩阵 $\boldsymbol{A}$ 的特征值为 -2，0，1，则 $|\boldsymbol{A}^3 - 4\boldsymbol{A}^2 + 9\boldsymbol{A}| =$ ________.

4. 设矩阵 $\boldsymbol{A} = \begin{pmatrix} -1 & 1 & 0 \\ -2 & 2 & 0 \\ 4 & -2 & 1 \end{pmatrix}$，则 $\boldsymbol{A}^n =$ ________.

5. 已知矩阵 $\boldsymbol{A} = \begin{pmatrix} 2 & 0 & 0 \\ 0 & 0 & 1 \\ 0 & 1 & x \end{pmatrix}$ 与 $\boldsymbol{B} = \begin{pmatrix} 1 & 0 & 0 \\ -1 & y & 0 \\ 0 & 0 & -1 \end{pmatrix}$ 相似，则 $\boldsymbol{A}^n =$ ________.

6. 矩阵 $\boldsymbol{A} = (a_{ij})_{n\times n}$ 的全体特征值的和等于________，全体特征值的积等于________.

7. 设 n 阶矩阵 $\boldsymbol{A}$ 的全体特征值为 λ_1，λ_2，…，λ_n，$f(x)$ 为任意多项式，则 $f(\boldsymbol{A})$ 的全体特征值为________.

8. 若矩阵 $\boldsymbol{A} = \begin{pmatrix} 1 & -1 & 0 \\ -1 & 0 & 0 \\ 0 & 0 & 1 \end{pmatrix}$ 与 $\boldsymbol{B} = \begin{pmatrix} 2 & k & 0 \\ 0 & 0 & -1 \\ 0 & k & 1 \end{pmatrix}$ 相似，则 $k =$ ________.

9. 设三阶矩阵 $\boldsymbol{A}$ 的特征多项式为 $f(\lambda) = \lambda^3 - 2\lambda^2 - 2\lambda + 3$，则 $|\boldsymbol{A}| =$ ________.

三、计算或证明题

1. 求下列矩阵的全部特征值与特征向量：

(1) $\begin{pmatrix} -2 & 1 & 1 \\ 0 & 2 & 0 \\ -4 & 1 & 3 \end{pmatrix}$； (2) $\begin{pmatrix} 1 & 1 & -1 \\ 1 & -1 & 2 \\ 1 & -2 & 3 \end{pmatrix}$； (3) $\begin{pmatrix} 0 & 10 & 6 \\ 1 & -3 & -3 \\ -2 & 10 & 8 \end{pmatrix}$.

2. 设矩阵 $\boldsymbol{A}=\begin{pmatrix} 3 & 1 & 0 \\ -4 & -1 & 0 \\ 4 & -8 & -2 \end{pmatrix}$，求：(1) $\boldsymbol{A}$ 的特征多项式和特征值；(2) $\boldsymbol{A}^{-1}$ 的伴随矩阵 $(\boldsymbol{A}^{-1})^*$ 的特征多项式和特征值.

3. 设 $\boldsymbol{\xi}=\begin{pmatrix} 1 \\ 1 \\ -1 \end{pmatrix}$ 是 $\boldsymbol{A}=\begin{pmatrix} a & -1 & 2 \\ 5 & -3 & 3 \\ -1 & b & -2 \end{pmatrix}$ 的特征向量，求：(1) a、b 及 $\boldsymbol{\xi}$ 所对应的特征值；(2) $\boldsymbol{A}$ 是否可对角化？并说明理由.

4. 设 n 阶矩阵 $\boldsymbol{A}$ 满足 $\boldsymbol{A}^2=\boldsymbol{A}$，证明 $\boldsymbol{A}$ 的特征值只能是 0 或 1.

5. 若 $\boldsymbol{A}=\begin{pmatrix} 2 & 0 & 0 \\ 0 & x & 2 \\ 0 & 2 & 3 \end{pmatrix}$ 与 $\boldsymbol{B}=\begin{pmatrix} 1 & 0 & 0 \\ 0 & 2 & 0 \\ 0 & 0 & y \end{pmatrix}$ 相似，求：(1) x、y；(2) 可逆矩阵 $\boldsymbol{P}$，使 $\boldsymbol{P}^{-1}\boldsymbol{A}\boldsymbol{P}=\boldsymbol{B}$.

6. 设 $\boldsymbol{A}$ 为三阶实对称矩阵，$R(\boldsymbol{A})=2$，且

$$\boldsymbol{A}\begin{pmatrix} 1 & 1 \\ 0 & 0 \\ -1 & 1 \end{pmatrix}=\begin{pmatrix} -1 & 1 \\ 0 & 0 \\ 1 & 1 \end{pmatrix}$$

求：(1) $\boldsymbol{A}$ 的所有特征值与特征向量；(2) 矩阵 $\boldsymbol{A}$.

7. 设三阶矩阵 $\boldsymbol{A}$ 满足 $\boldsymbol{A}\boldsymbol{\alpha}_i=i\boldsymbol{\alpha}(i=1,2,3)$，其中，列向量

$$\boldsymbol{\alpha}_1=\begin{pmatrix} 1 \\ 2 \\ 2 \end{pmatrix},\ \boldsymbol{\alpha}_2=\begin{pmatrix} 2 \\ -2 \\ 1 \end{pmatrix},\ \boldsymbol{\alpha}_3=\begin{pmatrix} -2 \\ -1 \\ 2 \end{pmatrix}$$

求矩阵 $\boldsymbol{A}$.

8. 求正交矩阵 $\boldsymbol{Q}$，将下列矩阵化为对角矩阵：

(1) $\boldsymbol{A}=\begin{pmatrix} 1 & -2 & 0 \\ -2 & 2 & -2 \\ 0 & -2 & 3 \end{pmatrix}$；(2) $\boldsymbol{A}=\begin{pmatrix} 0 & -1 & 1 \\ -1 & 0 & 1 \\ 1 & 1 & 0 \end{pmatrix}$.

9. 设 $\boldsymbol{A}$、$\boldsymbol{B}$ 是 n 阶矩阵，且矩阵 $\boldsymbol{A}$ 可逆，证明 $\boldsymbol{AB}$ 与 $\boldsymbol{BA}$ 相似.

第 6 章 二次型

二次型是线性代数的重要内容之一，其理论不仅在几何方面有着重要的作用，而且在物理学、经济学和数理统计等方面都有着重要的应用.

本章主要介绍二次型及其矩阵表示、二次型及其标准形、二次型的规范形、正定二次型与正定矩阵，以及二次型理论的应用.

6.1 二次型及其矩阵表示

6.1.1 二次型的定义及其矩阵表示

在平面解析几何中，当二次曲线的中心与直角坐标系的原点重合时，该曲线可用二次齐次方程表示为 $ax^2+2bxy+cy^2=1$. 为了方便研究该曲线的几何性质，下面选择一个适当的坐标变换

$$\begin{cases} x = x'\cos\theta - y'\sin\theta \\ y = x'\sin\theta + y'\cos\theta \end{cases}$$

将方程 $ax^2+2bxy+cy^2=1$ 化为只含平方项的标准方程 $mx'^2+ny'^2=1$. 根据 m、n 的符号就能判断出此二次曲线的类型. 从代数的角度来看，上述过程就是用一个可逆线性变换把一个二次齐次多项式化为只含有平方项的多项式. 这样的问题在理论上和实际应用中都会遇到，下面将讨论含有 n 个变量的二次齐次多项式的问题.

定义 6.1 含有 n 个变量 x_1，x_2，…，x_n 的二次齐次多项式

$$\begin{aligned} f(x_1, x_2, \cdots, x_n) = {} & a_{11}x_1^2 + 2a_{12}x_1x_2 + 2a_{13}x_1x_3 + \cdots + 2a_{1n}x_1x_n + \\ & a_{22}x_2^2 + 2a_{23}x_2x_3 + \cdots + 2a_{2n}x_2x_n + \cdots + a_{nn}x_n^2 \end{aligned} \tag{6-1}$$

称为**n 元二次型**，简称**二次型**. 若二次型的系数为实数，则称 f 为**实二次型**. 若二次型的系数为复数，则称 f 为**复二次型**. 本章只讨论实二次型.

取 $a_{ji}=a_{ij}(i<j)$，则 $2a_{ij}x_ix_j=a_{ij}x_ix_j+a_{ji}x_jx_i$，于是式(6-1)可表示为

$$\begin{aligned} f(x_1, x_2, \cdots, x_n) = {} & a_{11}x_1^2 + a_{12}x_1x_2 + \cdots + a_{1n}x_1x_n + \\ & a_{21}x_2x_1 + a_{22}x_2^2 + \cdots + a_{2n}x_2x_n + \cdots + \\ & a_{n1}x_nx_1 + a_{n2}x_nx_2 + \cdots + a_{nn}x_n^2 \\ = {} & \sum_{i=1}^{n}\sum_{j=1}^{n} a_{ij}x_ix_j \end{aligned}$$

若令

$$A=\begin{pmatrix} a_{11} & a_{12} & \cdots & a_{1n} \\ a_{21} & a_{22} & \cdots & a_{2n} \\ \vdots & \vdots & & \vdots \\ a_{n1} & a_{n2} & \cdots & a_{nn} \end{pmatrix},\ X=\begin{pmatrix} x_1 \\ x_2 \\ \vdots \\ x_n \end{pmatrix}$$

则二次型 $f(x_1, x_2, \cdots, x_n)$ 可表示为

$$f(x_1, x_2, \cdots, x_n)=(x_1, x_2, \cdots, x_n)\begin{pmatrix} a_{11} & a_{12} & \cdots & a_{1n} \\ a_{21} & a_{22} & \cdots & a_{2n} \\ \vdots & \vdots & & \vdots \\ a_{n1} & a_{n2} & \cdots & a_{nn} \end{pmatrix}\begin{pmatrix} x_1 \\ x_2 \\ \vdots \\ x_n \end{pmatrix}=X^{\mathrm{T}}AX \qquad (6-2)$$

称式(6-2)为**二次型的矩阵形式**，实对称矩阵 A 为二次型 $f(x_1, x_2, \cdots, x_n)$ 的矩阵，矩阵 A 的秩也称为**二次型的秩**.

显然，二次型 $f(x_1, x_2, \cdots, x_n)$ 与实对称矩阵 A 是一一对应的.

例 6.1　写出二次型 $f(x_1, x_2, x_3)=x_1^2+x_2^2+2x_1x_3+4x_2x_3$ 的矩阵，并求该二次型的秩.

解　二次型的矩阵 $A=\begin{pmatrix} 1 & 0 & 1 \\ 0 & 1 & 2 \\ 1 & 2 & 0 \end{pmatrix}$. 对 A 作初等变换

$$A=\begin{pmatrix} 1 & 0 & 1 \\ 0 & 1 & 2 \\ 1 & 2 & 0 \end{pmatrix}\xrightarrow{r_3-r_1}\begin{pmatrix} 1 & 0 & 1 \\ 0 & 1 & 2 \\ 0 & 2 & -1 \end{pmatrix}\xrightarrow{r_3-2r_2}\begin{pmatrix} 1 & 0 & 1 \\ 0 & 1 & 2 \\ 0 & 0 & -5 \end{pmatrix}$$

因为 $R(A)=3$，所以二次型 $f(x_1, x_2, x_3)$ 的秩也是 3.

例 6.2　设 $X=\begin{pmatrix} x_1 \\ x_2 \end{pmatrix}$，$A=\begin{pmatrix} 3 & -2 \\ -2 & 7 \end{pmatrix}$，求矩阵 A 对应的二次型.

解　$f(x_1, x_2)=X^{\mathrm{T}}AX=(x_1, x_2)\begin{pmatrix} 3 & -2 \\ -2 & 7 \end{pmatrix}\begin{pmatrix} x_1 \\ x_2 \end{pmatrix}=3x_1^2-4x_1x_2+7x_2^2.$

6.1.2　线性变换与合同矩阵

定义 6.2　设有两组变量 $x_1, x_2, \cdots, x_n$ 和 $y_1, y_2, \cdots, y_n$ 满足如下关系式

$$\begin{cases} x_1=c_{11}y_1+c_{12}y_2+\cdots+c_{1n}y_n \\ x_2=c_{21}y_1+c_{22}y_2+\cdots+c_{2n}y_n \\ \qquad\vdots \\ x_n=c_{n1}y_1+c_{n2}y_2+\cdots+c_{nn}y_n \end{cases}$$

则称此关系式为由变量 $x_1, x_2, \cdots, x_n$ 到 $y_1, y_2, \cdots, y_n$ 的**线性变换**.

令 $X=\begin{pmatrix} x_1 \\ x_2 \\ \vdots \\ x_n \end{pmatrix}$，$C=\begin{pmatrix} c_{11} & c_{12} & \cdots & c_{1n} \\ c_{21} & c_{22} & \cdots & c_{2n} \\ \vdots & \vdots & & \vdots \\ c_{n1} & c_{n2} & \cdots & c_{nn} \end{pmatrix}$，$Y=\begin{pmatrix} y_1 \\ y_2 \\ \vdots \\ y_n \end{pmatrix}$，则上述线性变换可以写成矩阵形式 $X=CY$. 若 C 可逆，则称 $X=CY$ 为**可逆线性变换**. 若 C 为正交矩阵，则称 $X=CY$ 为正交线

性变换.

对 n 元二次型 $f(x_1, x_2, \cdots, x_n) = \boldsymbol{X}^{\mathrm{T}}\boldsymbol{A}\boldsymbol{X}$ 作可逆线性变换 $\boldsymbol{X} = \boldsymbol{C}\boldsymbol{Y}$，则

$$f(x_1, x_2, \cdots, x_n) = \boldsymbol{X}^{\mathrm{T}}\boldsymbol{A}\boldsymbol{X} = (\boldsymbol{C}\boldsymbol{Y})^{\mathrm{T}}\boldsymbol{A}(\boldsymbol{C}\boldsymbol{Y}) = \boldsymbol{Y}^{\mathrm{T}}(\boldsymbol{C}^{\mathrm{T}}\boldsymbol{A}\boldsymbol{C})\boldsymbol{Y}$$

令 $\boldsymbol{B} = \boldsymbol{C}^{\mathrm{T}}\boldsymbol{A}\boldsymbol{C}$，易知 $\boldsymbol{B}^{\mathrm{T}} = (\boldsymbol{C}^{\mathrm{T}}\boldsymbol{A}\boldsymbol{C})^{\mathrm{T}} = \boldsymbol{C}^{\mathrm{T}}\boldsymbol{A}\boldsymbol{C} = \boldsymbol{B}$，即 $\boldsymbol{B}$ 为对称矩阵．由此可知，二次型 $f(x_1, x_2, \cdots, x_n) = \boldsymbol{X}^{\mathrm{T}}\boldsymbol{A}\boldsymbol{X}$ 通过线性变换 $\boldsymbol{X} = \boldsymbol{C}\boldsymbol{Y}$ 后变成一个新二次型 $g(\boldsymbol{Y}) = \boldsymbol{Y}^{\mathrm{T}}\boldsymbol{B}\boldsymbol{Y}$，且这两个二次型的矩阵满足 $\boldsymbol{B} = \boldsymbol{C}^{\mathrm{T}}\boldsymbol{A}\boldsymbol{C}$.

定义 6.3 设 $\boldsymbol{A}$、$\boldsymbol{B}$ 是两个 n 阶矩阵，若存在可逆矩阵 $\boldsymbol{C}$，使

$$\boldsymbol{B} = \boldsymbol{C}^{\mathrm{T}}\boldsymbol{A}\boldsymbol{C}$$

则称 $\boldsymbol{A}$ 与 $\boldsymbol{B}$ **合同**，记为 $\boldsymbol{A} \simeq \boldsymbol{B}$.

矩阵之间的合同也是一个等价关系，满足以下性质．

(1) **反身性**：任意 n 阶矩阵 $\boldsymbol{A}$ 都与其自身合同，即 $\boldsymbol{A} \simeq \boldsymbol{A}$．

(2) **对称性**：若 $\boldsymbol{A} \simeq \boldsymbol{B}$，则 $\boldsymbol{B} \simeq \boldsymbol{A}$．

(3) **传递性**：若 $\boldsymbol{A} \simeq \boldsymbol{B}$，$\boldsymbol{B} \simeq \boldsymbol{C}$，则 $\boldsymbol{A} \simeq \boldsymbol{C}$.

需要指出的是，经可逆线性变换，新二次型的矩阵与原二次型的矩阵是合同的，且具有相同的秩，即**可逆线性变换不改变二次型的秩**. 这样把二次型的变换通过矩阵表示出来，为后续的讨论提供了有力的工具．

例 6.3 已知矩阵 $\boldsymbol{A} = \begin{pmatrix} 0 & 1 & -1 \\ 1 & 0 & -2 \\ -1 & -2 & 0 \end{pmatrix}$ 与 $\boldsymbol{B} = \begin{pmatrix} 2 & 1 & -3 \\ 1 & 0 & -2 \\ -3 & -2 & 0 \end{pmatrix}$，试求可逆矩阵 $\boldsymbol{C}$，使 $\boldsymbol{C}^{\mathrm{T}}\boldsymbol{A}\boldsymbol{C} = \boldsymbol{B}$.

解 经观察可发现，把矩阵 $\boldsymbol{A}$ 的第 2 列加到第 1 列，再把第 2 行加到第 1 行，就可得到矩阵 $\boldsymbol{B}$，由矩阵初等变换相关知识可知，所求可逆矩阵 $\boldsymbol{C} = \begin{pmatrix} 1 & 2 & 0 \\ 0 & 1 & 0 \\ 0 & 0 & 1 \end{pmatrix}$.

习题 6.1

习题 6.1 解答

1. 判断下列函数是否为二次型：

(1) $f(x, y) = x^2 + 4xy + 6y^2$；

(2) $f(x_1, x_2, x_3) = 2x_1^2 + 3x_1x_3 + 5x_2x_3 + 4x_2^2$；

(3) $f(x_1, x_2) = x_1^2 + 2x_2^2 + 3$；

(4) $f(x, y, z) = 2x^2 + xz + y^2 + 5y$.

2. 写出下列二次型的矩阵：

(1) $f(x_1, x_2) = x_1^2 + 2x_1x_2 + 4x_2^2$；

(2) $f(x_1, x_2, x_3) = x_1^2 - 2x_2^2 + 3x_3^2$；

(3) $f(x_1, x_2, x_3) = x_1^2 + 2x_2^2 - 5x_3^2 - 2x_1x_2 + 4x_2x_3$；

(4) $f(x_1, x_2, x_3, x_4) = 2x_1x_2 + 2x_1x_3 - 4x_1x_4 + 4x_2x_4$.

3. 求下列矩阵对应的二次型：

(1) $\begin{pmatrix} 0 & 2 \\ 2 & 0 \end{pmatrix}$；　　(2) $\begin{pmatrix} 1 & 2 & 4 \\ 2 & 2 & -1 \\ 4 & -1 & 3 \end{pmatrix}$.

4. 求下列二次型的秩：

(1) $f(x_1, x_2, x_3)=(x_1+x_2+x_3)^2$；

(2) $f(x_1, x_2, x_3)=(x_1+x_2)^2+(x_2+x_3)^2+(x_3-x_1)^2$.

5. 已知矩阵 $\boldsymbol{A}=\begin{pmatrix}0&0&1\\0&1&0\\1&0&0\end{pmatrix}$ 与 $\boldsymbol{B}=\begin{pmatrix}2&0&0\\0&1&0\\0&0&-2\end{pmatrix}$，试求可逆矩阵 $\boldsymbol{C}$，使 $\boldsymbol{C}^{\mathrm{T}}\boldsymbol{AC}=\boldsymbol{B}$.

6.2　二次型及其标准形

各种二次型中，只含有平方项的二次型无疑是最简单的．本节着重研究如何把一个二次型通过可逆线性变换，化为只含有平方项的二次型．

6.2.1　二次型的标准形

定义 6.4　若经过可逆线性变换 $\boldsymbol{X}=\boldsymbol{CY}$，将 n 元二次型 $f(x_1, x_2, \cdots, x_n)=\boldsymbol{X}^{\mathrm{T}}\boldsymbol{AX}$ 化为只含平方项的二次型

$$k_1y_1^2+k_2y_2^2+\cdots+k_ny_n^2$$

把这种只含有平方项的二次型称为**二次型的标准形**.

显然，二次型的标准形对应的矩阵为对角矩阵．

下面将介绍化二次型为标准形常用的方法，包括配方法、正交变换法、初等变换法．

6.2.2　用配方法化二次型为标准形

配方法是应用中学代数配平方的方法逐次消掉交叉项，最后只剩平方项，从而将二次型化为标准形．用配方法化二次型为标准形的基本思想如下．

(1)若二次型含有平方项，即二次型中有某个变量平方项的系数不为零．设 $a_{11}\neq 0$，则先把含有 x_1 的乘积项集中，再配方；然后对其他含平方项的变量按照此方法进行配方，直到把所有变量都配成平方项为止，即得标准形．

(2)若二次型中不含平方项，即二次型中只含有 $x_ix_j(i\neq j)$ 项，则通过线性变换

$$\begin{cases}x_i=y_i+y_j\\x_j=y_i-y_j(k\neq i, j)\\x_k=y_k\end{cases}$$

把二次型化为含有平方项的二次型，然后按(1)中的方法进行配方．

例 6.4　用配方法将二次型

$$f(x_1, x_2, x_3)=x_1^2+2x_2^2+3x_3^2-4x_1x_2-4x_2x_3$$

化为标准形，并求所用的线性变换矩阵 $\boldsymbol{C}$.

解　因为 f 中含 x_1 的平方项，先对 x_1 进行配方可得

$$\begin{aligned}f(x_1, x_2, x_3)&=(x_1^2-4x_1x_2+4x_2^2)-2x_2^2+3x_3^2-4x_2x_3\\&=(x_1-2x_2)^2-2x_2^2-4x_2x_3+3x_3^2\end{aligned}$$

再对 x_2 进行配方可得

$$f(x_1, x_2, x_3)=(x_1-2x_2)^2-2(x_2+x_3)^2+5x_3^2$$

令

$$\begin{cases}y_1=x_1-2x_2\\y_2=x_2+x_3\\y_3=x_3\end{cases}$$

即

$$\begin{cases}x_1=y_1+2y_2-2y_3\\x_2=y_2-y_3\\x_3=y_3\end{cases}$$

则二次型化为标准形 $y_1^2-2y_2^2+5y_3^2$，所用的线性变换矩阵 $\boldsymbol{C}=\begin{pmatrix}1&2&-2\\0&1&-1\\0&0&1\end{pmatrix}$.

例 6.5 用配方法将二次型

$$f(x_1, x_2, x_3)=2x_1x_2+4x_1x_3-2x_2x_3$$

化为标准形，并写出所用的线性变换.

解 f 中不含平方项，含有 x_1，x_2 的乘积项，可先进行如下变换

$$\begin{cases}x_1=y_1+y_2\\x_2=y_1-y_2\\x_3=y_3\end{cases}$$

得

$$\begin{aligned}f&=2(y_1+y_2)(y_1-y_2)+4(y_1+y_2)y_3-2(y_1-y_2)y_3\\&=2y_1^2-2y_2^2+2y_1y_3+6y_2y_3\end{aligned}$$

再进行配方可得

$$\begin{aligned}f=2y_1^2-2y_2^2+2y_1y_3+6y_2y_3&=2\left(y_1+\frac{1}{2}y_3\right)^2-2y_2^2-\frac{1}{2}y_3^2+6y_2y_3\\&=2\left(y_1+\frac{1}{2}y_3\right)^2-2\left(y_2-\frac{3}{2}y_3\right)^2+4y_3^2\end{aligned}$$

令

$$\begin{cases}z_1=y_1+\dfrac{1}{2}y_3\\z_2=y_2-\dfrac{3}{2}y_3\\z_3=y_3\end{cases}$$

即

$$\begin{cases}y_1=z_1-\dfrac{1}{2}z_3\\y_2=z_2+\dfrac{3}{2}z_3\\y_3=z_3\end{cases}$$

则二次型化为标准形 $2z_1^2 - 2z_2^2 + 4z_3^2$，所用的线性变换为 $\begin{cases} x_1 = z_1 + z_2 + z_3 \\ x_2 = z_1 - z_2 - 2z_3. \\ x_3 = z_3 \end{cases}$

以上两例具有代表性，一般的二次型都可以通过以上两例的方法化为标准形．综合上述两例，可得出以下定理．

定理 6.1 任何一个二次型都可以通过可逆线性变换化为标准形．

6.2.3 用正交变换法化二次型为标准形

因为正交变换保持向量的长度与夹角不变，所以在正交变换时二次型的几何性质不会发生改变，这是一般可逆线性变换所不具备的．因此，用正交变换法化二次型为标准形在理论与实际应用中有非常重要的意义．

定理 6.2 任何一个二次型总可以通过正交变换化为标准形．

由于二次型所对应的矩阵都是实对称矩阵，由上一章内容可知，若 $\boldsymbol{A}$ 为 n 阶实对称矩阵，则必存在 n 阶正交矩阵 $\boldsymbol{Q}$，使

$$\boldsymbol{Q}^{-1}\boldsymbol{A}\boldsymbol{Q} = \boldsymbol{Q}^{\mathrm{T}}\boldsymbol{A}\boldsymbol{Q} = \boldsymbol{\Lambda} = \begin{pmatrix} \lambda_1 & & & \\ & \lambda_2 & & \\ & & \ddots & \\ & & & \lambda_n \end{pmatrix}$$

其中，λ_1，λ_2，…，λ_n 是矩阵 $\boldsymbol{A}$ 的特征值．因此，通过正交变换 $\boldsymbol{X} = \boldsymbol{Q}\boldsymbol{Y}$ 把二次型化为标准形就是求正交矩阵 $\boldsymbol{Q}$，使 $\boldsymbol{Q}^{-1}\boldsymbol{A}\boldsymbol{Q} = \boldsymbol{Q}^{\mathrm{T}}\boldsymbol{A}\boldsymbol{Q} = \mathrm{diag}(\lambda_1, \lambda_2, \cdots, \lambda_n)$．用正交变换法化二次型为标准形，其平方项的系数恰好是 $\boldsymbol{A}$ 的全部特征值，若不计特征值的排列顺序，则这样的标准形是唯一的．

用正交变换法化二次型为标准形的具体步骤如下：

(1) 写出二次型 $f = \boldsymbol{X}^{\mathrm{T}}\boldsymbol{A}\boldsymbol{X}$ 对应的二次型矩阵 $\boldsymbol{A}$；

(2) 将 $\boldsymbol{A}$ 对角化，求正交矩阵 $\boldsymbol{Q}$；

(3) 作正交变换 $\boldsymbol{X} = \boldsymbol{Q}\boldsymbol{Y}$，则得 f 的标准形 $f = \lambda_1 y_1^2 + \lambda_2 y_2^2 \cdots + \lambda_n y_n^2$.

例 6.6 用正交变换法将二次型

$$f(x_1, x_2, x_3) = x_1^2 + 2x_2^2 + 3x_3^2 - 4x_1x_2 - 4x_2x_3$$

化为标准形，并写出正交矩阵 $\boldsymbol{Q}$.

解 二次型对应的矩阵为

$$\boldsymbol{A} = \begin{pmatrix} 1 & -2 & 0 \\ -2 & 2 & -2 \\ 0 & -2 & 3 \end{pmatrix}$$

特征方程为

$$|\lambda\boldsymbol{E} - \boldsymbol{A}| = \begin{vmatrix} \lambda - 1 & 2 & 0 \\ 2 & \lambda - 2 & 2 \\ 0 & 2 & \lambda - 3 \end{vmatrix} = (\lambda + 1)(\lambda - 2)(\lambda - 5) = 0$$

解得特征值为

$$\lambda_1 = -1, \lambda_2 = 2, \lambda_3 = 5$$

(1)当 $\lambda_1=-1$ 时，方程组 $(\lambda_1\boldsymbol{E}-\boldsymbol{A})\boldsymbol{X}=\boldsymbol{0}$ 的基础解系 $\boldsymbol{\xi}_1=\begin{pmatrix}2\\2\\1\end{pmatrix}$；

(2)当 $\lambda_2=2$ 时，方程组 $(\lambda_2\boldsymbol{E}-\boldsymbol{A})\boldsymbol{X}=\boldsymbol{0}$ 的基础解系 $\boldsymbol{\xi}_2=\begin{pmatrix}2\\-1\\-2\end{pmatrix}$；

(3)当 $\lambda_3=5$ 时，方程组 $(\lambda_3\boldsymbol{E}-\boldsymbol{A})\boldsymbol{X}=\boldsymbol{0}$ 的基础解系 $\boldsymbol{\xi}_3=\begin{pmatrix}1\\-2\\2\end{pmatrix}$.

将 $\boldsymbol{\xi}_1$，$\boldsymbol{\xi}_2$，$\boldsymbol{\xi}_3$ 单位化，得

$$\boldsymbol{\eta}_1=\begin{pmatrix}\frac{2}{3}\\\frac{2}{3}\\\frac{1}{3}\end{pmatrix},\quad \boldsymbol{\eta}_2=\begin{pmatrix}\frac{2}{3}\\-\frac{1}{3}\\-\frac{2}{3}\end{pmatrix},\quad \boldsymbol{\eta}_3=\begin{pmatrix}\frac{1}{3}\\-\frac{2}{3}\\\frac{2}{3}\end{pmatrix}$$

令

$$\boldsymbol{Q}=(\boldsymbol{\eta}_1,\ \boldsymbol{\eta}_2,\ \boldsymbol{\eta}_3)=\begin{pmatrix}\frac{2}{3}&\frac{2}{3}&\frac{1}{3}\\\frac{2}{3}&-\frac{1}{3}&-\frac{2}{3}\\\frac{1}{3}&-\frac{2}{3}&\frac{2}{3}\end{pmatrix}$$

于是，作正交变换 $\boldsymbol{X}=\boldsymbol{QY}$，将二次型化为标准形 $f=-y_1^2+2y_2^2+5y_3^2$.

6.2.4 用初等变换法化二次型为标准形

定理 6.3 任何一个实对称矩阵都合同于一个对角矩阵.

若经过可逆线性变换 $\boldsymbol{X}=\boldsymbol{CY}$，把二次型 $f=\boldsymbol{X}^{\mathrm{T}}\boldsymbol{AX}$ 化为标准形 $f=\boldsymbol{Y}^{\mathrm{T}}\boldsymbol{\Lambda Y}$，则 $\boldsymbol{C}^{\mathrm{T}}\boldsymbol{AC}=\boldsymbol{\Lambda}$. 可以证明，$\boldsymbol{A}$ 经过若干次成对初等变换便可得到对角矩阵 $\boldsymbol{\Lambda}$. 成对初等变换是指对 $\boldsymbol{A}$ 施行一次初等行变换，则同时施行一次初等列变换. 对矩阵 $\boldsymbol{A}$ 施行若干次成对初等变换，并且对单位矩阵 $\boldsymbol{E}$ 施行相同的初等列变换，当 $\boldsymbol{A}$ 化为对角矩阵时，$\boldsymbol{E}$ 就化为矩阵 $\boldsymbol{C}$.

于是，用初等变换法把二次型 $f=\boldsymbol{X}^{\mathrm{T}}\boldsymbol{AX}$ 化为标准形，其过程为

$$\begin{pmatrix}\boldsymbol{A}\\\cdots\\\boldsymbol{E}\end{pmatrix}\xrightarrow[\text{对 }\boldsymbol{E}\text{ 只施行初等列变换}]{\text{对 }\boldsymbol{A}\text{ 施行成对初等变换}}\begin{pmatrix}\boldsymbol{\Lambda}\\\cdots\\\boldsymbol{C}\end{pmatrix}$$

例 6.7 用初等变换法将二次型

$$f(x_1,\ x_2,\ x_3)=x_1^2+2x_2^2+3x_3^2-4x_1x_2-4x_2x_3$$

化为标准形，并写出所用的可逆线性变换矩阵 $\boldsymbol{C}$.

解
$$\begin{pmatrix} A \\ \hdashline E \end{pmatrix} = \left(\begin{array}{ccc} 1 & -2 & 0 \\ -2 & 2 & -2 \\ 0 & -2 & 3 \\ \hdashline 1 & 0 & 0 \\ 0 & 1 & 0 \\ 0 & 0 & 1 \end{array}\right) \xrightarrow[c_2+2c_1]{r_2+2r_1} \left(\begin{array}{ccc} 1 & 0 & 0 \\ 0 & -2 & -2 \\ 0 & -2 & 3 \\ \hdashline 1 & 2 & 0 \\ 0 & 1 & 0 \\ 0 & 0 & 1 \end{array}\right) \xrightarrow[c_3-c_2]{r_3-r_2} \left(\begin{array}{ccc} 1 & 0 & 0 \\ 0 & -2 & 0 \\ 0 & 0 & 5 \\ \hdashline 1 & 2 & -2 \\ 0 & 1 & -1 \\ 0 & 0 & 1 \end{array}\right)$$

于是，经过可逆线性变换 $\boldsymbol{X}=\boldsymbol{CY}$，将二次型化为标准形 $f=y_1^2-2y_2^2+5y_3^2$，所用的可逆线性变换矩阵 $\boldsymbol{C}=\begin{pmatrix} 1 & 2 & -2 \\ 0 & 1 & -1 \\ 0 & 0 & 1 \end{pmatrix}$.

将一个二次型化为标准形可以用配方法，也可以用正交变换法，或者其他方法，这取决于实际的要求．如果要求找出一个正交矩阵，无疑应使用正交变换法；如果只需要找出一个可逆线性变换，那么各种方法都可以使用．正交变换法的好处是有固定的步骤，可以按部就班一步一步地求解，但计算量通常较大．如果二次型中变量个数较少，那么使用配方法会比较简单．

习题 6.2

习题 6.2 解答

1. 用配方法将下列二次型化为标准形，并写出所用的线性变换矩阵：

(1) $f(x_1, x_2, x_3)=x_1^2+2x_2^2+2x_1x_2-2x_1x_3$;

(2) $f(x_1, x_2, x_3)=x_1^2+2x_2^2+5x_3^2+2x_1x_2+4x_2x_3$;

(3) $f(x_1, x_2, x_3)=2x_1x_2+2x_1x_3+2x_2x_3$;

(4) $f(x_1, x_2, x_3)=(x_1+x_2)^2+(x_1+x_3)^2+(x_2-x_3)^2$.

2. 用正交变换法将下列二次型化为标准形：

(1) $f(x_1, x_2, x_3)=2x_1^2+x_2^2-4x_1x_2-4x_2x_3$;

(2) $f(x_1, x_2, x_3)=2x_1x_2+2x_1x_3+2x_2x_3$;

(3) $f(x_1, x_2, x_3)=x_1^2+4x_2^2+x_3^2-4x_1x_2-8x_1x_3-4x_2x_3$.

3. 用初等变换法将下列二次型化为标准形：

(1) $f(x_1, x_2, x_3)=x_1^2+5x_2^2+5x_3^2+2x_1x_2-4x_2x_3$;

(2) $f(x_1, x_2, x_3)=x_1^2+2x_2^2+4x_3^2+2x_1x_2+4x_2x_3$;

(3) $f(x_1, x_2, x_3)=x_1^2+2x_2^2-x_3^2+2x_1x_2-2x_1x_3$;

(4) $f(x_1, x_2, x_3)=2x_1x_2+2x_1x_3-6x_2x_3$.

6.3 二次型的规范形

由上一节内容可知，一个二次型经过不同的可逆线性变换，会得到不同形式的标准形，即二次型的标准形并不是唯一的．在不同的标准形中，系数非零的平方项的个数是唯一确定的，恰好等于所给二次型的秩．进一步还可以证明，正平方项个数与负平方项个数也是唯一确定的．本节将解释这一问题．

6.3.1 实二次型的规范形

定义 6.5 设f是一个实数域上的二次型，经过一个适当的可逆线性变换 $\boldsymbol{X}=\boldsymbol{CY}$ 可以化成如下标准形

$$d_1y_1^2+\cdots+d_py_p^2-d_{p+1}y_{p+1}^2-\cdots-d_ry_r^2 \tag{6-3}$$

其中，$d_i>0(i=1,2,\cdots,r)$，r是这个二次型的秩．因为正实数总是可以开平方的，所以可以再作一个可逆线性变换

$$\begin{cases}z_1=\sqrt{d_1}y_1\\ z_2=\sqrt{d_2}y_2\\ \quad\vdots\\ z_r=\sqrt{d_r}y_r\\ z_{r+1}=y_{r+1}\\ \quad\vdots\\ z_n=y_n\end{cases} \tag{6-4}$$

就变成

$$z_1^2+\cdots+z_p^2-z_{p+1}^2-\cdots-z_r^2 \tag{6-5}$$

称式(6-5)为实二次型的**规范形**，它的系数为 -1，1，可见规范形完全被r和p这两个数决定．

6.3.2 惯性定理

定理 6.4(惯性定理) 任何一个实二次型都可以经过一个适当的可逆线性变换化为规范形，并且规范形是唯一的．

定义 6.6 在实二次型f的规范形中，正平方项个数p称为f的**正惯性指数**，负平方项个数$r-p$称为**负惯性指数**，正惯性指数与负惯性指数之差$p-(r-p)=2p-r$称为**二次型的符号差**.

根据定理 6.4 可知，n 阶实对称矩阵$\boldsymbol{A}$与对角矩阵$\begin{pmatrix}\boldsymbol{E}_p & & \\ & -\boldsymbol{E}_{r-p} & \\ & & \boldsymbol{O}\end{pmatrix}$合同．其中，$r$是$\boldsymbol{A}$的秩，$p$为正惯性指数，$r-p$为负惯性指数．注意到$\boldsymbol{A}$为实对称矩阵，故存在正交矩阵$\boldsymbol{Q}$，使$\boldsymbol{Q}^{-1}\boldsymbol{AQ}=\boldsymbol{Q}^{\mathrm{T}}\boldsymbol{AQ}=\boldsymbol{\Lambda}=\mathrm{diag}(\lambda_1,\lambda_2,\cdots,\lambda_n)$，其中，$\lambda_1,\lambda_2,\cdots,\lambda_n$为$\boldsymbol{A}$的全部特征值．

设二次型f的矩阵为$\boldsymbol{A}$，则：

(1)二次型f的秩即为矩阵$\boldsymbol{A}$的不为零的特征值的个数；

(2)二次型f的正惯性指数即为矩阵$\boldsymbol{A}$的正特征值的个数；

(3)二次型f的负惯性指数即为矩阵$\boldsymbol{A}$的负特征值的个数．

推论 6.1 实对称矩阵$\boldsymbol{A}$、$\boldsymbol{B}$合同的充要条件是$\boldsymbol{A}$、$\boldsymbol{B}$具有相同的惯性指数．

例 6.8 求二次型

$$f(x_1,x_2,x_3)=x_1^2+x_2^2-x_3^2+2x_1x_2+2x_1x_3-2x_2x_3$$

的正、负惯性指数及符号差，并将该二次型化为规范形．

解　f 的矩阵 $\boldsymbol{A}=\begin{pmatrix}1 & 1 & 1\\1 & 1 & -1\\1 & -1 & -1\end{pmatrix}$，于是

$$|\lambda\boldsymbol{E}-\boldsymbol{A}|=\begin{vmatrix}\lambda-1 & -1 & -1\\-1 & \lambda-1 & 1\\-1 & 1 & \lambda+1\end{vmatrix}=(\lambda+2)(\lambda-1)(\lambda-2)$$

得特征值 $\lambda_1=-2$，$\lambda_2=1$，$\lambda_3=2$.

所以，正惯性指数为2，负惯性指数为1，符号差为1，规范形为 $f=y_1^2+y_2^2-y_3^2$.

例 6.9　设二次型

$$f(x_1, x_2, x_3)=x_1^2+x_2^2+ax_3^2+2ax_1x_2-2x_1x_3-2x_2x_3$$

的正、负惯性指数均为1，求二次型 f 的规范形及常数 a.

解　因为 f 的正、负惯性指数均为1，所以 f 的规范形为 $y_1^2-y_2^2$. 二次型 f 的矩阵为

$$\boldsymbol{A}=\begin{pmatrix}1 & a & -1\\a & 1 & -1\\-1 & -1 & a\end{pmatrix}$$

由题设可知 $\boldsymbol{A}$ 的秩为2，故 $|\boldsymbol{A}|=-(a-1)^2(a+2)=0$，解得 $a=-2$ 或 $a=1$.

若 $a=1$，则 $\boldsymbol{A}$ 的秩为1，与已知条件矛盾，故 $a=-2$.

例 6.10　设实对称矩阵 $\boldsymbol{A}=\begin{pmatrix}1 & 0 & 1\\0 & -2 & 0\\1 & 0 & a\end{pmatrix}$ 与 $\boldsymbol{B}=\begin{pmatrix}1 & 2 & 1\\2 & -5 & 2\\1 & 2 & 1\end{pmatrix}$ 合同，求 a.

解　$|\lambda\boldsymbol{E}-\boldsymbol{B}|=\begin{vmatrix}\lambda-1 & -2 & -1\\-2 & \lambda+5 & -2\\-1 & -2 & \lambda-1\end{vmatrix}=\lambda(\lambda+5)(\lambda-2)=0$，得 $\boldsymbol{B}$ 的特征值 $\lambda_1=-5$，$\lambda_2=0$，$\lambda_3=2$. 所以 $\boldsymbol{B}$ 的正惯性指数为1，负惯性指数为1，秩为2.

因为 $\boldsymbol{A}\simeq\boldsymbol{B}$，所以 $\boldsymbol{A}$、$\boldsymbol{B}$ 具有相同的惯性指数且秩相同，故 $|\boldsymbol{A}|=-2a+2=0$，解得 $a=1$.

习题 6.3

习题 6.3 解答

1. 设二次型 $f(x_1, x_2, x_3)=x_1^2-x_2x_3$，求其规范形.

2. 求二次型 $f(x_1, x_2, x_3)=(x_1+x_2)^2+(x_2-x_3)^2+(x_3+x_1)^2$ 的正惯性指数，并将该二次型化为规范形.

3. 设二次型 $f(x_1, x_2, x_3)=x_1^2-x_2^2+2ax_1x_3+4x_2x_3$ 的负惯性指数为1，求 a 的范围.

6.4　正定二次型与正定矩阵

在二次型中，正定二次型比较特殊，这类二次型在数学其他分支及物理、力学等领域用得都比较多，因此本节将着重讨论正定二次型.

6.4.1 正定二次型与正定矩阵的定义

定义 6.7 若对任何非零向量 $\boldsymbol{X}$，恒有 $f=\boldsymbol{X}^{\mathrm{T}}\boldsymbol{A}\boldsymbol{X}>0$，则称 $f=\boldsymbol{X}^{\mathrm{T}}\boldsymbol{A}\boldsymbol{X}$ 为**正定二次型**，并称实对称矩阵 $\boldsymbol{A}$ 为**正定矩阵**.

与正定二次型对应，还可以给出负定二次型、半正定二次型、半负定二次型及不定二次型的定义.

定义 6.8 对任何非零向量 $\boldsymbol{X}$ 及二次型 $f=\boldsymbol{X}^{\mathrm{T}}\boldsymbol{A}\boldsymbol{X}$：

(1)若 $f=\boldsymbol{X}^{\mathrm{T}}\boldsymbol{A}\boldsymbol{X}<0$，则称 $f=\boldsymbol{X}^{\mathrm{T}}\boldsymbol{A}\boldsymbol{X}$ 为**负定二次型**，并称实对称矩阵 $\boldsymbol{A}$ 为**负定矩阵**；

(2)若 $f=\boldsymbol{X}^{\mathrm{T}}\boldsymbol{A}\boldsymbol{X}\geqslant 0$，则称 $f=\boldsymbol{X}^{\mathrm{T}}\boldsymbol{A}\boldsymbol{X}$ 为**半正定二次型**，并称实对称矩阵 $\boldsymbol{A}$ 为**半正定矩阵**；

(3)若 $f=\boldsymbol{X}^{\mathrm{T}}\boldsymbol{A}\boldsymbol{X}\leqslant 0$，则称 $f=\boldsymbol{X}^{\mathrm{T}}\boldsymbol{A}\boldsymbol{X}$ 为**半负定二次型**，并称实对称矩阵 $\boldsymbol{A}$ 为**半负定矩阵**；

(4)不是正定、负定、半正定、半负定的二次型称为**不定二次型**，并称实对称矩阵 $\boldsymbol{A}$ 为**不定矩阵**.

根据以上定义可知：

(1)若 $f=\boldsymbol{X}^{\mathrm{T}}\boldsymbol{A}\boldsymbol{X}<0$，则 $-f=-\boldsymbol{X}^{\mathrm{T}}\boldsymbol{A}\boldsymbol{X}>0$；

(2)若 $f=\boldsymbol{X}^{\mathrm{T}}\boldsymbol{A}\boldsymbol{X}\leqslant 0$，则 $-f=-\boldsymbol{X}^{\mathrm{T}}\boldsymbol{A}\boldsymbol{X}\geqslant 0$.

由此表明负定二次型、半负定二次型可以分别转化为正定二次型、半正定二次型进行讨论.

6.4.2 正定二次型的性质

定理 6.5 n 元实二次型 $f=\boldsymbol{X}^{\mathrm{T}}\boldsymbol{A}\boldsymbol{X}$ 正定的充要条件是它的正惯性指数为 n.

推论 6.2 n 元实二次型 $f=\boldsymbol{X}^{\mathrm{T}}\boldsymbol{A}\boldsymbol{X}$ 正定的充要条件是它的特征值全大于零.

推论 6.3 n 元实二次型 $f=\boldsymbol{X}^{\mathrm{T}}\boldsymbol{A}\boldsymbol{X}$ 正定的充要条件是 $\boldsymbol{A}$ 与单位矩阵 $\boldsymbol{E}$ 合同，即存在可逆矩阵 $\boldsymbol{C}$，使 $\boldsymbol{A}=\boldsymbol{C}^{\mathrm{T}}\boldsymbol{C}$.

有时需要直接由二次型 $f=\boldsymbol{X}^{\mathrm{T}}\boldsymbol{A}\boldsymbol{X}$ 的矩阵 $\boldsymbol{A}$ 判断二次型是否为正定二次型. 为此，下面引入顺序主子式的概念.

定义 6.9 n 阶矩阵 $\boldsymbol{A}$ 的子式

$$\Delta_k=\begin{vmatrix} a_{11} & a_{12} & \cdots & a_{1k} \\ a_{21} & a_{22} & \cdots & a_{2k} \\ \vdots & \vdots & & \vdots \\ a_{k1} & a_{k2} & \cdots & a_{kk} \end{vmatrix}(k=1,2,\cdots,n)$$

称为 $\boldsymbol{A}$ 的 k 阶顺序主子式.

定理 6.6(赫尔维茨定理) n 元实二次型正定的充要条件是 $\boldsymbol{A}$ 的各阶顺序主子式 $\Delta_k>0(k=1,2,\cdots,n)$.

例 6.11 判别二次型

$$f(x_1,x_2,x_3)=3x_1^2+4x_2^2+5x_3^2+4x_1x_2-4x_2x_3$$

是否正定.

解 二次型 f 的矩阵 $\boldsymbol{A}=\begin{pmatrix} 3 & 2 & 0 \\ 2 & 4 & -2 \\ 0 & -2 & 5 \end{pmatrix}$，$\boldsymbol{A}$ 的各阶顺序主子式为

$$\Delta_1=3>0,\ \Delta_2=\begin{vmatrix}3&2\\2&4\end{vmatrix}=8>0,\ \Delta_3=\begin{vmatrix}3&2&0\\2&4&-2\\0&-2&5\end{vmatrix}=28>0$$

所以该二次型是正定的.

例 6.12 若二次型

$$f(x_1,\ x_2,\ x_3)=x_1^2+4x_2^2+2x_3^2+2tx_1x_2+2x_1x_3$$

正定，求 t 的取值范围.

解 二次型 f 的矩阵 $\boldsymbol{A}=\begin{pmatrix}1&t&1\\t&4&0\\1&0&2\end{pmatrix}$，$\boldsymbol{A}$ 的各阶顺序主子式为

$$\Delta_1=1>0,\ \Delta_2=\begin{vmatrix}1&t\\t&4\end{vmatrix}=4-t^2,\ \Delta_3=\begin{vmatrix}1&t&1\\t&4&0\\1&0&2\end{vmatrix}=4-2t^2$$

根据定理 6.6，因为该二次型是正定的，所以

$$\begin{cases}4-t^2>0\\4-2t^2>0\end{cases}$$

解得 $-\sqrt{2}<t<\sqrt{2}$. 故当 $-\sqrt{2}<t<\sqrt{2}$ 时，二次型 f 正定.

根据定义 6.7，可以得出下列结论.

定理 6.7 设 $\boldsymbol{A}$ 为实对称矩阵，下述命题等价:

(1) $\boldsymbol{A}$ 为正定矩阵;

(2) $\boldsymbol{A}$ 的特征值全大于零;

(3) $\boldsymbol{A}$ 与单位矩阵 $\boldsymbol{E}$ 合同;

(4) $\boldsymbol{A}$ 的各阶顺序主子式 $\Delta_k>0(k=1,\ 2,\ \cdots,\ n)$.

推论 6.4 若 $\boldsymbol{A}$ 为正定矩阵，则 $|\boldsymbol{A}|>0$.

例 6.13 证明正定矩阵 $\boldsymbol{A}$ 的逆矩阵 $\boldsymbol{A}^{-1}$ 也是正定矩阵.

证明 因为 $\boldsymbol{A}$ 是正定矩阵，所以 $\boldsymbol{A}^{\mathrm{T}}=\boldsymbol{A}$，从而 $(\boldsymbol{A}^{-1})^{\mathrm{T}}=(\boldsymbol{A}^{\mathrm{T}})^{-1}=\boldsymbol{A}^{-1}$，即 $\boldsymbol{A}^{-1}$ 是实对称矩阵.

又因为 $\boldsymbol{A}$ 是正定矩阵，所以 $\boldsymbol{A}$ 的特征值 $\lambda_i>0(i=1,\ 2,\ \cdots,\ n)$，故 $\boldsymbol{A}^{-1}$ 的特征值 $\dfrac{1}{\lambda_i}>0(i=1,\ 2,\ \cdots,\ n)$，因此 $\boldsymbol{A}^{-1}$ 也是正定矩阵.

定理 6.8 对于 n 元实二次型 $f=\boldsymbol{X}^{\mathrm{T}}\boldsymbol{A}\boldsymbol{X}$，下述命题等价:

(1) $f=\boldsymbol{X}^{\mathrm{T}}\boldsymbol{A}\boldsymbol{X}$ 为负定二次型;

(2) $f=\boldsymbol{X}^{\mathrm{T}}\boldsymbol{A}\boldsymbol{X}$ 的负惯性指数为 n ;

(3) $f=\boldsymbol{X}^{\mathrm{T}}\boldsymbol{A}\boldsymbol{X}$ 的特征值全小于零;

(4) $\boldsymbol{A}$ 与矩阵 $-\boldsymbol{E}$ 合同;

(5) $\boldsymbol{A}$ 的奇数阶顺序主子式为负，偶数阶顺序主子式为正.

例 6.14 判别二次型

$$f(x_1,\ x_2,\ x_3)=-5x_1^2-6x_2^2-4x_3^2+4x_1x_2+4x_2x_3$$

是否为负定二次型.

解 二次型 f 的矩阵 $\boldsymbol{A}=\begin{pmatrix}-5 & 2 & 0\\ 2 & -6 & 2\\ 0 & 2 & -4\end{pmatrix}$，$\boldsymbol{A}$ 的各阶顺序主子式为

$$\Delta_1=-5<0,\ \Delta_2=\begin{vmatrix}-5 & 2\\ 2 & -6\end{vmatrix}=26>0,\ \Delta_3=\begin{vmatrix}-5 & 2 & 0\\ 2 & -6 & 2\\ 0 & 2 & -4\end{vmatrix}=-84<0$$

所以该二次型是负定的.

习题 6.4

习题 6.4 解答

1. 判别下列二次型的正定性：

(1) $f(x_1,x_2,x_3)=-2x_1^2-6x_2^2-4x_3^2+2x_1x_2+2x_1x_3$；

(2) $f(x_1,x_2,x_3)=x_1^2+3x_2^2+4x_3^2+2x_1x_2-2x_1x_3-4x_2x_3$.

2. 求当 t 为何值时，下列二次型为正定二次型：

(1) $f(x_1,x_2,x_3)=x_1^2+x_2^2+5x_3^2+2tx_1x_2-2x_1x_3+4x_2x_3$；

(2) $f(x_1,x_2,x_3)=2x_1^2+x_2^2+x_3^2+2x_1x_2+tx_2x_3$.

3. 证明如果 $\boldsymbol{A}$、$\boldsymbol{B}$ 为 n 阶正定矩阵，则 $\boldsymbol{A}+\boldsymbol{B}$ 也为正定矩阵.

4. 证明如果 $\boldsymbol{A}=(a_{ij})_{n\times n}$ 为正定矩阵，则 $a_{ii}>0(i=1,2,\cdots,n)$；如果 $\boldsymbol{A}=(a_{ij})_{n\times n}$ 为负定矩阵，则 $a_{ii}<0(i=1,2,\cdots,n)$.

6.5 二次型理论的应用

6.5.1 几何应用

在解析几何中，二次曲面的一般方程可表示为

$$\begin{gathered}a_{11}x_1^2+a_{22}x_2^2+a_{33}x_3^2+2a_{12}x_1x_2+2a_{13}x_1x_3+2a_{23}x_2x_3+\\ 2b_1x_1+2b_2x_2+2b_3x_3+c=0\end{gathered} \tag{6-6}$$

若令

$$\boldsymbol{A}^{\mathrm{T}}=\boldsymbol{A}=\begin{pmatrix}a_{11} & a_{12} & a_{13}\\ a_{21} & a_{22} & a_{23}\\ a_{31} & a_{32} & a_{33}\end{pmatrix},\ \boldsymbol{X}=\begin{pmatrix}x_1\\ x_2\\ x_3\end{pmatrix},\ \boldsymbol{B}=\begin{pmatrix}b_1\\ b_2\\ b_3\end{pmatrix}$$

则式(6-6)可表示为

$$\boldsymbol{X}^{\mathrm{T}}\boldsymbol{A}\boldsymbol{X}+2\boldsymbol{B}^{\mathrm{T}}\boldsymbol{X}+c=0 \tag{6-7}$$

由于 $\boldsymbol{A}$ 为实对称矩阵，故存在正交矩阵 $\boldsymbol{Q}$，使 $\boldsymbol{Q}^{-1}\boldsymbol{A}\boldsymbol{Q}=\boldsymbol{Q}^{\mathrm{T}}\boldsymbol{A}\boldsymbol{Q}=\mathrm{diag}(\lambda_1,\lambda_2,\lambda_3)$，这里 $\lambda_1,\lambda_2,\lambda_3$ 是 $\boldsymbol{A}$ 的特征值.

作正交变换 $\boldsymbol{X}=\boldsymbol{Q}\boldsymbol{Y}$，其中，$\boldsymbol{Y}=(y_1,y_2,y_3)^{\mathrm{T}}$，则式(6-7)可表示为

$$\boldsymbol{Y}^{\mathrm{T}}\boldsymbol{\Lambda}\boldsymbol{Y}+2\boldsymbol{B}^{\mathrm{T}}\boldsymbol{Q}\boldsymbol{Y}+c=0 \tag{6-8}$$

令 $\boldsymbol{D}=\boldsymbol{B}^{\mathrm{T}}\boldsymbol{Q}=(d_1,d_2,d_3)$，则式(6-8)化为

$$\lambda_1y_1^2+\lambda_2y_2^2+\lambda_3y_3^2+2d_1y_1+2d_2y_2+2d_3y_3+c=0 \tag{6-9}$$

根据 λ_1，λ_2，λ_3 的不同取值，式(6-9)共可以表示 17 种不同图形，此处不再赘述，有兴趣的读者可以自行判定．

由于可逆线性变换不改变二次曲面的类型，因此可以通过可逆线性变换，把一般二次型曲面方程化成标准方程来研究二次曲面．注意，一般二次曲线的研究方法类似．

例 6.15 判别方程 $3x^2+4xy+z^2=4$ 所表示的二次曲面的类型．

解 设

$$\boldsymbol{A}=\begin{pmatrix}3&2&0\\2&0&0\\0&0&1\end{pmatrix},\quad \boldsymbol{X}=\begin{pmatrix}x\\y\\z\end{pmatrix},\quad \boldsymbol{B}=\begin{pmatrix}0\\0\\0\end{pmatrix}$$

则方程左端可表示为

$$f(x,y,z)=\boldsymbol{X}^{\mathrm{T}}\boldsymbol{A}\boldsymbol{X}+\boldsymbol{B}^{\mathrm{T}}\boldsymbol{X}.$$

根据

$$|\lambda\boldsymbol{E}-\boldsymbol{A}|=\begin{vmatrix}\lambda-3&-2&0\\-2&\lambda&0\\0&0&\lambda-1\end{vmatrix}=(\lambda-1)(\lambda-4)(\lambda+1)=0$$

得 $\boldsymbol{A}$ 的特征值 $\lambda_1=1$，$\lambda_2=4$，$\lambda_3=-1$. 求出对应的特征向量，并单位化得

$$\boldsymbol{\eta}_1=\begin{pmatrix}0\\0\\1\end{pmatrix},\quad \boldsymbol{\eta}_2=\begin{pmatrix}\frac{2}{\sqrt{5}}\\\frac{1}{\sqrt{5}}\\0\end{pmatrix},\quad \boldsymbol{\eta}_3=\begin{pmatrix}-\frac{1}{\sqrt{5}}\\\frac{2}{\sqrt{5}}\\0\end{pmatrix}$$

令 $\boldsymbol{Q}=(\boldsymbol{\eta}_1,\boldsymbol{\eta}_2,\boldsymbol{\eta}_3)$，$\boldsymbol{Y}=(u,v,w)^{\mathrm{T}}$，作正交变换 $\boldsymbol{X}=\boldsymbol{Q}\boldsymbol{Y}$，则 $f=u^2+4v^2-w^2$，此时曲面方程化为 $u^2+4v^2-w^2=4$，即

$$\frac{u^2}{4}+v^2-\frac{w^2}{4}=1$$

所以该曲面为单叶双曲面．

6.5.2 多元函数的极值

设 n 元函数 $f(x_1,x_2,\cdots,x_n)$ 在 M 点的某邻域中有一阶、二阶连续偏导数，记为

$$f_{ij}(M)=\left.\frac{\partial^2 f}{\partial x_i\partial x_j}\right|_M\ (i,j=1,2,\cdots,n)$$

则称

$$\boldsymbol{H}(M)=\begin{pmatrix}f_{11}(M)&f_{12}(M)&\cdots&f_{1n}(M)\\f_{21}(M)&f_{22}(M)&\cdots&f_{2n}(M)\\\vdots&\vdots&&\vdots\\f_{n1}(M)&f_{n2}(M)&\cdots&f_{nn}(M)\end{pmatrix}$$

为函数 $f(x_1,x_2,\cdots,x_n)$ 在 M 点的 n 阶**海塞矩阵**.

若 $\left.\frac{\partial f}{\partial x_i}\right|_M=0(i=1,2,\cdots,n)$，则：

(1) 当 $\boldsymbol{H}(M)$ 是正定矩阵时，$f(x_1, x_2, \cdots, x_n)$ 在 M 点取得极小值，M 为极小值点；

(2) 当 $\boldsymbol{H}(M)$ 是负定矩阵时，$f(x_1, x_2, \cdots, x_n)$ 在 M 点取得极大值，M 为极大值点；

(3) 当 $\boldsymbol{H}(M)$ 是不定矩阵时，$f(x_1, x_2, \cdots, x_n)$ 在 M 点不是极值，M 不是极值点 .

例 6.16 求函数

$$f(x_1, x_2, x_3) = \frac{1}{3}x_1^3 + x_2^2 + x_3^2 + 2x_1x_2 + 2x_3 + 1$$

的极值 .

解 令 $\begin{cases} \dfrac{\partial f}{\partial x_1} = x_1^2 + 2x_2 = 0 \\ \dfrac{\partial f}{\partial x_2} = 2x_2 + 2x_1 = 0 \\ \dfrac{\partial f}{\partial x_3} = 2x_3 + 2 = 0 \end{cases}$，解得驻点 $M_1(0, 0, -1)$ 和 $M_2(2, -2, -1)$.

在驻点 $M_1(0, 0, -1)$ 处，$\boldsymbol{H}(M_1) = \begin{pmatrix} 0 & 2 & 0 \\ 2 & 2 & 0 \\ 0 & 0 & 2 \end{pmatrix}$ 是不定矩阵，故 $M_1(0, 0, -1)$ 不是极值点 .

在驻点 $M_2(2, -2, -1)$ 处，$\boldsymbol{H}(M_2) = \begin{pmatrix} 4 & 2 & 0 \\ 2 & 2 & 0 \\ 0 & 0 & 2 \end{pmatrix}$ 是正定矩阵，故 $M_2(2, -2, -1)$ 为极小值点，极小值为 $-\dfrac{4}{3}$.

例 6.17 已知某厂家生产 3 种产品，分别为 A_1、A_2、A_3，且每种产品的需求量 q_1、q_2、q_3 与对应价格 R_1、R_2、R_3 之间的函数以及成本函数 C 分别为

$$R_1 = 42 - 2q_1 - q_2 - q_3, \quad R_2 = 70 - q_1 - 4q_2 - 2q_3, \quad R_3 = 64 - q_1 - q_2 - 3q_3$$

$$C = q_1^2 + 2q_2^2 + q_3^2 + q_1q_2 + q_1q_3 + 2q_2q_3$$

求 3 种产品的供应量为多少时，可使企业总利润最大?

解 总利润函数为

$$L = (R_1q_1 + R_2q_2 + R_3q_3) - (q_1^2 + 2q_2^2 + q_3^2 + q_1q_2 + q_1q_3 + 2q_2q_3)$$

即

$$L = -3q_1^2 - 6q_2^2 - 4q_3^2 - 3q_1q_2 - 3q_1q_3 - 5q_2q_3 + 42q_1 + 70q_2 + 64q_3$$

令

$$\begin{cases} \dfrac{\partial L}{\partial q_1} = -6q_1 - 3q_2 - 3q_3 + 42 = 0 \\ \dfrac{\partial L}{\partial q_2} = -3q_1 - 12q_2 - 5q_3 + 70 = 0 \\ \dfrac{\partial L}{\partial q_3} = -3q_1 - 5q_2 - 8q_3 + 64 = 0 \end{cases}$$

解得 $q_1 = 3$，$q_2 = 3$，$q_3 = 5$.

在点 (3, 3, 5) 处, 海塞矩阵 $\boldsymbol{H}=\begin{pmatrix}-6 & -3 & -3\\ -3 & -12 & -5\\ -3 & -5 & -8\end{pmatrix}$ 是负定矩阵, 故点(3, 3, 5)为极大值点, 即最大值点, 最大利润 $L=328$.

6.5.3　不等式证明

例 6.18　设 n 元实二次型 $f(\boldsymbol{X})=\boldsymbol{X}^{\mathrm{T}}\boldsymbol{A}\boldsymbol{X}$, $\lambda_{\max}$、$\lambda_{\min}$ 分别是 $\boldsymbol{A}$ 的特征值的最大值和最小值, 证明 $\lambda_{\min}\boldsymbol{X}^{\mathrm{T}}\boldsymbol{X}\leqslant\boldsymbol{X}^{\mathrm{T}}\boldsymbol{A}\boldsymbol{X}\leqslant\lambda_{\max}\boldsymbol{X}^{\mathrm{T}}\boldsymbol{X}$.

证明　设 $\lambda_1, \lambda_2, \cdots, \lambda_n$ 是 $\boldsymbol{A}$ 的 n 个特征值, 由于 $\boldsymbol{A}$ 为实对称矩阵, 故存在正交矩阵 $\boldsymbol{Q}$, 使 $\boldsymbol{Q}^{-1}\boldsymbol{A}\boldsymbol{Q}=\boldsymbol{Q}^{\mathrm{T}}\boldsymbol{A}\boldsymbol{Q}=\mathrm{diag}(\lambda_1, \lambda_2, \cdots, \lambda_n)$, 作正交变换 $\boldsymbol{X}=\boldsymbol{Q}\boldsymbol{Y}$, 则

$$\begin{aligned}f(\boldsymbol{X})&=\boldsymbol{X}^{\mathrm{T}}\boldsymbol{A}\boldsymbol{X}=(\boldsymbol{Q}\boldsymbol{Y})^{\mathrm{T}}\boldsymbol{A}(\boldsymbol{Q}\boldsymbol{Y})=\boldsymbol{Y}^{\mathrm{T}}(\boldsymbol{Q}^{\mathrm{T}}\boldsymbol{A}\boldsymbol{Q})\boldsymbol{Y}=\boldsymbol{Y}^{\mathrm{T}}\boldsymbol{\Lambda}\boldsymbol{Y}\\&=\lambda_1y_1^2+\lambda_2y_2^2+\cdots+\lambda_ny_n^2\end{aligned}$$

由题意 $\lambda_{\max}=\max\{\lambda_1, \lambda_2, \cdots, \lambda_n\}$, $\lambda_{\min}=\min\{\lambda_1, \lambda_2, \cdots, \lambda_n\}$, 所以

$$\lambda_{\min}(y_1^2+y_2^2+\cdots+y_n^2)\leqslant\lambda_1y_1^2+\lambda_2y_2^2+\cdots+\lambda_ny_n^2\leqslant\lambda_{\max}(y_1^2+y_2^2+\cdots+y_n^2)$$

又因为 $\boldsymbol{Q}$ 是正交矩阵, 所以

$$\boldsymbol{X}^{\mathrm{T}}\boldsymbol{X}=(\boldsymbol{Q}\boldsymbol{Y})^{\mathrm{T}}(\boldsymbol{Q}\boldsymbol{Y})=\boldsymbol{Y}^{\mathrm{T}}\boldsymbol{Q}^{\mathrm{T}}\boldsymbol{Q}\boldsymbol{Y}=\boldsymbol{Y}^{\mathrm{T}}\boldsymbol{Y}=y_1^2+y_2^2+\cdots+y_n^2$$

从而有

$$\lambda_{\min}\boldsymbol{X}^{\mathrm{T}}\boldsymbol{X}\leqslant\boldsymbol{X}^{\mathrm{T}}\boldsymbol{A}\boldsymbol{X}\leqslant\lambda_{\max}\boldsymbol{X}^{\mathrm{T}}\boldsymbol{X}$$

若 $\boldsymbol{X}^{\mathrm{T}}\boldsymbol{X}=1$, 则上式为 $\lambda_{\min}\leqslant\boldsymbol{X}^{\mathrm{T}}\boldsymbol{A}\boldsymbol{X}\leqslant\lambda_{\max}$.

6.5.4　市政建设规划

例 6.19　某市计划用一笔资金修建长为 x (单位: 100 km)的公路, 并且改善面积为 y (单位: 100 km^2)的市民休闲区. 政府部门必须确定在两个项目上如何分配资金、设备、劳动力等资源. 两个项目同时进行比只进行一个项目更具成本效益, 且 x 和 y 满足约束条件 $9x^2+16y^2\leqslant144$.

如图 6-1 所示, 可行集中的每个点 (x, y) 表示一个可行的项目工作计划, 在约束曲线 $9x^2+16y^2=144$ 上的点表示资金利用率达到最大.

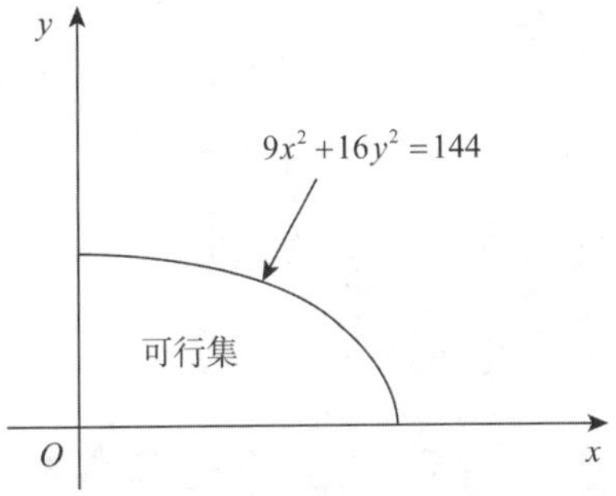

图 6-1　项目计划可行集示意图

制订项目工作计划时, 政府需要考虑市民的意见. 为了衡量各种工作计划的价值或效

用，经济学家常利用效用函数 $q(x, y)=xy$ 来衡量．其中，使 $q(x, y)$ 为常数的 (x, y) 点的集合，称为**无差别曲线**. 图 6-2 中给了 3 条这样的曲线，无差别曲线上的点对应的项目工作计划，对市民来说具有相同的价值．现制订一个项目工作计划，使效用函数 $q(x, y)$ 最大.

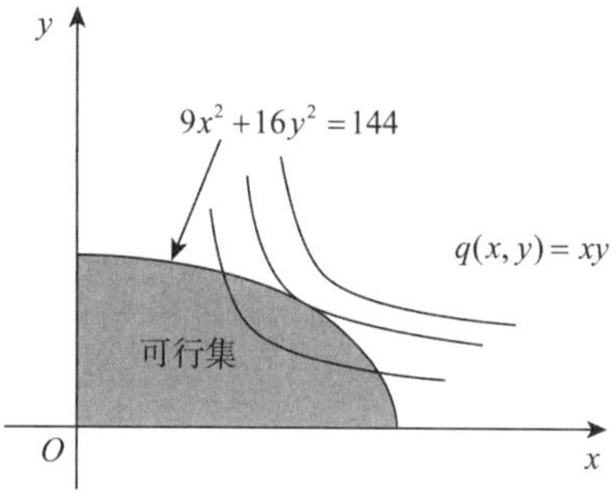

图 6-2　项目工作计划实施曲线

解　设 $u=\dfrac{x}{4}$，$v=\dfrac{y}{3}$，则约束条件变为 $u^2+v^2=1$，故效用函数为

$$q(x, y)=q(4u, 3v)=12uv$$

若令 $\boldsymbol{X}=\begin{pmatrix}u\\v\end{pmatrix}$，则此问题变为在约束条件 $\boldsymbol{X}^{\mathrm{T}}\boldsymbol{X}=1$ 下，求效用函数 $q=12uv$ 的最大值．

可知，二次型 $q=12uv$ 的矩阵为 $\boldsymbol{A}=\begin{pmatrix}0&6\\6&0\end{pmatrix}$，其特征值 $\lambda_1=-6$，$\lambda_2=6$.

对应的特征向量为

$$\boldsymbol{\xi}_1=\begin{pmatrix}1\\-1\end{pmatrix},\ \boldsymbol{\xi}_2=\begin{pmatrix}1\\1\end{pmatrix}$$

将其单位化，得

$$\boldsymbol{\eta}_1=\begin{pmatrix}\dfrac{1}{\sqrt{2}}\\-\dfrac{1}{\sqrt{2}}\end{pmatrix},\ \boldsymbol{\eta}_2=\begin{pmatrix}\dfrac{1}{\sqrt{2}}\\\dfrac{1}{\sqrt{2}}\end{pmatrix}$$

因此，二次型 $q=12uv$ 的最大值在 $u=v=\dfrac{1}{\sqrt{2}}$ 处取得，最大值为 6. 此时有

$$x=4u=2\sqrt{2},\ y=3v=\frac{3}{2}\sqrt{2}$$

所以最优项目工作计划为：修建约 282 km 公路，并且改善约 212 km^2 的市民休闲区．

习题 6.5

1. 判断二次曲线 $4x^2+y^2-4xy+2x-y-2=0$ 的形状．

2. 求平面 xOy 上的椭圆 $ax^2+2bxy+cy^2=1$ 的面积．其中，$a>0$，$ac-b^2>0$.

习题 6.5 解答

3. 判断二次曲面 $2x^2+2y^2+3z^2+4xy+2xz+2yz-4x+6y-2z+3=0$ 的形状.

4. 求函数 $f(x, y, z)=2xy-2xz+2yz$ 在 $x^2+y^2+z^2=1$ 条件下的最小值.

6.6 软件应用——运用 MATLAB 求解二次型相关问题

6.6.1 用正交变换化二次型为标准形

设二次型 $f(x_1, x_2, \cdots, x_n)=\sum_{i, j=1}^{n} a_{ij}x_ix_j(a_{ij}=a_{ji})$，总存在正交变换 $\boldsymbol{X}=\boldsymbol{Q}\boldsymbol{Y}$，使 f 化为标准形 $f=\lambda_1y_1^2+\lambda_2y_2^2+\cdots+\lambda_ny_n^2$. 其中，$\lambda_1, \lambda_2, \cdots, \lambda_n$ 是 $\boldsymbol{A}=(a_{ij})$ 的特征值.

例 6.20 求一个正交变换 $\boldsymbol{X}=\boldsymbol{Q}\boldsymbol{Y}$，把二次型 $f=-2x_1x_2+2x_1x_3+2x_2x_3$ 化为标准形.

解 输入命令和运行结果如下：

```
>> A=[0,-1,1;-1,0,1;1,1,0]
   d=eig(sym(A))
   [P,D]=eig(sym(A))
   Q=orth(P)
   syms y1 y2 y3
   y=[y1;y2;y3];
   x=Q*y
   f=y.'*D*y
A=
      0   -1   1
           …
     -1    0   1
           …
      1    1   0
d=
   -2
   1
   1
P=
   [-1, -1, 1]
   [-1, 1, 0]
   [1, 0, 1]
D=
   [-2, 0, 0]
   [0, 1, 0]
   [0, 0, 1]
```

```
Q=
   [-3^(1/2)/3, -2^(1/2)/2,(2^(1/2)*3^(1/2))/6]
   [-3^(1/2)/3, 2^(1/2)/2,(2^(1/2)*3^(1/2))/6]
   [3^(1/2)/3, 0, (2^(1/2)*3^(1/2))/3]
x=
  (2^(1/2)*3^(1/2)*y3)/6-(3^(1/2)*y1)/3-(2^(1/2)*y2)/2
  (2^(1/2)*y2)/2-(3^(1/2)*y1)/3+(2^(1/2)*3^(1/2)*y3)/6
  (3^(1/2)*y1)/3+(2^(1/2)*3^(1/2)*y3)/3
f=
  -2*y1^2+y2^2+y3^2
```

即所求标准形为$f=-2y_1^2+y_2^2+y_3^2$.

6.6.2 正定二次型的判定

设二次型$f(\boldsymbol{X})=\boldsymbol{X}^{\mathrm{T}}\boldsymbol{A}\boldsymbol{X}$，对任意$\boldsymbol{X}\neq\boldsymbol{0}$，都有$f>0$，则$f$为正定二次型，对称矩阵$\boldsymbol{A}$为正定矩阵．又知对称矩阵$\boldsymbol{A}$为正定的充要条件是$\boldsymbol{A}$的特征值全为正，所以可以根据特征值判定二次型的正定性．

例 6.21 判定二次型$f(x_1, x_2, x_3)=5x_1^2+6x_2^2+4x_3^2-4x_1x_2-4x_1x_3$的正定性．

解 先输入二次型矩阵，然后用函数命令 eig( )求特征值，再根据特征值进行判定．输入命令如下：

```
>> A=[5,-2,-2;-2,6,0;-2,0,4];
>> d=eig(sym(a))
if all(d>0)
  fprintf(' 二次型正定\n' );
else
  fprintf(' 二次型非正定\n' );
end
```

运行结果如下：

```
d=
   2
   5
   8
二次型正定
```

第 6 章习题

第 6 章习题解答

一、选择题

1. 若二次型$f(x_1, x_2, x_3)=5x_1^2+5x_2^2+cx_3^2-2x_1x_2+6x_1x_3-6x_2x_3$的秩为 2，则$c=(\quad)$.

A. 4　　B. 3　　C. 2　　D. 1

2. 设$\boldsymbol{A}$、$\boldsymbol{B}$均为n阶矩阵，且$\boldsymbol{A}$与$\boldsymbol{B}$合同，则(　　).

A. $\boldsymbol{A}$ 与 $\boldsymbol{B}$ 相似

B. $|\boldsymbol{A}| = |\boldsymbol{B}|$

C. $\boldsymbol{A}$ 与 $\boldsymbol{B}$ 有相同的特征根

D. $R(\boldsymbol{A}) = R(\boldsymbol{B})$

3. 设矩阵 $\boldsymbol{A} = \begin{pmatrix} -2 & 0 & 0 \\ 0 & 3 & 0 \\ 0 & 0 & 5 \end{pmatrix}$，则与 $\boldsymbol{A}$ 合同的矩阵是(　　).

A. $\begin{pmatrix} 1 & 0 & 0 \\ 0 & 1 & 0 \\ 0 & 0 & -1 \end{pmatrix}$

B. $\begin{pmatrix} 3 & 0 & 0 \\ 0 & -2 & 0 \\ 0 & 0 & -5 \end{pmatrix}$

C. $\begin{pmatrix} -1 & 0 & 0 \\ 0 & -1 & 0 \\ 0 & 0 & 1 \end{pmatrix}$

D. $\begin{pmatrix} 2 & 0 & 0 \\ 0 & 2 & 0 \\ 0 & 0 & 1 \end{pmatrix}$

4. 设矩阵 $\boldsymbol{A} = \begin{pmatrix} 2 & -1 & -1 \\ -1 & 2 & -1 \\ -1 & -1 & 2 \end{pmatrix}$，$\boldsymbol{B} = \begin{pmatrix} 2 & 0 & 0 \\ 0 & 2 & 0 \\ 0 & 0 & 0 \end{pmatrix}$，则 $\boldsymbol{A}$ 与 $\boldsymbol{B}$ (　　).

A. 合同，但不相似

B. 合同，且相似

C. 不合同，也不相似

D. 不合同，但相似

5. 设 $\boldsymbol{A}$、$\boldsymbol{B}$ 均是 n 阶实对称矩阵，则 $\boldsymbol{A}$ 与 $\boldsymbol{B}$ 合同的充要条件是(　　).

A. $\boldsymbol{A}$、$\boldsymbol{B}$ 有相同的特征值

B. $\boldsymbol{A}$、$\boldsymbol{B}$ 有相同的秩

C. $\boldsymbol{A}$、$\boldsymbol{B}$ 有相同的正、负惯性指数

D. $\boldsymbol{A}$、$\boldsymbol{B}$ 均是可逆矩阵

6. 设 $\boldsymbol{A}$ 为 n 阶实对称矩阵，则 $\boldsymbol{A}$ 是正定矩阵的充要条件是(　　).

A. 二次型 $\boldsymbol{X}^{\mathrm{T}}\boldsymbol{A}\boldsymbol{X}$ 的负惯性指数为 0

B. 存在 n 阶矩阵 $\boldsymbol{C}$，使 $\boldsymbol{A} = \boldsymbol{C}^{\mathrm{T}}\boldsymbol{C}$

C. $\boldsymbol{A}$ 没有负特征值

D. $\boldsymbol{A}$ 与单位矩阵合同

7. 下列矩阵中为正定矩阵的是(　　).

A. $\begin{pmatrix} 1 & 2 & 0 \\ 2 & 3 & 0 \\ 0 & 0 & 2 \end{pmatrix}$

B. $\begin{pmatrix} 1 & 2 & 0 \\ 2 & 4 & 0 \\ 0 & 0 & 2 \end{pmatrix}$

C. $\begin{pmatrix} 1 & -2 & 0 \\ -2 & 5 & 0 \\ 0 & 0 & -2 \end{pmatrix}$

D. $\begin{pmatrix} 2 & 0 & 0 \\ 0 & 1 & 1 \\ 0 & 3 & 6 \end{pmatrix}$

8. 设 $\boldsymbol{A}$ 是实对称矩阵，则二次型 $f(\boldsymbol{X}) = \boldsymbol{X}^{\mathrm{T}}\boldsymbol{A}\boldsymbol{X}$ 正定的充要条件是(　　).

A. $|\boldsymbol{A}| > 0$

B. $\boldsymbol{A}$ 的所有主对角线上的元素大于 0

C. 负惯性指数为 0

D. 存在可逆矩阵 $\boldsymbol{C}$，使 $\boldsymbol{A} = \boldsymbol{C}^{\mathrm{T}}\boldsymbol{C}$

9. 已知二次型 $f(\boldsymbol{X}) = \boldsymbol{X}^{\mathrm{T}}\boldsymbol{A}\boldsymbol{X}$ 通过可逆线性变换 $\boldsymbol{X} = \boldsymbol{C}\boldsymbol{Y}$ 化为标准形 $y_1^2 + 3y_2^2$，则该二次型(　　).

A. 正定　　B. 半正定　　C. 负定　　D. 不定

10. 设 $\boldsymbol{A}$、$\boldsymbol{B}$ 为 n 阶正定矩阵，则下列为正定矩阵的是(　　).

A. $\boldsymbol{AB}$　　B. $\boldsymbol{A} + \boldsymbol{B}$　　C. $\boldsymbol{A} - \boldsymbol{B}$　　D. $2\boldsymbol{A} - \boldsymbol{B}$

11. 若二次型 $f(x_1, x_2, x_3) = t(x_1^2 + x_2^2 + x_3^2) + 2x_1x_2 + 2x_1x_3 - 2x_2x_3$ 为正定的，则 t 的取值范围是(　　).

A. $(2, +\infty)$　　B. $(-\infty, 2)$　　C. $(-1, 1)$　　D. $(-\sqrt{2}, \sqrt{2})$

12. 二次型 $f(x_1, x_2, x_3)=(x_1+ax_2-2x_3)^2+(2x_2+3x_3)^2+(x_1+3x_2+ax_3)^2$ 是正定二次型的充要条件是(　　).

A. $a>1$　　B. $a<1$　　C. $a\neq 1$　　D. $a=1$

二、填空题

1. 二次型 $f(x_1, x_2)=x_1^2+x_2^2+4x_1x_2$ 的矩阵是________.

2. 二次型 $f(x_1, x_2, x_3)=2x_1x_2+2x_1x_3+2x_2x_3$ 的规范形为________.

3. 设实对称矩阵 $\boldsymbol{A}$ 与 $\boldsymbol{B}$ 合同，而矩阵 $\boldsymbol{B}=\begin{pmatrix}0&0&1\\0&-1&0\\1&0&0\end{pmatrix}$，则二次型 $f(x)=\boldsymbol{X}^{\mathrm{T}}\boldsymbol{A}\boldsymbol{X}$ 的规范形为________.

4. 设 $\boldsymbol{A}$ 是二阶实对称矩阵，且满足 $\boldsymbol{A}^2+5\boldsymbol{A}-6\boldsymbol{E}=\boldsymbol{O}$，则二次型 $f(x)=\boldsymbol{X}^{\mathrm{T}}\boldsymbol{A}\boldsymbol{X}$ 的标准形为________.

5. 若二次型 $f(x_1, x_2, x_3)=2x_1^2+x_2^2+x_3^2+2tx_1x_2+2tx_2x_3$ 正定，则 t 的取值范围为________.

三、计算或证明题

1. 用正交变换将二次型 $f(x_1, x_2, x_3)=2x_1^2+x_2^2-4x_1x_2-4x_2x_3$ 化为标准形.

2. 用配方法及初等变换法将下列二次型化为标准形及规范形:

(1) $f(x_1, x_2, x_3)=x_1^2+5x_2^2-4x_3^2+2x_1x_2-2x_1x_3$;

(2) $f(x_1, x_2, x_3)=x_1x_2-4x_1x_3+6x_2x_3$.

3. 判别下列二次型是正定的还是负定的:

(1) $f(x_1, x_2, x_3)=3x_1^2+4x_2^2+5x_3^2+4x_1x_2-4x_2x_3$;

(2) $f(x_1, x_2, x_3)=x_1^2+4x_2^2+6x_3^2+2x_1x_2+4x_1x_3+6x_2x_3$.

4. 求 t 的值，使二次型 $f(x_1, x_2, x_3)=2x_1^2+tx_2^2+x_3^2+2tx_1x_2-2x_1x_3-2x_2x_3$ 正定.

5. 求一个非退化矩阵 $\boldsymbol{C}$，使 $\boldsymbol{C}^{\mathrm{T}}\boldsymbol{A}\boldsymbol{C}$ 为对角矩阵:

(1) $\boldsymbol{A}=\begin{pmatrix}0&1&1\\1&0&-2\\1&-2&0\end{pmatrix}$;　　(2) $\boldsymbol{A}=\begin{pmatrix}1&-1&1\\-1&-3&-3\\1&-3&0\end{pmatrix}$.

6. 证明可逆实对称矩阵 $\boldsymbol{A}$ 与 $\boldsymbol{A}^{-1}$ 合同.

7. 设 $\boldsymbol{A}$ 为 n 阶正定矩阵，$\boldsymbol{E}$ 为 n 阶单位矩阵，证明 $\boldsymbol{A}+\boldsymbol{E}$ 的行列式大于 1.

8. $\boldsymbol{A}$ 为 n 阶正定矩阵，$\boldsymbol{B}$ 为 n 阶半正定矩阵，证明 $\boldsymbol{AB}$ 为正定矩阵.

*第 7 章 线性空间与线性变换

线性空间是向量空间的推广，是某一类事物从量方面的一个抽象．线性变换反映的是线性空间中元素间的线性联系，线性代数的很多应用都可以通过线性变换来实现．

本章主要介绍线性空间的概念及性质，线性空间的基、维数与坐标，线性变换的概念、性质和矩阵表示，并给出线性空间与线性变换的应用实例．

7.1 线性空间

7.1.1 线性空间的概念

定义 7.1 设 V 是一个**非空集合**, V 中的元素称为向量, F 是一个数域，在 V 中定义以下两种运算：

(1) 加法运算：对任意 $\boldsymbol{\alpha}$，$\boldsymbol{\beta} \in V$，其和 $\boldsymbol{\alpha}+\boldsymbol{\beta} \in V$;

(2) 数乘运算：对任意 $\boldsymbol{\alpha} \in V$，$k \in F$，数乘 $k\boldsymbol{\alpha} \in V$.

上述两种运算满足以下 8 条运算法则：

(1) $\boldsymbol{\alpha}+\boldsymbol{\beta}=\boldsymbol{\beta}+\boldsymbol{\alpha}$;

(2) $\boldsymbol{\alpha}+(\boldsymbol{\beta}+\boldsymbol{\gamma})=(\boldsymbol{\alpha}+\boldsymbol{\beta})+\boldsymbol{\gamma}$;

(3) 存在零元素 $\mathbf{0} \in V$，对任意 $\boldsymbol{\alpha} \in V$，都有 $\boldsymbol{\alpha}+\mathbf{0}=\boldsymbol{\alpha}$;

(4) 对任意 $\boldsymbol{\alpha} \in V$，存在 $\boldsymbol{\alpha}$ 的负元素 $-\boldsymbol{\alpha} \in V$，使 $\boldsymbol{\alpha}-\boldsymbol{\alpha}=\mathbf{0}$;

(5) $1 \cdot \boldsymbol{\alpha}=\boldsymbol{\alpha}$;

(6) $k(\boldsymbol{\alpha}+\boldsymbol{\beta})=k\boldsymbol{\alpha}+k\boldsymbol{\beta}$;

(7) $(k+l)\boldsymbol{\alpha}=k\boldsymbol{\alpha}+l\boldsymbol{\alpha}$;

(8) $(kl)\boldsymbol{\alpha}=k(l\boldsymbol{\alpha})$.

其中, $\boldsymbol{\alpha}$，$\boldsymbol{\beta}$，$\boldsymbol{\gamma} \in V$，$k$，$l \in F$，则称 V 为数域 F 上的**线性空间**(或**向量空间**).

验证 V 是否为数域 F 上的线性空间，就是要验证加法和数乘运算及 8 条运算法则．线性空间的概念是集合与运算两者的结合，在同一集合里，若定义两种不同的线性运算，则构成不同的线性空间，因此所定义的线性运算是线性空间的本质，而 V 中的元素是什么并不重要.

例 7.1 数轴、平面或空间中的几何向量，在向量的加法和数乘运算下构成实数域上的线性空间，分别记为 $\mathbf{R}$、$\mathbf{R}^2$、$\mathbf{R}^3$. 更一般的 n 维实向量也构成实数域上的线性空间，记为 $\mathbf{R}^n$.

例 7.2 设 $\mathbf{R}^{m\times n}$ 为实数域 $\mathbf{R}$ 上全体 $m\times n$ 矩阵的集合，则 $\mathbf{R}^{m\times n}$ 是 $\mathbf{R}$ 上的线性空间．

例 7.3 区间 $[a, b]$ 上全体实连续函数构成的集合为 $\mathbf{R}$ 上的线性空间，记为 $C[a, b]$.

例 7.4 数域 F 上全体一元 n 次多项式的集合 $P_n[x]$ 为数域 F 上的线性空间.

例 7.5 判断下列集合是否为实数域上的线性空间：

(1) $V = \{\boldsymbol{x} = (0, x_2, \cdots, x_n)^{\mathrm{T}} \mid x_2, \cdots, x_n \in \mathbf{R}\}$；

(2) $V = \{\boldsymbol{x} = (1, x_2, \cdots, x_n)^{\mathrm{T}} \mid x_2, \cdots, x_n \in \mathbf{R}\}$.

解 (1)设 $\boldsymbol{\alpha} = \begin{pmatrix} 0 \\ a_2 \\ \vdots \\ a_n \end{pmatrix} \in V(a_2, \cdots, a_n \in \mathbf{R})$，$\boldsymbol{\beta} = \begin{pmatrix} 0 \\ b_2 \\ \vdots \\ b_n \end{pmatrix} \in V(b_2, \cdots, b_n \in \mathbf{R})$，$k \in \mathbf{R}$.

因为

$$\boldsymbol{\alpha} + \boldsymbol{\beta} = \begin{pmatrix} 0 \\ a_2 + b_2 \\ \vdots \\ a_n + b_n \end{pmatrix} \in V, \quad k\boldsymbol{\alpha} = \begin{pmatrix} 0 \\ ka_2 \\ \vdots \\ ka_n \end{pmatrix} \in V$$

容易验证，加法和数乘运算满足 8 条运算法则，因此 V 是线性空间.

(2)设 $\boldsymbol{\alpha} = \begin{pmatrix} 1 \\ a_2 \\ \vdots \\ a_n \end{pmatrix} \in V(a_2, \cdots, a_n \in \mathbf{R})$，$k \in \mathbf{R}$，显然，当 $k = 0$ 时，$k\boldsymbol{\alpha} = \mathbf{0} \notin V$，因此 V 不是线性空间.

7.1.2 线性空间的性质

线性空间有以下性质.

(1)线性空间 V 的零元素唯一.

证明 设 $\mathbf{0}_1$、$\mathbf{0}_2$ 是 V 的两个零元素，则由定义

$$\mathbf{0}_1 = \mathbf{0}_1 + \mathbf{0}_2 = \mathbf{0}_2 + \mathbf{0}_1 = \mathbf{0}_2$$

可知 V 中的零元素唯一.

(2)线性空间 V 的任意一个元素的负元素唯一.

证明 设 $\boldsymbol{\beta}_1$，$\boldsymbol{\beta}_2$ 是 $\boldsymbol{\alpha}$ 的两个负元素，则有

$$\boldsymbol{\alpha} + \boldsymbol{\beta}_1 = \boldsymbol{\beta}_1 + \boldsymbol{\alpha} = \mathbf{0}, \quad \boldsymbol{\alpha} + \boldsymbol{\beta}_2 = \boldsymbol{\beta}_2 + \boldsymbol{\alpha} = \mathbf{0}$$

于是

$$\boldsymbol{\beta}_1 = \boldsymbol{\beta}_1 + \mathbf{0} = \boldsymbol{\beta}_1 + (\boldsymbol{\alpha} + \boldsymbol{\beta}_2) = (\boldsymbol{\beta}_1 + \boldsymbol{\alpha}) + \boldsymbol{\beta}_2 = \mathbf{0} + \boldsymbol{\beta}_2 = \boldsymbol{\beta}_2$$

故 $\boldsymbol{\alpha}$ 的负元素唯一.

由于任何向量的负向量是唯一的，因此可以通过负向量来定义减法：对任意向量 $\boldsymbol{\alpha}, \boldsymbol{\beta} \in V$，有 $\boldsymbol{\alpha} - \boldsymbol{\beta} = \boldsymbol{\alpha} + (-\boldsymbol{\beta})$，且方程 $\boldsymbol{\alpha} + \boldsymbol{x} = \boldsymbol{\beta}$ 在 V 中有唯一解 $\boldsymbol{x} = \boldsymbol{\beta} - \boldsymbol{\alpha}$.

(3) $\boldsymbol{\alpha} \in V$，$k \in F$，0 为数零，$\mathbf{0}$ 为 V 中的零向量，则：

① $0\boldsymbol{\alpha} = \mathbf{0}$，$(-k)\boldsymbol{\alpha} = k(-\boldsymbol{\alpha}) = -k\boldsymbol{\alpha}$，$k\mathbf{0} = \mathbf{0}$；

②若 $k\boldsymbol{\alpha} = \mathbf{0}$，则一定有 $k = 0$ 或 $\boldsymbol{\alpha} = \mathbf{0}$.

7.1.3 子空间

定义 7.2 设 V 是线性空间，W 是 V 的非空子集，若 W 的所有元素关于 V 中的加法和数乘运算构成一个线性空间，则称 W 是 V 的一个**子空间**.

注意，非零线性空间 V 都有两个子空间，一个是它自身，另一个是零元素空间 $\{\mathbf{0}\}$. 这两个子空间称为 V 的平凡子空间，V 的其他子空间称为 V 的非平凡子空间.

例 7.6 设线性空间 $\mathbf{R}^{n\times n}$ 的子集合 $W_1=\{\boldsymbol{A}\,|\,\boldsymbol{A}\in\mathbf{R}^{n\times n},\ \boldsymbol{A}^{\mathrm{T}}=\boldsymbol{A}\}$，$W_2=\{\boldsymbol{B}\,|\,\boldsymbol{B}\in\mathbf{R}^{n\times n},\ |\boldsymbol{B}|\neq 0\}$，判断它们是否为 $\mathbf{R}^{n\times n}$ 的子空间.

解 $\forall \boldsymbol{A}\in W_1$，$k\in\mathbf{R}$，因为 $(k\boldsymbol{A})^{\mathrm{T}}=k\boldsymbol{A}$，所以 $\forall k\boldsymbol{A}\in W_1$，又 $\forall \boldsymbol{A}_1, \boldsymbol{A}_2\in W_1$，$(\boldsymbol{A}_1+\boldsymbol{A}_2)^{\mathrm{T}}=\boldsymbol{A}_1^{\mathrm{T}}+\boldsymbol{A}_2^{\mathrm{T}}=\boldsymbol{A}_1+\boldsymbol{A}_2$，所以 $\boldsymbol{A}_1+\boldsymbol{A}_2\in W_1$，即 W_1 对 $\mathbf{R}^{n\times n}$ 的加法和数乘是封闭的. 又存在 $\mathbf{0}\in W_1$，即 W_1 非空，故 W_1 为 $\mathbf{R}^{n\times n}$ 的子空间.

因为 $\mathbf{0}\notin W_2$，故 W_2 不是线性空间，从而也不是 $\mathbf{R}^{n\times n}$ 的子空间.

习题 7.1

习题 7.1 解答

1. n 阶实对称矩阵的全体关于矩阵的加法和实数与矩阵的数乘是否构成 $\mathbf{R}$ 上的线性空间?

2. 全体有理数 $\mathbf{Q}$ 关于数的加法和实数与有理数的乘法是否构成 $\mathbf{R}$ 上的线性空间?

3. 平面上全体向量关于通常的加法和定义的数乘 $k\cdot\boldsymbol{\alpha}=\boldsymbol{\alpha}$，是否构成 $\mathbf{R}$ 上的线性空间?

4. 全体正实数 $\mathbf{R}^+$ 关于如下定义的加法和数乘

$$a\oplus b=ab(\forall a,\ b\in\mathbf{R}^+),\quad k\cdot a=a^k(\forall k\in\mathbf{R},\ \forall a\in\mathbf{R}^+)$$

是否构成 $\mathbf{R}$ 上的线性空间?

7.2 线性空间的基、维数与坐标

7.2.1 基、维数与坐标

定义 7.3 设 V 是线性空间，若有 r 个向量 $\boldsymbol{\alpha}_1, \boldsymbol{\alpha}_2, \cdots, \boldsymbol{\alpha}_r\in V$，满足:

(1) $\boldsymbol{\alpha}_1, \boldsymbol{\alpha}_2, \cdots, \boldsymbol{\alpha}_r$ 线性无关;

(2) V 中任意一个向量都可由 $\boldsymbol{\alpha}_1, \boldsymbol{\alpha}_2, \cdots, \boldsymbol{\alpha}_r$ 线性表示.

则称向量组 $\boldsymbol{\alpha}_1, \boldsymbol{\alpha}_2, \cdots, \boldsymbol{\alpha}_r$ 为线性空间 V 的一组**基**，数 r 称为 V 的**维数**，记为 $\dim V$，并称 V 为 r 维线性空间.

只含零向量的线性空间称为 0 **维线性空间**，它没有基. 若 V 的维数是有限的，则称 V 为有限维的线性空间，否则称 V 为无限维的线性空间，本章只讨论有限维的线性空间.

根据定义，在 n 维线性空间中任意 $n+1$ 个向量 $\boldsymbol{\beta}_1, \boldsymbol{\beta}_2, \cdots, \boldsymbol{\beta}_{n+1}$ 都可由 V 的一组基 $\boldsymbol{\alpha}_1, \boldsymbol{\alpha}_2, \cdots, \boldsymbol{\alpha}_n$ 线性表示，由此可知，在 n 维线性空间中，任意 $n+1$ 个向量都是线性相关的，因此 V 中任意 n 个线性无关的向量组都是 V 的一组基.

若向量组 $\boldsymbol{\alpha}_1, \boldsymbol{\alpha}_2, \cdots, \boldsymbol{\alpha}_n$ 是线性空间 V 的一组基，则 V 可表示为

$$V=\{\boldsymbol{\alpha}\,|\,\boldsymbol{\alpha}=\lambda_1\boldsymbol{\alpha}_1+\lambda_2\boldsymbol{\alpha}_2+\cdots+\lambda_n\boldsymbol{\alpha}_n,\ \lambda_1, \lambda_2, \cdots, \lambda_n\in\mathbf{R}\}$$

此时，V 又称为由基 $\boldsymbol{\alpha}_1, \boldsymbol{\alpha}_2, \cdots, \boldsymbol{\alpha}_n$ 所生成的线性空间.

例 7.7 证明 n 维单位向量组 $\boldsymbol{e}_1, \boldsymbol{e}_2, \cdots, \boldsymbol{e}_n$ 是 n 维线性空间 $\mathbf{R}^n$ 的一组基.

证明 (1)由例 3.10 可知，n 维单位向量组 $\boldsymbol{e}_1, \boldsymbol{e}_2, \cdots, \boldsymbol{e}_n$ 线性无关.

(2)对 n 维线性空间 $\mathbf{R}^n$ 中的任意一个向量 $\boldsymbol{\alpha}=(a_1, a_2, \cdots, a_n)^{\mathrm{T}}$，有

$$\boldsymbol{\alpha}=a_1\boldsymbol{e}_1+a_2\boldsymbol{e}_2+\cdots+a_n\boldsymbol{e}_n(a_1, a_2, \cdots, a_n \in F)$$

即 $\mathbf{R}^n$ 中任意一个向量都可由单位向量线性表示.

因此，向量组 $\boldsymbol{e}_1, \boldsymbol{e}_2, \cdots, \boldsymbol{e}_n$ 是 n 维线性空间 $\mathbf{R}^n$ 的一组基.

如果在线性空间 V 中取定一组基 $\boldsymbol{\alpha}_1, \boldsymbol{\alpha}_2, \cdots, \boldsymbol{\alpha}_n$，且 V 中任意一个向量 $\boldsymbol{\alpha}$ 都可唯一表示为

$$\boldsymbol{\alpha}=x_1\boldsymbol{\alpha}_1+x_2\boldsymbol{\alpha}_2+\cdots+x_n\boldsymbol{\alpha}_n$$

则有序数组 $x_1, x_2, \cdots, x_n$ 称为向量 $\boldsymbol{\alpha}$ 在基 $\boldsymbol{\alpha}_1, \boldsymbol{\alpha}_2, \cdots, \boldsymbol{\alpha}_n$ 下的**坐标**.

例 7.8 考虑 $\mathbf{R}^2$ 的一组基 $\boldsymbol{\alpha}_1, \boldsymbol{\alpha}_2$，其中，$\boldsymbol{\alpha}_1=\begin{pmatrix}1\\0\end{pmatrix}$，$\boldsymbol{\alpha}_2=\begin{pmatrix}1\\2\end{pmatrix}$，有以下问题：

(1)若 $\mathbf{R}^2$ 中的一向量 $\boldsymbol{\alpha}$ 在基 $\boldsymbol{\alpha}_1, \boldsymbol{\alpha}_2$ 下的坐标为 $(-2, 3)$，求 $\boldsymbol{\alpha}$；

(2)若 $\boldsymbol{\beta}=\begin{pmatrix}4\\5\end{pmatrix}$，试确定向量 $\boldsymbol{\beta}$ 在基 $\boldsymbol{\alpha}_1, \boldsymbol{\alpha}_2$ 下的坐标.

解 (1) $\boldsymbol{\alpha}=(-2)\begin{pmatrix}1\\0\end{pmatrix}+3\begin{pmatrix}1\\2\end{pmatrix}=\begin{pmatrix}1\\6\end{pmatrix}$；

(2)设向量 $\boldsymbol{\beta}$ 在基 $\boldsymbol{\alpha}_1, \boldsymbol{\alpha}_2$ 下的坐标为 (x_1, x_2)，则

$$x_1\begin{pmatrix}1\\0\end{pmatrix}+x_2\begin{pmatrix}1\\2\end{pmatrix}=\begin{pmatrix}4\\5\end{pmatrix}$$

解得 $x_1=\dfrac{3}{2}$，$x_2=\dfrac{5}{2}$，因此 $\boldsymbol{\beta}=\dfrac{3}{2}\boldsymbol{\alpha}_1+\dfrac{5}{2}\boldsymbol{\alpha}_2$.

7.2.2 基变换与坐标变换

定义 7.4 设 $\boldsymbol{\alpha}_1, \boldsymbol{\alpha}_2, \cdots, \boldsymbol{\alpha}_n$ 与 $\boldsymbol{\beta}_1, \boldsymbol{\beta}_2, \cdots, \boldsymbol{\beta}_n$ 是 n 维线性空间 V 的两组基，若存在矩阵 $\boldsymbol{C}_{n\times n}$，使

$$(\boldsymbol{\beta}_1, \boldsymbol{\beta}_2, \cdots, \boldsymbol{\beta}_n)=(\boldsymbol{\alpha}_1, \boldsymbol{\alpha}_2, \cdots, \boldsymbol{\alpha}_n)\boldsymbol{C}$$

则称矩阵 $\boldsymbol{C}_{n\times n}$ 为从基 $\boldsymbol{\alpha}_1, \boldsymbol{\alpha}_2, \cdots, \boldsymbol{\alpha}_n$ 到基 $\boldsymbol{\beta}_1, \boldsymbol{\beta}_2, \cdots, \boldsymbol{\beta}_n$ 的**过渡矩阵**.

$(\boldsymbol{\beta}_1, \boldsymbol{\beta}_2, \cdots, \boldsymbol{\beta}_n)=(\boldsymbol{\alpha}_1, \boldsymbol{\alpha}_2, \cdots, \boldsymbol{\alpha}_n)\boldsymbol{C}$ 为从 $\boldsymbol{\alpha}_1, \boldsymbol{\alpha}_2, \cdots, \boldsymbol{\alpha}_n$ 到 $\boldsymbol{\beta}_1, \boldsymbol{\beta}_2, \cdots, \boldsymbol{\beta}_n$ 的**基变换公式**.

定理 7.1 设线性空间 V 的一组基 $\boldsymbol{\alpha}_1, \boldsymbol{\alpha}_2, \cdots, \boldsymbol{\alpha}_n$ 到基 $\boldsymbol{\beta}_1, \boldsymbol{\beta}_2, \cdots, \boldsymbol{\beta}_n$ 的过渡矩阵为 $\boldsymbol{C}$，V 中的一个向量在两组基下的坐标分别为 $\boldsymbol{X}$ 和 $\boldsymbol{Y}$，则 $\boldsymbol{X}=\boldsymbol{CY}$.

证明 设 $\boldsymbol{\alpha}\in V$，$\boldsymbol{\alpha}$ 在基 $\boldsymbol{\alpha}_1, \boldsymbol{\alpha}_2, \cdots, \boldsymbol{\alpha}_n$ 和基 $\boldsymbol{\beta}_1, \boldsymbol{\beta}_2, \cdots, \boldsymbol{\beta}_n$ 下的坐标分别为 $\boldsymbol{X}$ 与 $\boldsymbol{Y}$，即

$$\boldsymbol{\alpha}=(\boldsymbol{\alpha}_1, \boldsymbol{\alpha}_2, \cdots, \boldsymbol{\alpha}_n)\boldsymbol{X}$$
$$\boldsymbol{\alpha}=(\boldsymbol{\beta}_1, \boldsymbol{\beta}_2, \cdots, \boldsymbol{\beta}_n)\boldsymbol{Y}$$

由此可得

$$\boldsymbol{\alpha}=(\boldsymbol{\beta}_1, \boldsymbol{\beta}_2, \cdots, \boldsymbol{\beta}_n)\boldsymbol{Y}=(\boldsymbol{\alpha}_1, \boldsymbol{\alpha}_2, \cdots, \boldsymbol{\alpha}_n)\boldsymbol{CY}$$

即证 $X = CY$.

$X = CY$ 为由坐标 X 到坐标 Y 的坐标变换公式.

例 7.9　已知 $\mathbf{R}^3$ 中的两组基（Ⅰ）$\boldsymbol{\alpha}_1 = \begin{pmatrix}1\\1\\1\end{pmatrix}$，$\boldsymbol{\alpha}_2 = \begin{pmatrix}1\\0\\-1\end{pmatrix}$，$\boldsymbol{\alpha}_3 = \begin{pmatrix}1\\0\\1\end{pmatrix}$ 和（Ⅱ）$\boldsymbol{\beta}_1 = \begin{pmatrix}1\\2\\1\end{pmatrix}$，$\boldsymbol{\beta}_2 = \begin{pmatrix}2\\3\\4\end{pmatrix}$，$\boldsymbol{\beta}_3 = \begin{pmatrix}3\\4\\3\end{pmatrix}$，求：

（1）由基 $\boldsymbol{\alpha}_1$，$\boldsymbol{\alpha}_2$，$\boldsymbol{\alpha}_3$ 到 $\boldsymbol{\beta}_1$，$\boldsymbol{\beta}_2$，$\boldsymbol{\beta}_3$ 的过渡矩阵 $\boldsymbol{C}$；

（2）向量 $\boldsymbol{\alpha} = \boldsymbol{\alpha}_1 - \boldsymbol{\alpha}_2 + \boldsymbol{\alpha}_3$ 在基 $\boldsymbol{\beta}_1$，$\boldsymbol{\beta}_2$，$\boldsymbol{\beta}_3$ 下的坐标.

解　（1）由 $(\boldsymbol{\beta}_1, \boldsymbol{\beta}_2, \boldsymbol{\beta}_3) = (\boldsymbol{\alpha}_1, \boldsymbol{\alpha}_2, \boldsymbol{\alpha}_3)\boldsymbol{C}$，得 $\boldsymbol{C} = (\boldsymbol{\alpha}_1, \boldsymbol{\alpha}_2, \boldsymbol{\alpha}_3)^{-1}(\boldsymbol{\beta}_1, \boldsymbol{\beta}_2, \boldsymbol{\beta}_3)$，可用初等变换求过渡矩阵 $\boldsymbol{C}$.

$$(\boldsymbol{\alpha}_1\ \ \boldsymbol{\alpha}_2\ \ \boldsymbol{\alpha}_3 \,\vdots\, \boldsymbol{\beta}_1\ \ \boldsymbol{\beta}_2\ \ \boldsymbol{\beta}_3) = \left(\begin{array}{ccc:ccc}1 & 1 & 1 & 1 & 2 & 3\\ 1 & 0 & 0 & 2 & 3 & 4\\ 1 & -1 & 1 & 1 & 4 & 3\end{array}\right) \xrightarrow{r_1 \leftrightarrow r_2}$$

$$\left(\begin{array}{ccc:ccc}1 & 0 & 0 & 2 & 3 & 4\\ 1 & 1 & 1 & 1 & 2 & 3\\ 1 & -1 & 1 & 1 & 4 & 3\end{array}\right) \xrightarrow[r_3 - r_1]{r_2 - r_1} \left(\begin{array}{ccc:ccc}1 & 0 & 0 & 2 & 3 & 4\\ 0 & 1 & 1 & -1 & -1 & -1\\ 0 & -1 & 1 & -1 & 1 & -1\end{array}\right) \xrightarrow{r_3 + r_2}$$

$$\left(\begin{array}{ccc:ccc}1 & 0 & 0 & 2 & 3 & 4\\ 0 & 1 & 1 & -1 & -1 & -1\\ 0 & 0 & 2 & -2 & 0 & -2\end{array}\right) \xrightarrow{\frac{1}{2}r_3} \left(\begin{array}{ccc:ccc}1 & 0 & 0 & 2 & 3 & 4\\ 0 & 1 & 1 & -1 & -1 & -1\\ 0 & 0 & 1 & -1 & 0 & -1\end{array}\right) \xrightarrow{r_2 - r_3}$$

$$\left(\begin{array}{ccc:ccc}1 & 0 & 0 & 2 & 3 & 4\\ 0 & 1 & 0 & 0 & -1 & 0\\ 0 & 0 & 1 & -1 & 0 & -1\end{array}\right)$$

故 $\boldsymbol{C} = \begin{pmatrix}2 & 3 & 4\\ 0 & -1 & 0\\ -1 & 0 & -1\end{pmatrix}$.

（2）设 $\boldsymbol{\alpha}$ 在基 $\boldsymbol{\alpha}_1$，$\boldsymbol{\alpha}_2$，$\boldsymbol{\alpha}_3$ 和基 $\boldsymbol{\beta}_1$，$\boldsymbol{\beta}_2$，$\boldsymbol{\beta}_3$ 下的坐标分别为

$$\boldsymbol{X} = (x_1,\ x_2,\ x_3),\ \boldsymbol{Y} = (y_1,\ y_2,\ y_3)$$

根据坐标变换公式 $\boldsymbol{X} = \boldsymbol{CY}$ 得 $\boldsymbol{Y} = \boldsymbol{C}^{-1}\boldsymbol{X}$，用初等变换求解

$$(\boldsymbol{C} \,\vdots\, \boldsymbol{X}) = \left(\begin{array}{ccc:c}2 & 3 & 4 & 1\\ 0 & -1 & 0 & -1\\ -1 & 0 & -1 & 1\end{array}\right) \xrightarrow{r_1 \leftrightarrow r_3} \left(\begin{array}{ccc:c}-1 & 0 & -1 & 1\\ 0 & -1 & 0 & -1\\ 2 & 3 & 4 & 1\end{array}\right) \xrightarrow[-r_2]{-r_1} \left(\begin{array}{ccc:c}1 & 0 & 1 & -1\\ 0 & 1 & 0 & 1\\ 2 & 3 & 4 & 1\end{array}\right) \xrightarrow{r_3 - 2r_1}$$

$$\left(\begin{array}{ccc:c}1 & 0 & 1 & -1\\ 0 & 1 & 0 & 1\\ 0 & 3 & 2 & 3\end{array}\right) \xrightarrow{r_3 - 3r_2} \left(\begin{array}{ccc:c}1 & 0 & 1 & -1\\ 0 & 1 & 0 & 1\\ 0 & 0 & 2 & 0\end{array}\right) \xrightarrow{\frac{1}{2}r_3} \left(\begin{array}{ccc:c}1 & 0 & 1 & -1\\ 0 & 1 & 0 & 1\\ 0 & 0 & 1 & 0\end{array}\right) \xrightarrow{r_1 - r_3}$$

$$\left(\begin{array}{ccc:c}1 & 0 & 0 & -1\\ 0 & 1 & 0 & 1\\ 0 & 0 & 1 & 0\end{array}\right)$$

故 $(y_1, y_2, y_3)=(-1, 1, 0)$，即 $\boldsymbol{\alpha}$ 在 $\boldsymbol{\beta}_1, \boldsymbol{\beta}_2, \boldsymbol{\beta}_3$ 下的坐标为 $(-1, 1, 0)$.

习题 7.2

习题 7.2 解答

1. 求下列线性空间的一组基和维数：

(1) $V=\{\boldsymbol{A}\in\mathbf{R}^{2\times 2} \mid \boldsymbol{A}^{\mathrm{T}}=\boldsymbol{A}\}$，运算是矩阵的加法和数乘运算；

(2) $V=\{\boldsymbol{A}\in\mathbf{R}^{2\times 2} \mid a_{ij}=0(\forall i<j)\}$，运算是矩阵的加法和数乘运算.

2. 在线性空间 $\mathbf{R}^3$ 中，求：

(1) 从基 $\boldsymbol{\alpha}_1=\begin{pmatrix}1\\0\\1\end{pmatrix}$，$\boldsymbol{\alpha}_2=\begin{pmatrix}0\\1\\0\end{pmatrix}$，$\boldsymbol{\alpha}_3=\begin{pmatrix}1\\2\\2\end{pmatrix}$ 到基 $\boldsymbol{\beta}_1=\begin{pmatrix}1\\0\\0\end{pmatrix}$，$\boldsymbol{\beta}_2=\begin{pmatrix}1\\1\\0\end{pmatrix}$，$\boldsymbol{\beta}_3=\begin{pmatrix}1\\1\\1\end{pmatrix}$ 的过渡矩阵 $\boldsymbol{C}$；

(2) 向量 $\boldsymbol{\gamma}=\begin{pmatrix}1\\3\\0\end{pmatrix}$ 在基 $\boldsymbol{\alpha}_1, \boldsymbol{\alpha}_2, \boldsymbol{\alpha}_3$ 下的坐标.

3. 在 $\mathbf{R}^{2\times 2}$ 中，有两组基 $\boldsymbol{A}_1, \boldsymbol{A}_2, \boldsymbol{A}_3, \boldsymbol{A}_4$ 与 $\boldsymbol{B}_1, \boldsymbol{B}_2, \boldsymbol{B}_3, \boldsymbol{B}_4$，其中

$$\boldsymbol{A}_1=\begin{pmatrix}1&0\\0&0\end{pmatrix},\ \boldsymbol{A}_2=\begin{pmatrix}1&1\\0&0\end{pmatrix},\ \boldsymbol{A}_3=\begin{pmatrix}1&1\\1&0\end{pmatrix},\ \boldsymbol{A}_4=\begin{pmatrix}1&1\\1&1\end{pmatrix}$$

$$\boldsymbol{B}_1=\begin{pmatrix}0&1\\0&0\end{pmatrix},\ \boldsymbol{B}_2=\begin{pmatrix}0&0\\1&0\end{pmatrix},\ \boldsymbol{B}_3=\begin{pmatrix}0&0\\1&1\end{pmatrix},\ \boldsymbol{B}_4=\begin{pmatrix}1&-1\\1&0\end{pmatrix}$$

(1) 求 $\boldsymbol{A}=\begin{pmatrix}3&2\\5&-4\end{pmatrix}$ 在基 $\boldsymbol{A}_1, \boldsymbol{A}_2, \boldsymbol{A}_3, \boldsymbol{A}_4$ 下的坐标；

(2) 求从基 $\boldsymbol{A}_1, \boldsymbol{A}_2, \boldsymbol{A}_3, \boldsymbol{A}_4$ 到基 $\boldsymbol{B}_1, \boldsymbol{B}_2, \boldsymbol{B}_3, \boldsymbol{B}_4$ 的过渡矩阵.

4. 已知 $\boldsymbol{\alpha}_1, \boldsymbol{\alpha}_2, \boldsymbol{\alpha}_3$ 是三维线性空间的一组基，向量组 $\boldsymbol{\beta}_1, \boldsymbol{\beta}_2, \boldsymbol{\beta}_3$ 满足

$$\boldsymbol{\beta}_1+\boldsymbol{\beta}_3=\boldsymbol{\alpha}_1+\boldsymbol{\alpha}_2+\boldsymbol{\alpha}_3,\ \boldsymbol{\beta}_1+\boldsymbol{\beta}_2=\boldsymbol{\alpha}_2+\boldsymbol{\alpha}_3,\ \boldsymbol{\beta}_2+\boldsymbol{\beta}_3=\boldsymbol{\alpha}_1+\boldsymbol{\alpha}_3$$

(1) 证明 $\boldsymbol{\beta}_1, \boldsymbol{\beta}_2, \boldsymbol{\beta}_3$ 是该线性空间的一组基；

(2) 求从基 $\boldsymbol{\beta}_1, \boldsymbol{\beta}_2, \boldsymbol{\beta}_3$ 到基 $\boldsymbol{\alpha}_1, \boldsymbol{\alpha}_2, \boldsymbol{\alpha}_3$ 的过渡矩阵；

(3) 求向量 $\boldsymbol{\alpha}=\boldsymbol{\alpha}_1+2\boldsymbol{\alpha}_2-\boldsymbol{\alpha}_3$ 在基 $\boldsymbol{\beta}_1, \boldsymbol{\beta}_2, \boldsymbol{\beta}_3$ 下的坐标.

5. 设 $\boldsymbol{\alpha}_1, \boldsymbol{\alpha}_2, \boldsymbol{\alpha}_3$ 为三维线性空间的一组基，$\boldsymbol{\beta}_1, \boldsymbol{\beta}_2, \boldsymbol{\beta}_3$ 与 $\boldsymbol{\gamma}_1, \boldsymbol{\gamma}_2, \boldsymbol{\gamma}_3$ 为 V 中的两个向量组，且

$$\begin{cases}\boldsymbol{\beta}_1=\boldsymbol{\alpha}_1+\boldsymbol{\alpha}_2+\boldsymbol{\alpha}_3\\ \boldsymbol{\beta}_2=\boldsymbol{\alpha}_1-\boldsymbol{\alpha}_3\\ \boldsymbol{\beta}_3=\boldsymbol{\alpha}_1+\boldsymbol{\alpha}_3\end{cases},\quad \begin{cases}\boldsymbol{\gamma}_1=\boldsymbol{\alpha}_1+2\boldsymbol{\alpha}_2+\boldsymbol{\alpha}_3\\ \boldsymbol{\gamma}_2=2\boldsymbol{\alpha}_1+3\boldsymbol{\alpha}_2+4\boldsymbol{\alpha}_3\\ \boldsymbol{\gamma}_3=3\boldsymbol{\alpha}_1+4\boldsymbol{\alpha}_2+3\boldsymbol{\alpha}_3\end{cases}$$

(1) 验证 $\boldsymbol{\beta}_1, \boldsymbol{\beta}_2, \boldsymbol{\beta}_3$ 及 $\boldsymbol{\gamma}_1, \boldsymbol{\gamma}_2, \boldsymbol{\gamma}_3$ 都是 V 的基；

(2) 求从基 $\boldsymbol{\beta}_1, \boldsymbol{\beta}_2, \boldsymbol{\beta}_3$ 到基 $\boldsymbol{\gamma}_1, \boldsymbol{\gamma}_2, \boldsymbol{\gamma}_3$ 的过渡矩阵；

(3) 求 V 中的向量分别在基 $\boldsymbol{\beta}_1, \boldsymbol{\beta}_2, \boldsymbol{\beta}_3$ 和基 $\boldsymbol{\gamma}_1, \boldsymbol{\gamma}_2, \boldsymbol{\gamma}_3$ 下的坐标变换.

7.3 线性变换

在线性空间中，两个线性空间的映射也称为变换，其中最基本、最简单的变换是线性

变换.

7.3.1 线性变换的概念

定义 7.5 设 V 是数域 F 上的线性空间, T 为 V 中的一个变换. 若 T 满足:

(1) $T(\boldsymbol{\alpha}+\boldsymbol{\beta})=T(\boldsymbol{\alpha})+T(\boldsymbol{\beta})(\forall \boldsymbol{\alpha}, \boldsymbol{\beta} \in V)$;

(2) $T(k\boldsymbol{\alpha})=kT(\boldsymbol{\alpha})(\forall k \in F, \forall \boldsymbol{\alpha} \in V)$.

则称 T 为线性空间 V 中的**线性变换**.

由以上定义可知, 线性空间 V 中的一个变换 T 是线性变换的充要条件为: 若 $\boldsymbol{\alpha}, \boldsymbol{\beta} \in V$, $k, l \in F$, 则

$$T(k\boldsymbol{\alpha}+l\boldsymbol{\beta})=kT(\boldsymbol{\alpha})+lT(\boldsymbol{\beta}) \tag{7-1}$$

在判断一个变换是不是线性变换时, 用式(7-1)更方便.

例 7.10 设 $\boldsymbol{A} \in \mathbf{R}^{n\times n}$, 定义 $\mathbf{R}^n$ 中的变换 T 为

$$T(\boldsymbol{\alpha})=\boldsymbol{A}\boldsymbol{\alpha}(\forall \boldsymbol{\alpha} \in \mathbf{R}^n)$$

由于对 $\mathbf{R}^n$ 中任意两个向量 $\boldsymbol{\alpha}, \boldsymbol{\beta}$ 及 $k, l \in \mathbf{R}$, 有

$$T(k\boldsymbol{\alpha}+l\boldsymbol{\beta})=\boldsymbol{A}(k\boldsymbol{\alpha}+l\boldsymbol{\beta})=\boldsymbol{A}k\boldsymbol{\alpha}+\boldsymbol{A}l\boldsymbol{\beta}=kT(\boldsymbol{\alpha})+lT(\boldsymbol{\beta})$$

故 T 是 $\mathbf{R}^n$ 中的线性变换.

例 7.11 在 $\mathbf{R}^{n\times n}$ 中取定一个元素 $\boldsymbol{A}$, 定义 $\mathbf{R}^{n\times n}$ 中的变换如下

$$T_A(\boldsymbol{B})=\boldsymbol{AB}-\boldsymbol{BA}(\forall \boldsymbol{B} \in \mathbf{R}^{n\times n})$$

由于 $\forall \boldsymbol{B}, \boldsymbol{C} \in \mathbf{R}^{n\times n}$, $k, l \in \mathbf{R}$, 有

$$\begin{aligned}T_A(k\boldsymbol{B}+l\boldsymbol{C})&=\boldsymbol{A}(k\boldsymbol{B}+l\boldsymbol{C})-(k\boldsymbol{B}+l\boldsymbol{C})\boldsymbol{A}\\&=k(\boldsymbol{AB}-\boldsymbol{BA})+l(\boldsymbol{AC}-\boldsymbol{CA})=kT_A(\boldsymbol{B})+lT_A(\boldsymbol{C})\end{aligned}$$

因此 T_A 为 $\mathbf{R}^{n\times n}$ 中的线性变换.

例 7.12 在线性空间 $C[a, b]$ 中定义变换 S 如下

$$S(f(x))=\int_a^x f(x)\mathrm{d}x \quad (\forall f(x) \in C[a, b])$$

由于 $\forall f(x), g(x) \in C[a, b]$ 及 $k, l \in \mathbf{R}$, 根据微积分知识, 有

$$\begin{aligned}S(kf(x)+lg(x))&=\int_a^x[kf(x)+lg(x)]\mathrm{d}x\\&=k\int_a^x f(x)\mathrm{d}x+l\int_a^x g(x)\mathrm{d}x=kS(f(x))+lS(g(x))\end{aligned}$$

因此 S 为 $C[a, b]$ 中的线性变换.

例 7.13 设在 $\mathbf{R}^3$ 中的变换 T 为

$$T\begin{pmatrix}a_1\\a_2\\a_3\end{pmatrix}=\begin{pmatrix}a_1^2\\a_2^2\\a_3^2\end{pmatrix}$$

对 $\mathbf{R}^3$ 中任意两个向量 $\boldsymbol{\alpha}=\begin{pmatrix}a_1\\a_2\\a_3\end{pmatrix}$, $\boldsymbol{\beta}=\begin{pmatrix}b_1\\b_2\\b_3\end{pmatrix}$ 及 $k \in \mathbf{R}$, 因为 $T(\boldsymbol{\alpha}+\boldsymbol{\beta})=\begin{pmatrix}(a_1+b_1)^2\\(a_2+b_2)^2\\(a_3+b_3)^2\end{pmatrix}$, 而

$T(\boldsymbol{\alpha})+T(\boldsymbol{\beta})=\begin{pmatrix} a_1^2+b_1^2 \\ a_2^2+b_2^2 \\ a_3^2+b_3^2 \end{pmatrix}$，一般情况下，$T(\boldsymbol{\alpha}+\boldsymbol{\beta})\neq T(\boldsymbol{\alpha})+T(\boldsymbol{\beta})$，故 T 不是 $\mathbf{R}^3$ 中的线性变换.

例 7.14 设 V 是数域 F 上的线性空间，T 为 V 的变换，且 T 满足

$$T(\boldsymbol{\alpha})=k\boldsymbol{\alpha}(\forall\boldsymbol{\alpha}\in V,\ k\in F)$$

容易验证 T 是 V 中的线性变换. 这个线性变换称为**数乘变换**.

当 $k=0$ 时，$T(\boldsymbol{\alpha})=0\boldsymbol{\alpha}=\mathbf{0}$，称 T 为**零变换**.

当 $k=1$ 时，$T(\boldsymbol{\alpha})=1\boldsymbol{\alpha}=\boldsymbol{\alpha}$，称 T 为**恒等变换**.

7.3.2 线性变换的性质

线性变换有以下性质.

(1) $T(\mathbf{0})=\mathbf{0}$，$T(-\boldsymbol{\alpha})=-T(\boldsymbol{\alpha})$.

(2) $T(k_1\boldsymbol{\alpha}_1+k_2\boldsymbol{\alpha}_2+\cdots+k_s\boldsymbol{\alpha}_s)=k_1T(\boldsymbol{\alpha}_1)+k_2T(\boldsymbol{\alpha}_2)+\cdots+k_sT(\boldsymbol{\alpha}_s)$.

(3)若 $\boldsymbol{\alpha}_1,\ \boldsymbol{\alpha}_2,\ \cdots,\ \boldsymbol{\alpha}_s$ 线性相关，则 $T(\boldsymbol{\alpha}_1),\ T(\boldsymbol{\alpha}_2),\ \cdots,\ T(\boldsymbol{\alpha}_s)$ 线性相关.

即线性变换把线性相关的向量组变成线性相关的向量组. 但该命题的逆命题不成立，如零变换，则把线性无关的向量组变成线性相关的向量组.

(4)线性变换 T 的**像**

$$\operatorname{Im} T=\{T(\boldsymbol{\alpha})\mid\boldsymbol{\alpha}\in V\}$$

是 V 的一个子空间.

证明 $\forall\boldsymbol{\beta}_1,\ \boldsymbol{\beta}_2\in\operatorname{Im} T$，存在 $\boldsymbol{\alpha}_1,\ \boldsymbol{\alpha}_2\in V$，使 $T(\boldsymbol{\alpha}_i)=\boldsymbol{\beta}_i(i=1,\ 2)$，从而

$$\boldsymbol{\beta}_1+\boldsymbol{\beta}_2=T(\boldsymbol{\alpha}_1)+T(\boldsymbol{\alpha}_2)=T(\boldsymbol{\alpha}_1+\boldsymbol{\alpha}_2)\in\operatorname{Im} T$$

$$k\boldsymbol{\beta}_1=kT(\boldsymbol{\alpha}_1)=T(k\boldsymbol{\alpha}_1)\in\operatorname{Im} T,\ k\in F$$

由于 $\operatorname{Im} T\in V$ 且非空，故 $\operatorname{Im} T$ 为 V 的一个子空间.

(5)线性变换 T 的**核**

$$\operatorname{Ker} T=\{\boldsymbol{\alpha}\mid\boldsymbol{\alpha}\in V,\ T(\boldsymbol{\alpha})=\mathbf{0}\}$$

是 V 的一个子空间.

证明 因为 $\mathbf{0}\in\operatorname{Ker} T$，所以 $\operatorname{Ker} T$ 非空. 又对于 $\boldsymbol{\alpha}_1,\ \boldsymbol{\alpha}_2\in\operatorname{Ker} T$，$T(\boldsymbol{\alpha}_i)=\mathbf{0}(i=1,\ 2)$，$k\in F$，则

$$T(\boldsymbol{\alpha}_1+\boldsymbol{\alpha}_2)=T(\boldsymbol{\alpha}_1)+T(\boldsymbol{\alpha}_2)=\mathbf{0}+\mathbf{0}=\mathbf{0}$$

$$T(k\boldsymbol{\alpha}_1)=kT(\boldsymbol{\alpha}_1)=k\cdot\mathbf{0}=\mathbf{0}$$

故 $\boldsymbol{\alpha}_1+\boldsymbol{\alpha}_2,\ k\boldsymbol{\alpha}_1\in\operatorname{Ker} T$. 所以 $\operatorname{Ker} T$ 为 V 的一个子空间.

7.3.3 线性变换的矩阵

设 V 为数域 F 上的 n 维线性空间，T 为 V 中的线性变换. 取 V 的基 $\boldsymbol{\alpha}_1,\ \boldsymbol{\alpha}_2,\ \cdots,\ \boldsymbol{\alpha}_n$，首先，线性空间 V 中任意一个向量 $\boldsymbol{\alpha}$ 都可以由基向量线性表示，即

$$\boldsymbol{\alpha}=x_1\boldsymbol{\alpha}_1+x_2\boldsymbol{\alpha}_2+\cdots+x_n\boldsymbol{\alpha}_n$$

所以

$$T(\boldsymbol{\alpha})=x_1T(\boldsymbol{\alpha}_1)+x_2T(\boldsymbol{\alpha}_2)+\cdots+x_nT(\boldsymbol{\alpha}_n)$$

因此只要知道了 V 的基 $\boldsymbol{\alpha}_1, \boldsymbol{\alpha}_2, \cdots, \boldsymbol{\alpha}_n$ 在线性变换 T 下的像 $T(\boldsymbol{\alpha}_i)(i=1, 2, \cdots, n)$，由上式就可求得 V 中任意一个向量 $\boldsymbol{\alpha}$ 在线性变换 T 下的像 $T(\boldsymbol{\alpha})$. 反过来，对于基 $\boldsymbol{\alpha}_1, \boldsymbol{\alpha}_2, \cdots, \boldsymbol{\alpha}_n$，任取 V 中的 n 个向量 $\boldsymbol{\beta}_1, \boldsymbol{\beta}_2, \cdots, \boldsymbol{\beta}_n$，由 $T(\boldsymbol{\alpha}_i)=\boldsymbol{\beta}_i(i=1, 2, \cdots, n)$，可确定一个线性变换 T.

定理 7.2 设 $\boldsymbol{\alpha}_1, \boldsymbol{\alpha}_2, \cdots, \boldsymbol{\alpha}_n$ 为线性空间 V 的一组基，$\boldsymbol{\beta}_1, \boldsymbol{\beta}_2, \cdots, \boldsymbol{\beta}_n$ 为 V 中任意 n 个向量，则存在唯一线性变换 T，使 $T(\boldsymbol{\alpha}_i)=\boldsymbol{\beta}_i(i=1, 2, \cdots, n)$.

通过上述讨论，可以建立线性变换与矩阵的关系.

定义 7.6 设 $\boldsymbol{\alpha}_1, \boldsymbol{\alpha}_2, \cdots, \boldsymbol{\alpha}_n$ 是数域 F 上的 n 维线性空间 V 的一组基，T 是 V 中的一个线性变换，基向量的像可以由基向量组线性表示为

$$\begin{cases} T(\boldsymbol{\alpha}_1)=a_{11}\boldsymbol{\alpha}_1+a_{21}\boldsymbol{\alpha}_2+\cdots+a_{n1}\boldsymbol{\alpha}_n \\ T(\boldsymbol{\alpha}_2)=a_{12}\boldsymbol{\alpha}_1+a_{22}\boldsymbol{\alpha}_2+\cdots+a_{n2}\boldsymbol{\alpha}_n \\ \qquad\vdots \\ T(\boldsymbol{\alpha}_n)=a_{1n}\boldsymbol{\alpha}_1+a_{2n}\boldsymbol{\alpha}_2+\cdots+a_{nn}\boldsymbol{\alpha}_n \end{cases} \tag{7-2}$$

式(7-2)用矩阵表示为

$$T(\boldsymbol{\alpha}_1, \boldsymbol{\alpha}_2, \cdots, \boldsymbol{\alpha}_n)=(T(\boldsymbol{\alpha}_1), T(\boldsymbol{\alpha}_2), \cdots, T(\boldsymbol{\alpha}_n))=(\boldsymbol{\alpha}_1, \boldsymbol{\alpha}_2, \cdots, \boldsymbol{\alpha}_n)\boldsymbol{A} \tag{7-3}$$

其中

$$\boldsymbol{A}=\begin{pmatrix} a_{11} & a_{12} & \cdots & a_{1n} \\ a_{21} & a_{22} & \cdots & a_{2n} \\ \vdots & \vdots & & \vdots \\ a_{n1} & a_{n2} & \cdots & a_{nn} \end{pmatrix}$$

称为线性变换 T 在基 $\boldsymbol{\alpha}_1, \boldsymbol{\alpha}_2, \cdots, \boldsymbol{\alpha}_n$ 下的矩阵.

对于给定的线性变换 T，$\boldsymbol{A}$ 的第 i 列是 $T(\boldsymbol{\alpha}_i)$ 在基 $\boldsymbol{\alpha}_1, \boldsymbol{\alpha}_2, \cdots, \boldsymbol{\alpha}_n$ 下的坐标，坐标的唯一性决定了矩阵 $\boldsymbol{A}$ 的唯一性. 反之，当给定矩阵 $\boldsymbol{A}$，则像 $T(\boldsymbol{\alpha}_i)$ 被完全确定，从而也就唯一确定了一个线性变换 T，故在给定基下，线性变换 T 与 n 阶矩阵 $\boldsymbol{A}$ 之间是一一对应的，即

$$T \xleftrightarrow{\boldsymbol{\alpha}_1, \boldsymbol{\alpha}_2, \cdots, \boldsymbol{\alpha}_n} \boldsymbol{A}_{n\times n}$$

又 $\forall \boldsymbol{\alpha}\in V$，设 $\boldsymbol{\alpha}$ 与 $T(\boldsymbol{\alpha})$ 在基 $\boldsymbol{\alpha}_1, \boldsymbol{\alpha}_2, \cdots, \boldsymbol{\alpha}_n$ 下分坐标分别是 $\boldsymbol{X}$ 与 $\boldsymbol{Y}$，即

$$\boldsymbol{\alpha}=(\boldsymbol{\alpha}_1, \boldsymbol{\alpha}_2, \cdots, \boldsymbol{\alpha}_n)\boldsymbol{X},\ T(\boldsymbol{\alpha})=(\boldsymbol{\alpha}_1, \boldsymbol{\alpha}_2, \cdots, \boldsymbol{\alpha}_n)\boldsymbol{Y}$$

由

$$T(\boldsymbol{\alpha})=T[(\boldsymbol{\alpha}_1, \boldsymbol{\alpha}_2, \cdots, \boldsymbol{\alpha}_n)\boldsymbol{X}]=T(\boldsymbol{\alpha}_1, \boldsymbol{\alpha}_2, \cdots, \boldsymbol{\alpha}_n)\boldsymbol{X}=(\boldsymbol{\alpha}_1, \boldsymbol{\alpha}_2, \cdots, \boldsymbol{\alpha}_n)\boldsymbol{A}\boldsymbol{X}$$

得 $\boldsymbol{Y}=\boldsymbol{A}\boldsymbol{X}$.

这就是变换在给定基下的坐标式，它实际上就是由矩阵 $\boldsymbol{A}$ 决定 $\mathbf{R}^n$ 中的线性变换 $T_{\boldsymbol{A}}$：$\boldsymbol{Y}=\boldsymbol{A}\boldsymbol{X}$.

例 7.15 设 $\mathbf{R}^3$ 中的一组基为

$$\boldsymbol{\alpha}_1=\begin{pmatrix}1\\0\\1\end{pmatrix},\ \boldsymbol{\alpha}_2=\begin{pmatrix}0\\1\\0\end{pmatrix},\ \boldsymbol{\alpha}_3=\begin{pmatrix}0\\0\\1\end{pmatrix}$$

(1)求 $\mathbf{R}^3$ 中的线性变换 T，使

$$T(\boldsymbol{\alpha}_1)=\begin{pmatrix}1\\0\\2\end{pmatrix},\ T(\boldsymbol{\alpha}_2)=\begin{pmatrix}-1\\2\\-1\end{pmatrix},\ T(\boldsymbol{\alpha}_3)=\begin{pmatrix}1\\0\\0\end{pmatrix}$$

(2)求线性变换 T 在基 $\boldsymbol{\alpha}_1$, $\boldsymbol{\alpha}_2$, $\boldsymbol{\alpha}_3$ 下的矩阵;

(3)求线性变换 T 在基 $\boldsymbol{e}_1=\begin{pmatrix}1\\0\\0\end{pmatrix}$, $\boldsymbol{e}_2=\begin{pmatrix}0\\1\\0\end{pmatrix}$, $\boldsymbol{e}_3=\begin{pmatrix}0\\0\\1\end{pmatrix}$ 下的矩阵.

解 (1)对于 $\mathbf{R}^3$ 中任意一个向量 $\boldsymbol{\alpha}=\begin{pmatrix}x_1\\x_2\\x_3\end{pmatrix}$, 有 $\begin{pmatrix}x_1\\x_2\\x_3\end{pmatrix}=x_1\boldsymbol{\alpha}_1+x_2\boldsymbol{\alpha}_2+(x_3-x_1)\boldsymbol{\alpha}_3$, 所以

$$\begin{aligned}T(\boldsymbol{\alpha})&=x_1T(\boldsymbol{\alpha}_1)+x_2T(\boldsymbol{\alpha}_2)+(x_3-x_1)T(\boldsymbol{\alpha}_3)\\&=x_1\begin{pmatrix}1\\0\\2\end{pmatrix}+x_2\begin{pmatrix}-1\\2\\-1\end{pmatrix}+(x_3-x_1)\begin{pmatrix}1\\0\\0\end{pmatrix}=\begin{pmatrix}-x_2+x_3\\2x_2\\2x_1-x_2\end{pmatrix}\end{aligned}$$

(2)因为

$$T(\boldsymbol{\alpha}_1)=\begin{pmatrix}1\\0\\2\end{pmatrix}=\boldsymbol{\alpha}_1+\boldsymbol{\alpha}_3,\ T(\boldsymbol{\alpha}_2)=\begin{pmatrix}-1\\2\\-1\end{pmatrix}=-\boldsymbol{\alpha}_1+2\boldsymbol{\alpha}_2,\ T(\boldsymbol{\alpha}_3)=\begin{pmatrix}1\\0\\0\end{pmatrix}=\boldsymbol{\alpha}_1-\boldsymbol{\alpha}_3$$

所以 T 在基 $\boldsymbol{\alpha}_1$, $\boldsymbol{\alpha}_2$, $\boldsymbol{\alpha}_3$ 下的矩阵为

$$\begin{pmatrix}1&-1&1\\0&2&0\\1&0&-1\end{pmatrix}$$

(3)因为

$$T(\boldsymbol{e}_1)=\begin{pmatrix}0\\0\\2\end{pmatrix}=2\boldsymbol{e}_3;\ T(\boldsymbol{e}_2)=\begin{pmatrix}-1\\2\\-1\end{pmatrix}=-\boldsymbol{e}_1+2\boldsymbol{e}_2-\boldsymbol{e}_3;\ T(\boldsymbol{e}_3)=\begin{pmatrix}1\\0\\0\end{pmatrix}=\boldsymbol{e}_1$$

所以 T 在基 $\boldsymbol{\alpha}_1$, $\boldsymbol{\alpha}_2$, $\boldsymbol{\alpha}_3$ 下的矩阵为

$$\begin{pmatrix}0&-1&1\\0&2&0\\2&-1&0\end{pmatrix}$$

从例 7.15 可以看出，基不同，同一个线性变换的矩阵一般也不同，但它们的秩是相等的.

下面讨论线性变换矩阵的一些性质.

设 T_1, T_2 是 n 维线性空间 V 中的两个线性变换, $\boldsymbol{\alpha}_1$, $\boldsymbol{\alpha}_2$, …, $\boldsymbol{\alpha}_n$ 是 V 的一组基, T_1、T_2 在这组基下对应的矩阵分别是 $\boldsymbol{A}$、$\boldsymbol{B}$, 则:

(1)线性变换的和对应矩阵的和，即 T_1+T_2 的矩阵是 $\boldsymbol{A}+\boldsymbol{B}$;

(2)线性变换的乘积对应矩阵的乘积，即 T_1T_2 的矩阵是 $\boldsymbol{AB}$;

(3)线性变换和数的乘积对应矩阵和数的乘积，即 kT_1 的矩阵是 $k\boldsymbol{A}$;

(4)可逆线性变换与可逆矩阵对应，且逆矩阵对应逆变换，即 T_1 是可逆线性变换的充要条件是 $\boldsymbol{A}$ 可逆.

定理 7.3 设 $\boldsymbol{\alpha}_1$, $\boldsymbol{\alpha}_2$, …, $\boldsymbol{\alpha}_n$ 与 $\boldsymbol{\beta}_1$, $\boldsymbol{\beta}_2$, …, $\boldsymbol{\beta}_n$ 是线性空间 V 的两组基，从 $\boldsymbol{\alpha}_1$, $\boldsymbol{\alpha}_2$, …, $\boldsymbol{\alpha}_n$ 到 $\boldsymbol{\beta}_1$, $\boldsymbol{\beta}_2$, …, $\boldsymbol{\beta}_n$ 的过渡矩阵是 $\boldsymbol{P}$, 线性变换 T 在这两组基下的矩阵分别是 $\boldsymbol{A}$

与 $\boldsymbol{B}$，则 $\boldsymbol{B}=\boldsymbol{P}^{-1}\boldsymbol{AP}$.

证明　由已知条件可知

$$T(\boldsymbol{\alpha}_1, \boldsymbol{\alpha}_2, \cdots, \boldsymbol{\alpha}_n)=(\boldsymbol{\alpha}_1, \boldsymbol{\alpha}_2, \cdots, \boldsymbol{\alpha}_n)\boldsymbol{A}$$
$$T(\boldsymbol{\beta}_1, \boldsymbol{\beta}_2, \cdots, \boldsymbol{\beta}_n)=(\boldsymbol{\beta}_1, \boldsymbol{\beta}_2, \cdots, \boldsymbol{\beta}_n)\boldsymbol{B}$$
$$(\boldsymbol{\beta}_1, \boldsymbol{\beta}_2, \cdots, \boldsymbol{\beta}_n)=(\boldsymbol{\alpha}_1, \boldsymbol{\alpha}_2, \cdots, \boldsymbol{\alpha}_n)\boldsymbol{P}$$

所以

$$T(\boldsymbol{\beta}_1, \boldsymbol{\beta}_2, \cdots, \boldsymbol{\beta}_n)=(\boldsymbol{\beta}_1, \boldsymbol{\beta}_2, \cdots, \boldsymbol{\beta}_n)\boldsymbol{B}=(\boldsymbol{\alpha}_1, \boldsymbol{\alpha}_2, \cdots, \boldsymbol{\alpha}_n)\boldsymbol{PB}$$

又

$$T(\boldsymbol{\beta}_1, \boldsymbol{\beta}_2, \cdots, \boldsymbol{\beta}_n)=T(\boldsymbol{\alpha}_1, \boldsymbol{\alpha}_2, \cdots, \boldsymbol{\alpha}_n)\boldsymbol{P}=(\boldsymbol{\alpha}_1, \boldsymbol{\alpha}_2, \cdots, \boldsymbol{\alpha}_n)\boldsymbol{AP}$$

由于线性变换 T 与矩阵是一一对应的，故 $\boldsymbol{PB}=\boldsymbol{AP}$，又因为 $\boldsymbol{P}$ 是过渡矩阵，因而可逆，所以 $\boldsymbol{B}=\boldsymbol{P}^{-1}\boldsymbol{AP}$.

习题 7.3

习题 7.3 解答

1. 下列所定义的变换哪些是线性变换？

(1) 在线性空间 V 中，$T(\boldsymbol{\alpha})=\boldsymbol{\alpha}+\boldsymbol{\alpha}_0$，其中，$\boldsymbol{\alpha}_0\in V$ 是一固定的向量；

(2) 在线性空间 V 中，$T(\boldsymbol{\alpha})=\boldsymbol{\alpha}_0$，其中，$\boldsymbol{\alpha}_0\in V$ 是一固定的向量；

(3) 在 $\mathbf{R}^3$ 中，$T\begin{pmatrix}x_1\\x_2\\x_3\end{pmatrix}=\begin{pmatrix}2x_1-x_2\\x_2+x_3\\x_1\end{pmatrix}$；

(4) 在 $\mathbf{R}^3$ 中，$T\begin{pmatrix}x_1\\x_2\\x_3\end{pmatrix}=\begin{pmatrix}x_1^2\\x_2+x_3\\x_3^2\end{pmatrix}$；

(5) 在 $P_n(x)$ 中，$T(f(x))=f(x+1)$；

(6) 在 $\mathbf{R}^{n\times n}$ 中，$T(\boldsymbol{A})=\boldsymbol{BAC}$，其中，$\boldsymbol{B}$、$\boldsymbol{C}$ 是 $\mathbf{R}^{n\times n}$ 中两个固定的矩阵.

2. 设 $\mathbf{R}^3$ 中的一组基为

$$\boldsymbol{\alpha}_1=\begin{pmatrix}1\\1\\1\end{pmatrix},\ \boldsymbol{\alpha}_2=\begin{pmatrix}1\\1\\0\end{pmatrix},\ \boldsymbol{\alpha}_3=\begin{pmatrix}1\\0\\0\end{pmatrix}$$

求 $\mathbf{R}^3$ 中的线性变换 T，使

$$T(\boldsymbol{\alpha}_1)=\begin{pmatrix}1\\2\\3\end{pmatrix},\ T(\boldsymbol{\alpha}_2)=\begin{pmatrix}-1\\1\\1\end{pmatrix},\ T(\boldsymbol{\alpha}_3)=\begin{pmatrix}1\\0\\-2\end{pmatrix}$$

3. 在 $\mathbf{R}^3$ 中，求线性变换 $T\begin{pmatrix}x_1\\x_2\\x_3\end{pmatrix}=\begin{pmatrix}2x_1-x_2\\x_2+x_3\\x_1\end{pmatrix}$ 在基

$$\boldsymbol{e}_1=\begin{pmatrix}1\\0\\0\end{pmatrix},\ \boldsymbol{e}_2=\begin{pmatrix}0\\1\\0\end{pmatrix},\ \boldsymbol{e}_3=\begin{pmatrix}0\\0\\1\end{pmatrix}$$

下的矩阵.

4. 已知三维线性空间 V 中的线性变换 T 在基 $\boldsymbol{\alpha}_1$，$\boldsymbol{\alpha}_2$，$\boldsymbol{\alpha}_3$ 下的矩阵为

$$\boldsymbol{A}=\begin{pmatrix} a_{11} & a_{12} & a_{13} \\ a_{21} & a_{22} & a_{23} \\ a_{31} & a_{32} & a_{33} \end{pmatrix}$$

求 T 在基 $\boldsymbol{\alpha}_3$，$\boldsymbol{\alpha}_2$，$\boldsymbol{\alpha}_1$ 下的矩阵．

5. 设 $\mathbf{R}^3$ 中的两组基分别为

$$\boldsymbol{\alpha}_1=\begin{pmatrix}1\\0\\1\end{pmatrix},\ \boldsymbol{\alpha}_2=\begin{pmatrix}2\\1\\0\end{pmatrix},\ \boldsymbol{\alpha}_3=\begin{pmatrix}1\\1\\1\end{pmatrix};\ \boldsymbol{\beta}_1=\begin{pmatrix}1\\2\\-1\end{pmatrix},\ \boldsymbol{\beta}_2=\begin{pmatrix}2\\2\\-1\end{pmatrix},\ \boldsymbol{\beta}_3=\begin{pmatrix}2\\-1\\-1\end{pmatrix}$$

$\mathbf{R}^3$ 中的线性变换 T 为

$$T(\boldsymbol{\alpha}_i)=\boldsymbol{\beta}_i(i=1,\ 2,\ 3)$$

(1)求从基 $\boldsymbol{\alpha}_1$，$\boldsymbol{\alpha}_2$，$\boldsymbol{\alpha}_3$ 到基 $\boldsymbol{\beta}_1$，$\boldsymbol{\beta}_2$，$\boldsymbol{\beta}_3$ 的过渡矩阵 $\boldsymbol{P}$；

(2)求线性变换 T 在基 $\boldsymbol{\alpha}_1$，$\boldsymbol{\alpha}_2$，$\boldsymbol{\alpha}_3$ 下的矩阵;

(3)求线性变换 T 在基 $\boldsymbol{\beta}_1$，$\boldsymbol{\beta}_2$，$\boldsymbol{\beta}_3$ 下的矩阵．

6. 设 T 是线性空间 V 中的线性变换，如果 $T^{k-1}(\boldsymbol{\xi})\neq\mathbf{0}$，但 $T^k(\boldsymbol{\xi})=\mathbf{0}$，证明对于正整数 k，有 $\boldsymbol{\xi}$，$T(\boldsymbol{\xi})$，…，$T^{k-1}(\boldsymbol{\xi})(k>0)$ 线性无关．

7.4 线性空间与线性变换的应用

7.4.1 幻方

在一个由若干个排列整齐的数组成的正方形图表中，任意一横行、一纵行及对角线的数字之和都相等，称具有这种性质的图表为“幻方”．幻方在我国古代被称为“河图”“洛书”“纵横图”．n 阶幻方是由 n^2 个自然数组成的一个 n 阶方阵，其各行、各列及两条对角线所含的 n 个数的和相等.

例 7.16 把 1~16 这 16 个数字填入四阶矩阵中，使每行、每列及两条对角线上的 4 个数之和都相等．

解 记满足题设条件的四阶矩阵的全体为 V，易证 V 关于矩阵的加法和数乘运算构成 $\mathbf{R}$ 上的线性空间．

设每个整数 x 可表示为 $x=4q+r$，其中，整数 $q\geqslant0$，$0\leqslant r<4$. 用0，1，2，3 构造 V 中的两个不同矩阵

$$\boldsymbol{A}=\begin{pmatrix}0&1&2&3\\2&3&0&1\\3&2&1&0\\1&0&3&2\end{pmatrix},\ \boldsymbol{B}=\begin{pmatrix}0&1&2&3\\3&2&1&0\\1&0&3&2\\2&3&0&1\end{pmatrix}$$

则

$$\boldsymbol{C}=4\boldsymbol{A}+\boldsymbol{B}=\begin{pmatrix}0&5&10&15\\11&14&1&4\\13&8&7&2\\6&3&12&9\end{pmatrix}$$

在矩阵 $\boldsymbol{C}$ 中，将其每个元素加 1 得到的矩阵为

$$\begin{pmatrix} 1 & 6 & 11 & 16 \\ 12 & 15 & 2 & 5 \\ 13 & 9 & 8 & 3 \\ 7 & 4 & 13 & 10 \end{pmatrix}$$

上述四阶矩阵称为四阶幻方.

7.4.2 图形变换

在计算机图形显示过程中，有时需要根据用户需求对图形指定部分的形状、尺寸大小及显示方向进行修改，以达到改变整个图形的目的，这就涉及对图形进行旋转、伸缩、投影和平移等基本的几何变换，这些都是计算机图形学中容易理解的例子，像遥感、医学图形、卫星云图等很多都是计算机图形学的一部分.

在平面直角坐标系中，将每个点的横坐标变为原来的 $k_1(k_1 \neq 0)$ 倍、纵坐标变为原来的 $k_2(k_2 \neq 0)$ 倍，称这种变换为**伸缩变换**，k_1、k_2 为拉伸系数. 根据中学几何知识可知，若设 $P(x, y)$ 为曲线上任意一点，则通过伸缩变换得 $P'(x', y')$，其中

$$\begin{cases} x' = k_1 x \\ y' = k_2 y \end{cases}$$

故有

$$\begin{pmatrix} x' \\ y' \end{pmatrix} = \begin{pmatrix} k_1 & 0 \\ 0 & k_2 \end{pmatrix} \begin{pmatrix} x \\ y \end{pmatrix}$$

令 $\boldsymbol{A} = \begin{pmatrix} k_1 & 0 \\ 0 & k_2 \end{pmatrix}$，则 $\boldsymbol{A}$ 为线性变换的矩阵.

例 7.17 将一个几何图形横坐标扩大到原来的 2 倍，纵坐标保持不变，试用线性变换表示该伸缩变换.

解 设几何图形上任意一点的坐标为 (x, y)，变换后的坐标为 (x', y')，则

$$\begin{pmatrix} x' \\ y' \end{pmatrix} = \begin{pmatrix} 2 & 0 \\ 0 & 1 \end{pmatrix} \begin{pmatrix} x \\ y \end{pmatrix} = \begin{pmatrix} 2x \\ y \end{pmatrix}$$

如果 k_1 或 k_2 为负数，则由 $\begin{pmatrix} x' \\ y' \end{pmatrix} = \begin{pmatrix} k_1 & 0 \\ 0 & k_2 \end{pmatrix} \begin{pmatrix} x \\ y \end{pmatrix}$ 给出的线性变换可以看作一个反射变换与一个伸缩变换的复合变换.

7.4.3 “物不知数”问题

例 7.18 一个整数除以 3 余 2，除以 5 余 3，除以 7 余 4，求这个整数.

解 对任意的非负整数 x，设其除以 3、5、7 的余数为 $\begin{pmatrix} r_1 \\ r_2 \\ r_3 \end{pmatrix}$，其中，$r_1$、$r_2$、$r_3$ 均为正整数，即存在映射 $\boldsymbol{\sigma}$，使 $\boldsymbol{\sigma}(x) = \begin{pmatrix} r_1 \\ r_2 \\ r_3 \end{pmatrix}$. 令 $x = r_1 x_1 + r_2 x_2 + r_3 x_3$，则在映射 $\boldsymbol{\sigma}$ 下，当 $\boldsymbol{\sigma}(x_1) =$

$\begin{pmatrix}1\\0\\0\end{pmatrix}$，$\boldsymbol{\sigma}(x_2)=\begin{pmatrix}0\\1\\0\end{pmatrix}$，$\boldsymbol{\sigma}(x_3)=\begin{pmatrix}0\\0\\1\end{pmatrix}$ 时，有 $\boldsymbol{\sigma}(x)=r_1\boldsymbol{\sigma}(x_1)+r_2\boldsymbol{\sigma}(x_2)+r_3\boldsymbol{\sigma}(x_3)=\begin{pmatrix}r_1\\r_2\\r_3\end{pmatrix}$.

由 $\boldsymbol{\sigma}(x_1)=\begin{pmatrix}1\\0\\0\end{pmatrix}$ 可知，x_1 是35的倍数且除以3余1，经验证满足条件最小的 $x_1=70$，由 $\boldsymbol{\sigma}(x_2)=\begin{pmatrix}0\\1\\0\end{pmatrix}$ 可知，x_2 是21的倍数且除以5余1，经验证满足条件最小的 $x_2=21$，由 $\boldsymbol{\sigma}(x_3)=\begin{pmatrix}0\\0\\1\end{pmatrix}$ 可知，x_3 是15的倍数且除以7余1，经验证满足条件最小的 $x_3=15$，故 $x=70\times 2+21\times 3+15\times 4=263$，可知其符合题目要求.

习题 7.4

习题 7.4 解答

1. 试构造三阶幻方和五阶幻方，进一步发现构造规律.

2. 设有线性变换 $\boldsymbol{y}=\boldsymbol{A}\boldsymbol{x}$，其中，$\boldsymbol{A}=\begin{pmatrix}1&3\\0&1\end{pmatrix}$，$\boldsymbol{x}=\begin{pmatrix}1\\2\end{pmatrix}$，试求出向量 $\boldsymbol{y}$，并指出该变换的几何意义.

3. 我国古代名著《孙子算经》中有这样一道题大意是：有兵一队，人数八百到一千，若三三数之剩二，五五数之剩三，七七数之剩二，问这队士兵多少人？

第7章习题

第7章习题解答

一、选择题

1. 设 T 是三维行线性空间上的变换，下列不是线性变换的是(　　).

A. $T(a_1,a_2,a_3)=(2a_1-a_2+a_3,a_2+5a_3,a_1-a_3)$

B. $T(a_1,a_2,a_3)=(a_1^2,a_2^2,a_3^2)$

C. $T(a_1,a_2,a_3)=(0,a_1,0)$

D. $T(a_1,a_2,a_3)=(2a_3,2a_2,2a_1)$

2. 设 T 是 F 上的三维列线性空间 V 中的线性变换，已知 T 在基 $\boldsymbol{e}_1$，$\boldsymbol{e}_2$，$\boldsymbol{e}_3$ 下的矩阵为 $\begin{pmatrix}1&-1&2\\2&0&1\\1&2&-1\end{pmatrix}$，则 T 在基 $\boldsymbol{e}_3$，$\boldsymbol{e}_2$，$\boldsymbol{e}_1$ 下的矩阵为(　　).

A. $\begin{pmatrix}1&-1&2\\2&0&1\\1&2&-1\end{pmatrix}$　B. $\begin{pmatrix}1&2&1\\-1&0&2\\2&1&-1\end{pmatrix}$　C. $\begin{pmatrix}-1&2&1\\1&0&2\\2&-1&1\end{pmatrix}$　D. $\begin{pmatrix}2&-1&1\\1&0&2\\-1&2&1\end{pmatrix}$

3. 从基 $\boldsymbol{\alpha}_1=\begin{pmatrix}1\\1\end{pmatrix}$，$\boldsymbol{\alpha}_2=\begin{pmatrix}1\\-1\end{pmatrix}$ 到基 $\boldsymbol{\beta}_1=\begin{pmatrix}1\\3\end{pmatrix}$，$\boldsymbol{\beta}_2=\begin{pmatrix}2\\4\end{pmatrix}$ 的过渡矩阵为(　　).

A. $\begin{pmatrix} -2 & -3 \\ 1 & 1 \end{pmatrix}$　　B. $\begin{pmatrix} 4 & 6 \\ -2 & -2 \end{pmatrix}$　　C. $\begin{pmatrix} 2 & 3 \\ -1 & -1 \end{pmatrix}$　　D. $\begin{pmatrix} -4 & -6 \\ 2 & 2 \end{pmatrix}$

二、填空题

1. 定义了线性运算的集合称为________.

2. 设向量$\boldsymbol{\xi}$在基$\boldsymbol{e}_1=\begin{pmatrix}1\\0\\0\end{pmatrix}$，$\boldsymbol{e}_2=\begin{pmatrix}0\\1\\0\end{pmatrix}$，$\boldsymbol{e}_3=\begin{pmatrix}0\\0\\1\end{pmatrix}$与基$\boldsymbol{\beta}_1=\begin{pmatrix}1\\1\\1\end{pmatrix}$，$\boldsymbol{\beta}_2=\begin{pmatrix}1\\0\\-1\end{pmatrix}$，$\boldsymbol{\beta}_3=\begin{pmatrix}1\\0\\1\end{pmatrix}$下有相同的坐标，则$\boldsymbol{\xi}=$________.

3. $\boldsymbol{\alpha}_1=\begin{pmatrix}1\\2\\-1\\0\end{pmatrix}$，$\boldsymbol{\alpha}_2=\begin{pmatrix}1\\1\\0\\2\end{pmatrix}$，$\boldsymbol{\alpha}_3=\begin{pmatrix}2\\1\\1\\a\end{pmatrix}$，若由$\boldsymbol{\alpha}_1$，$\boldsymbol{\alpha}_2$，$\boldsymbol{\alpha}_3$生成的子空间维数是2，则$a=$________.

三、计算或证明题

1. 验证下列集合是否为三维线性空间.

(1) $V=\{\alpha=(x,\ y,\ z)\mid x,\ y\in\mathbf{R},\ z=0\}$；(2) $V=\{\alpha=(x,\ y,\ z)\mid x+2y+z=1\}$.

2. 在$\mathbf{R}^3$中，有两组基

$$\boldsymbol{\alpha}_1=\begin{pmatrix}1\\0\\1\end{pmatrix},\ \boldsymbol{\alpha}_2=\begin{pmatrix}0\\1\\0\end{pmatrix};\ \boldsymbol{\alpha}_3=\begin{pmatrix}1\\2\\2\end{pmatrix};\ \boldsymbol{\beta}_1=\begin{pmatrix}1\\0\\0\end{pmatrix},\ \boldsymbol{\beta}_2=\begin{pmatrix}1\\1\\0\end{pmatrix},\ \boldsymbol{\beta}_3=\begin{pmatrix}1\\1\\1\end{pmatrix}$$

(1)求从基$\boldsymbol{\alpha}_1$，$\boldsymbol{\alpha}_2$，$\boldsymbol{\alpha}_3$到基$\boldsymbol{\beta}_1$，$\boldsymbol{\beta}_2$，$\boldsymbol{\beta}_3$的过渡矩阵；

(2)已知$\boldsymbol{\alpha}=\boldsymbol{\alpha}_1+3\boldsymbol{\alpha}_2$，求$\boldsymbol{\alpha}$在基$\boldsymbol{\beta}_1$，$\boldsymbol{\beta}_2$，$\boldsymbol{\beta}_3$下的坐标.

3. 设线性空间V的向量$\boldsymbol{\alpha}$在基$\boldsymbol{\alpha}_1$，$\boldsymbol{\alpha}_2$，…，$\boldsymbol{\alpha}_n$下的坐标为$(n,\ n-1,\ \cdots,\ 2,\ 1)^{\mathrm{T}}$，且

$$\boldsymbol{\beta}_1=\boldsymbol{\alpha}_1,\ \boldsymbol{\beta}_2=\boldsymbol{\alpha}_1+\boldsymbol{\alpha}_2,\ \cdots,\ \boldsymbol{\beta}_n=\boldsymbol{\alpha}_1+\boldsymbol{\alpha}_2+\cdots+\boldsymbol{\alpha}_n$$

(1)证明$\boldsymbol{\beta}_1$，$\boldsymbol{\beta}_2$，…，$\boldsymbol{\beta}_n$是V的一组基；

(2)求从基$\boldsymbol{\alpha}_1$，$\boldsymbol{\alpha}_2$，…，$\boldsymbol{\alpha}_n$到基$\boldsymbol{\beta}_1$，$\boldsymbol{\beta}_2$，…，$\boldsymbol{\beta}_n$的过渡矩阵；

(3)求$\boldsymbol{\alpha}$在基$\boldsymbol{\beta}_1$，$\boldsymbol{\beta}_2$，…，$\boldsymbol{\beta}_n$下的坐标.

4. 设λ_1、λ_2是线性空间V中的一个线性变换T的两个不同的特征值，$\boldsymbol{\alpha}_1$、$\boldsymbol{\alpha}_2$是分别属于特征值λ_1、λ_2的特征向量，证明$\boldsymbol{\alpha}_1+\boldsymbol{\alpha}_2$不是$T$的特征向量.

5. 在$\mathbf{R}^4$中，定义变换$\boldsymbol{\sigma}\begin{pmatrix}x_1\\x_2\\x_3\\x_4\end{pmatrix}=\begin{pmatrix}x_1+x_2\\x_2+x_3\\x_1+x_4\\x_2-x_4\end{pmatrix}$，试证明该变换是线性变换.

参 考 文 献

[1]同济大学数学系. 工程数学：线性代数[M]. 6 版. 北京：高等教育出版社，2014.

[2]丘维声. 简明线性代数[M]. 北京：北京大学出版社，2002.

[3]郝志峰. 线性代数[M]. 北京：北京大学出版社，2019.

[4]陈维新. 线性代数[M]. 2 版. 北京：科学出版社，2007.

[5]王艳. 线性代数及其应用[M]. 2 版. 北京：北京理工大学出版社，2019.

[6]赵树嫄. 线性代数[M]. 6 版. 北京：中国人民大学出版社，2021.

[7]张禾瑞，郝鈵新. 高等代数[M]. 5 版. 北京：高等教育出版社，2007.

[8]北京大学数学系前代数小组. 高等代数[M]. 5 版. 北京：高等教育出版社，2019.

[9]GILBERT S. Introduction to Linear Algebra[M]. 5th ed. New York：Wellesley-Cambridge，2016.

[10]DAVID C L，STEVEN R L，JUDI JM. Linear Algebra and Its Applications[M]. 5th ed. New York：Pearson，2015.

[11] STEVEN J L. Linear Algebra with Applications[M]. 9th ed. New York：Pearson，2014.